中国城市水务市场化与监管机制

周振民 著

中国水利水电出版社
www.waterpub.com.cn

内 容 提 要

全书以我国城市水务市场构建和政府监管机制为主线，共分为9章，在对国内外水务市场管理系统调研分析的基础上，开展了城市水务系统与管理理论、水务市场构建与运作、水权与水务市场、排水权与水务市场、水价政策与水价格制定模式对水务市场的影响、城乡水务一体化管理与监管机制等系统性研究。全书既包含系统的基础理论知识，又提供了操作实用方法。针对每一部分的重点，给出了操作实例，便于读者掌握和操作使用。

本书可作为从事城市水务的有关科研、设计、管理、政府决策部门的技术人员、管理人员和领导干部的参考工具书，也可作为大专院校教师的教学参考书，以及水利类专业的本科生、研究生的选修教材。从事城乡水务工程设计和管理的技术人员和领导干部也可使用本书作为技术培训之用。

图书在版编目（CIP）数据

中国城市水务市场化与监管机制 / 周振民著. -- 北京：中国水利水电出版社，2014.4(2023.2重印)
ISBN 978-7-5170-1922-0

Ⅰ. ①中… Ⅱ. ①周… Ⅲ. ①城市用水—水资源管理—研究—中国 Ⅳ. ①TU991.31

中国版本图书馆CIP数据核字(2014)第081639号

书　　名	**中国城市水务市场化与监管机制**
作　　者	周振民　著
出版发行	中国水利水电出版社 （北京市海淀区玉渊潭南路1号D座　100038） 网址：www.waterpub.com.cn E-mail：sales@mwr.gov.cn 电话：（010）68545888（营销中心）
经　　售	北京科水图书销售有限公司 电话：（010）68545874、63202643 全国各地新华书店和相关出版物销售网点
排　　版	中国水利水电出版社微机排版中心
印　　刷	天津嘉恒印务有限公司
规　　格	184mm×260mm　16开本　11.75印张　279千字
版　　次	2014年4月第1版　2023年2月第2次印刷
印　　数	1501—2300册
定　　价	**58.00**元

凡购买我社图书，如有缺页、倒页、脱页的，本社营销中心负责调换

前言

近年来，以区域涉水事务统一管理为标志的水务管理体制改革取得重要进展，全国成立水务局和实施水务统一管理的单位已经达到1600多家，占全国县级以上行政区总数的52%，北京、上海、深圳、大连、武汉、西安、哈尔滨等一大批重要城市都成立了水务局。2004年3月，以北京市组建水务局和海南全省实现水务统一管理为标志，水务管理体制改革进入了一个新的阶段。在新的发展阶段，水务工作的重点要从推进水务管理体制改革向深化水务管理体制改革转变，从建立水务管理体制向创新水务运行机制和健全水务法规体系转变，同时加大对水务市场化改革的指导力度，致力于建立政府主导与监管、社会筹资、市场运作、企业管理的水务良性运行机制。

城市水务产业具有经营形式的自然垄断性、投资的低回报性和高稳定性、资本高沉淀性以及由于政府定价造成的低需求弹性等特性，因此，水务基础设施单纯依靠政府投入难以为继。水务市场化改革可以提高运行效率和改善服务质量，解决政府投资不足问题。因此，改革城市水务投融资机制，推进城市水务市场化进程，对深化水务管理体制改革，推进水务事业全面、协调、可持续发展具有重要意义。

2001年以来，随着我国《关于印发促进和引导民间投资的若干意见的通知》、《关于加快市政公用行业市场化进程的意见》、《关于推进城市污水、垃圾处理产业化发展的意见》等一系列鼓励和促进城市供水、污水处理公用事业市场化发展文件的相继出台，我国城市水务进入了市场化发展阶段。近年来，各地水务市场化招商活动纷纷开展，各种市场化模式，例如出让股权、设立合资公司、BOT、TOT、经营权转让等，也被纷纷采用。

经过近几十年的发展，我国城市水务正在朝着更加科学规范的方向发展。但是也应当看到我国城市水务工作中存在的种种问题，总体来说，市场化的时间尚短，程度不高，仍处于市场化发展的初期。而从理论和实践中开展对这些问题的调查研究，对于实现我国城市水务产业市场化，创造坚强有力、机制灵活的政府监管机制，确保城市水务工作健康有序地发展，实现水资源的可持续开发利用具有十分重要的意义。

“产权、产业、市场”是实现城市水务市场化的理论核心。在实现城市水务市场化的过程中，首先解决的是产权问题，产权是以财产所有权为主体的一系列财产权利的总和，是所有制的核心和主要内容。

目前城市水业正经历两大转变：一是产业化；二是市场化。对城市水业而言，产业化的核心内涵是生产的连续性、产品的标准化、生产过程的集成化；产业结构是指产业的组成形式，是产业化状况的主要标识；市场化是用市场而不是以前的政府计划和干预来调节行业资源，市场化以效率为目标，以竞争为手段，以价格机制为基础；产业化是市场化的基础，而良好的市场机制又能促进产业化的发展。产业化、市场化已经成为城市水业改革与发展的主要方向。继国家有关部门相继颁布了《关于推进城市污水、垃圾处理产业化发展的意见》、《关于加快市政公用行业市场化进程的意见》、《市政公共事业特许经营管理办法》等相关政策以来，各地相继投入了城市水业产业化、市场化改革的探索与实践，"产业化"、"市场化"成为城市水业改革中涉及和讨论最多的概念。

但是各地在实际的改革推进过程中，对于产业化和市场化的具体概念、内涵、手段以及相互关系不能清晰的区分与把握，普遍混淆产业化与市场化的内涵。对于产业化和市场化概念及其关系的误解和偏离，不利于把握城市水业发展的正确方向，最终可能会偏离城市水业改革的目标。而开展相关理论研究，通过理论分析和实践相结合，选择有效的改革方式与途径给予技术指导，对于快速发展城市水务产业市场化具有一定的指导意义和生产实用价值。

编写本书目的是希望建立起现代城市水务市场化管理基本理论，以满足城市经济社会建设与对水务市场化管理理论方法和实用技术的需要，并填补在城市水务系统管理方面理论上存在的一些空白。

城市水务管理既需要理论上的指导，也需要适合社会发展实际情况的可操作方法，本书的主要研究成果，如关于水务市场化管理与运作问题、水权的管理与运作问题、排污权的管理与运作问题、水价格的管理与定价问题，以及建立的新增可供水量评价方法、初始水权配置相关机会多目标规划模型、城乡水源互利互惠调度、城市水价调整规划案例分析方法等都能指导和应用于城市水务管理实践活动。

参加本书编写的有华北水利水电大学王学超、邓建绵、叶飞、梁士奎、周科、葛轩辕老师；黄河水利职业技术学院张晓丹老师。华北水利水电大学硕士研究生肖焕焕、周玉珠、郑艺、郭祎阁、刘海滢、徐争等参加了本书的校对和有关图表的绘制工作。

在本书编写过程中，得到了水利部有关部门领导和同行专家的大力指导，在此表示感谢。由于资料缺乏和时间限制，对于书中存在的问题和不足之处，有待今后继续完善，恳请广大读者批评指正。

作　者

2013年11月

目 录

第1章 绪　论

随着社会主义市场经济体制在我国的建立与完善，市场对资源配置起基础性作用，已成为社会运作和发展的一般规律。构建城市水务市场是为了发挥政府宏观管理与市场经济调节相结合的力量，将涉水事务纳入统一、高效、有序的建设与管理的轨道，保证水资源管理法律、法规和技术政策等的有力实施，调动各方面治水兴利的积极性和创造力，促进城市水务事业健康发展，保障人民生活、经济建设和生态环境用水。水利作为国民经济的基础产业，因其具有公益性和弱质性的特点，再加上我国从原有的计划经济向市场经济逐步过渡，其进入市场的难度较大，水务市场发育速度较缓慢，然而社会主义市场经济的改革进程将进一步对水利产生深刻影响，面对日益严重的"水荒"，我国政府决定重新打造水务市场，以解决愈演愈烈的"水饥渴"。"十二五"期间，我国整个水务市场投资总额将在1万亿元以上。其中包括城镇供水、农村饮水安全、污水处理回用和排水、水污染防治、节水灌溉等多个领域。由于投资规模巨大，单纯依靠政府既无力负担，又存在着一定的弊端，因此，引进市场机制，发展水务事业、坚持政府宏观调控与利用市场调节，引入国内民间资本和外资进入水务市场，已成为水利发展的必然趋势。

1.1 水务市场的发展现状

1.1.1 中国水务市场的诞生

长期以来，在传统的计划经济框架下，水利一直是以服务农业为主体。国民经济是以计划网的层层控制实现运行，水利从规划建设到管理运行都是以财政供给为投入形式，产出以农业服务和社会公益性为实现形式，水利供水仅仅是以规费形式补偿部分成本，水利市场根本无从谈起；随着社会主义市场经济体制的建立和经济市场化程度的提高，水利作为国民经济的基础产业，内涵和外延得到迅速发展，水利从单纯的工程建设，即工程水利，逐步发展形成以水资源的合理开发利用和全面保护为主体的资源水利，在市场机制的作用下，其结构、体制和机制都发生了变化。水利现代化，包括水利运行形式的现代化，逐步被社会所公认。作为水利的市场属性，水市场的发展及其运行形式成为国民经济宏观市场的重要组成部分，成为水利改革的重要内容和发展方向。水资源作为自然资源和经济资源，作为自然环境的控制要素，被提到战略高度，成为经济社会可持续发展的共享资源和战略资源。实现水资源可持续发展，不仅是人类的生存和发展之源，而且是维护生态环境之源，它关系到人类的生活水平和生活质量，关系到国民经济各个部门和行业的发展水平。水走向市场，用行之有效的市场机制，激活水资源资产的生机和活力，不仅关系到水利行业的发展，而且关系到整个国民经济的有序运行和人类自身的可持续发展。

水利具有除害与兴利双重作用的特点，水资源具有区域特点，水利工程兼有公益或部分公益性的特点，在这些特点的影响下，构筑了一种十分复杂的水市场环境。从宏观角度来看，现有水资源利用的结构和环境发生了本质变化。鉴于工业化与城市化、城乡水利一体化的发展特点，城市水资源的短缺成为未来发展的焦点。虽然水资源短缺，但由于水具有公益性特点，水又不可能完全靠市场调节来配置，所以水务市场的建立和发展更受到诸多方面因素的制约。水作为一种特殊的商品，它区别于一般商品在市场上的利益竞争，因此水务市场就不具有其他商品市场的共性和特点。中国水务市场就是在这样的时代背景下开始发育、成长的。虽然它的变化也始于改革开放，但其诞生的起点大大晚于改革开放，而且晚于国家市场经济制度的建立。如果把全国第一笔水权交易——浙江义乌与东阳水权交易作为真正意义上的水市场起点，则更晚。所以说中国的水市场还处于刚刚起步阶段。

1.1.2 水务市场的发展过程

目前，学术界通常将2000年1月浙江省义乌市购买东阳市横锦水库的部分用水权，作为我国首例水市场交易。其实早在20世纪80年代末，由于工业城市的发展，地下水的过度开发造成供水危急，为了满足工业城市用水的需要，我国就一直存在着临时的、应急的、地下的、隐蔽的、变向的、不健全的水买卖。城市购买农业用水方面，仅以山东省莱芜为例，自1989年自来水公司连续三年购买杨家横、乔店两中型水库的农业用水量，两水库向河道放水，补充市自来水公司鹏泉水源地共计1000万m^3，水价0.1元/m^3，远远高于当地农业灌溉0.03元/m^3的农业用水价格，而且水费一次到位。另外，企业投资加强灌区节水转换水权的典型实例也普遍存在。山东莱芜发电厂扩建后，需要1000万m^3的水源，于是从1992年，雪野水库向莱芜发电厂供水500万～1000万m^3，由于挤占了农业灌溉用水指标，电厂对水库补偿4000万元，其中大部分用于灌区节水续建改造。多年来，水库通过水权转换，不仅提高了工程标准，保证了工农业用水，而且水库效益也得到了明显增加。同时莱芜也存在着新建水利工程替换原水利工程的供水方向转换水权的情况。鲁中冶金矿山公司大量抽取当地地下水源，造成地下水位下降，群众浇地困难，为此，鲁中冶金矿山公司于1988年提供160万元资金，由当地水行政主管部门实施羊里镇水源地还水工程，从临近地区打机井40多眼，以弥补当地农业灌溉水源不足的问题。

其他省（自治区、直辖市）这种不完善、不规范的水市场十分普遍，像浙江舟本岛水资源紧缺，每到干旱季节，就用轮船从长江口和宁波运淡水，连居民生活用水也要限时限量供应。这种现象促成了舟山向大陆跨海引水项目的实施。在浙江温州乐清等地的水库供水区，曾经发生农村和城市、农业内部种植业和养殖业之间的矛盾。一些个体户为了得到投资大、效益好的养殖业的“救命水”，曾自发的与从事种植业的农民协商，要求高价转让水权，这促成了乐清在楠溪江从永嘉引水。绍兴河网曾多次从萧山引钱塘江的水。慈溪曾经协商向上虞引水，并已经实现从余姚引水。永康曾计划从仙居引水。这些现象表明，水权的流动和水市场的启动已经有了客观需要和物质基础。我国香港买东江水，澳门买西江水，也是水权交易。

为了克服上述水资源宏观行政控制和水产品市场微观方面的弊病，我国在流域水管理体制改革的基础上，从1999年开始对水资源的管理与配置逐步进入水权和水市场改革的新阶段。先是有关流域管理体制、水权和水市场改革的理论讨论；接着进入试点、试验和立法阶段。《中华人民共和国防洪法》、《取水许可制度实施办法》的制定以及《中华人民共和国水污染防治法》、《中华人民共和国水法》等的修改，从法律上提供了水资源使用权转让的依据，并加强了流域管理机构的权力。

1999年，水利部提出了从工程水利向资源水利、可持续发展水利和现代水利转变的治水新思路。2000年10月水利部领导发表了关于“水权、水价、水市场”的理论讲话。接着全国水利学会、环境资源法学会等环境、资源、法学界进行了有关水权与水市场的学术讨论。《中华人民共和国水法（修订草案）》、（水政法〔2000〕227号）明确规定了水资源使用权可依法转让的条款：《关于征求对〈取水许可证制度实施办法（修订草案）〉意见的函》（资源管〔2000〕20号）对水权转让条件、提交资料、权利义务、适用范围以及补偿原则等进行了相应的规定。2001年2月，《人民日报》分别于16日、20日报道了《我国首笔用水权交易成交——义乌出资两亿元，买来上游东阳水》、《两亿元买清水——国内第一笔水权交易详记》的消息，掀起水务市场的高潮。

2001年12月11日，国家计委发出了《关于印发促进和引导民间投资的若干意见的通知》，指出要“逐步放宽投资领域”，“除国家有特殊规定的以外，凡是鼓励和允许外商投资进入的领域，均鼓励和允许民间投资进入。鼓励和引导民间投资以独资、合作、联营、参股、特许经营等方式，参与经营性的基础设施和公益事业项目建设”。

2002年1月，国家计委发出《“十五”期间加快发展服务业若干政策措施的意见》，指出要积极鼓励非国有经济在更广泛的领域参与服务业发展，放宽外贸、教育、文化、公用事业、旅游、电信、金融、保险、中介服务等行业的市场准入。

2002年3月，国家计委公布新的《外商投资产业名录》，原禁止外商投资的供排水等城市管网首次被列为对外开放领域，国家在城市公用事业及基础设施行业扩大开放的政策逐步到位。

2002年12月，建设部出台《关于加快市政公用行业市场化进程的意见》，要求以体制创新和机制创新为动力，以确保社会公众利益，促进市政公用行业发展为目的，加快推进市政公用行业市场化进程。鼓励社会资金、外国资本采取独资、合资、合作等多种形式，参与市政公用设施的建设，形成多元化的投资结构。

1.1.3 企业深化改革

1. 第一阶段

第一个阶段从20世纪90年代初开始，以“产权清晰、权责明确、政企分开、管理科学”为中心对企业进行改造，一个显著标志是企业名称由“自来水公司”更改为“自来水（集团）有限公司”。不完全统计，约有90%以上省会城市和60%以上大中城市的供水企业已经进行了这种改革。其典型模式如下。

（1）深圳模式。建立和完善现代企业制度，实施集约化管理和规模化经营，步入“自我积累、自我发展”的良性循环。

(2) 上海模式。将水司一分为四，以促进竞争和提高效率。

(3) 南海模式。供水企业将水厂借壳上市，然后把所募资金用于发展供水项目。

(4) 武汉模式。政府将水厂包装上市，然后把所募资金用于其他基建项目。

(5) 沈阳模式。厂网分离，产销分开，水厂包装后在香港上市，所募资金用于城市基础设施建设。

2. 第二个阶段

第二个阶段从20世纪90年代末开始，少数体制较顺或者基础较好的供水企业展开了以提升企业规模和国际竞争力、抢占市场份额为中心的改革和探索。比较典型的例子有：深圳自来水集团积极实施跨区域经营战略，在保定、杭州等地与国际水务资本展开了激烈竞标；北京自来水集团积极实施城乡一体化战略，展开了对周边郊县水司的大规模并购活动；长春、重庆等城市则积极组建了集供水、污水处理为一体的大型水务集团。

1.1.4 民营资本入市

长期以来，民营资本主要集中在给排水设备、药剂的制造和销售领域，近来则开始大举进入自来水厂与污水处理厂的建设与经营等领域，如钱江水利通过竞标收购杭州赤山埠水厂，北京首创股份收购高碑店污水处理厂一期工程。其中，最引人注目的是北京桑德集团于2001年6月，在人民大会堂与荆州、荆门、江阴、格尔木、宿迁等11个城市签约，以BOT方式承建并运营这些地区的城市污水处理厂。

1.1.5 政府管制放开

政府对水务市场的管制主要有市场进入和价格管制两种形式。

我国的市场进入管制长期以来一直是由地方政府垄断本地供水经营许可权的封闭制，市场机制根本未建立起来，而近几年来出现了几点新变化：

(1) 很多地方政府逐步放松了市场进入管制，允许多种水务经营主体跨行政区域进入，但放松的范围仅限于制水和污水处理领域。

(2) 管制主体的职能划分趋向明确，出现了资产管理与行业管理相分离的管制方式，克服了政企不分的弊端。

(3) 在行业管理上，“多龙管水”的混乱局面正在向“一龙管水”转化。截至2010年1月，全国已有24个省（自治区、直辖市）的424个县级以上人民政府明确了由水务局统一实施水务管理。政府的价格管制方式正逐步走向科学化、规范化，合理的水价形成机制正逐步健全。

(4) 在水价的制定上，承认水务企业应该有合理利润，并以法规的形式确认成本加税费、合理利润的定价标准（1998年出台《城市供水价格管理办法》），同时指出供水企业合理盈利的平均水平应当是净资产利润率的8%～10%。

在水价的调整上，价格听证制度初步形成，水价的调整日趋科学化、合理化、规范化。2001年7月，国家计委出台了《政府价格决策听证暂行办法》，使水价听证制度有了强有力的法规依据。

1.2 水务市场存在的问题

1.2.1 引入“洋水务”带来的问题

引入“洋水务”的确缓解了国内建设资金的短缺并带来了先进的管理和技术，但从近10年的中外合作实践来看，中方吃了不少“暗亏”。导致这种“暗亏”的直接因素是外方所要求的固定投资回报率（以约定的价格包销水量），这种定死水量和水价的合作方式几乎将外资完全排除在经营风险之外，使中方付出了沉重的代价。以南昌为例，1995年南昌水司与中法水务各出资50%合作经营双港水厂（规模为10万m^3/d），为保证外商10%～18%的投资回报率，南昌水司从双港水厂的购水价格为1.16元/m^3，而售价只有0.66元/m^3，倒贴0.50元/m^3。因此南昌水司从1994年盈利460万余元到1995年因合资水厂等因素亏损1291万元。类似的情况还普遍发生于沈阳、天津、成都、中山、保定等地。

1.2.2 统一的水务经营模式尚未形成

1. 关于拆分水企业与规模经营的争论

一种观点认为，机构臃肿、效率低下是垄断企业的痼疾，唯有拆分企业、打破垄断、有效竞争，才能从根本上提高本土供水企业的效率与服务水平。由此产生的方案一是竖切几刀，将一个大型供水企业分为几个小型供水企业；方案二是横切几刀，厂网分离，将必须垄断经营的管网部分统一经营，而将能够纳入竞争的水厂、管网维护等部分全部推向市场。上述方案有利于招商引资，有助于打破地区壁垒。

而另一种观点认为，供水企业的最大优势是具有成本弱增性，唯有充分发挥其规模效益才能使总成本最低。城市水厂和其配套管网在设计之初，就存在一个最优化的管网调度与生产运行方式，只有按照设计要求来合理调度各水厂的配水量，才能达到最经济、合理的运行效果。如果忽视了这些技术上的内在统一性，不仅会导致总体成本上升，还将降低城市供水的保障水平。

2. 盘活水务资产及资金流向问题

出现了以减轻财政负担为中心和以促进水务行业发展为中心的两种不同指导思想。前者认为应将所得资金用于道路、桥梁等基础设施领域。而后者认为资金不应挪作他用，应该依然投资于水务行业。实践证明，所募集的资金若挪作他用，则城市供水设施建设改造资金依然匮乏。若由供水企业支配使用，则城市供水设施水平将得到极大改善。

1.2.3 统一的行业管理体制尚未形成

指导我国供水企业改革与发展的相关政策、法规不健全。近几年随着我国水务市场的逐步放开，出现了BOT、TOT、出售、特许经营等很多新颖的市场形式，但很不规范。当合作双方的利益、投资者和公众的利益发生冲突时无法可依，如水务设施运营招投标制度不健全，使很多地方在招商引资的过程中基于政绩的原因普遍歧视内资，用于规范专营项目价格和服务的具有约束力的专营权条例至今仍未建立，导致了合作过程中的扯皮现象。

1.3 水务市场发展对策

要继续推进水务市场的进一步发展，必须打破行业垄断，放宽市场准入，引入竞争机制，加快建立特许经营管理制度，推进产业化经营。拓宽资金渠道，加快基础设施建设，深化水管单位供排水企业改革，不断提高管理和服务水平。鼓励非公有制经济、国外资本等多元投资主体参与市政公用设施的建设和运营，建立政府、市场等多渠道、多元化、多形式的投资机制，改进水价形成体制，不断完善水务市场的监管政策，主要包括市场准入、成本和水价监管、水质和服务监管等，保障公众利益和投资人的合法权益。

1.3.1 建立有利于水务市场健康发展的公共管理体制和市场运行机制

建立政企分开、政事分开、政资分开的水务管理体制，明确界定政府、企业、事业单位和社会中介组织在城市水务中的职责，形成以政府为主导，营利性企业、公益性组织、社会公众等多元主体参与，政府、市场、社会有机结合的水务管理模式，建立起所有权、经营权、监管权相互制约的城市水务发展模式，是推进水务产业化与市场化发展的前提和基础。在市场经济条件下，政府的职能主要是经济调节、市场监管、社会管理和公共服务。城市水务局既是市政府的水行政主管部门，也是供水、排水、污水处理与回用的行业主管部门，其主要职责是：统一法规、统一规划、统一调配、统一管理、统一标准、统一确定水价、统一分配水权、统一监管、统一市场准入。具体为：

（1）制定水务行业的政策法规与行业政策，制定水务行业技术标准并监督实施，致力于建立公平竞争的市场环境。

实现了跨区域经营，投资力度和规模逐渐加大。虽然水务改革发展总体上呈现好的发展趋势，但仍存在几个问题：①国有水务企业经营效果欠佳，表现为机构臃肿、劳动率低、经营亏损、技术水平偏低等；②法律、法规不健全，政府、投资人、企业的权、责、利不明；③引入外资产生的回报要求增大水务企业的成本；④政府对水务的监管尚不完善。

（2）我国未来水务模式应具备以下特征：

1）国有资本保持在水务企业的控股地位。国家或政府以国有资本出资人身份，通过水务公司的股东会、董事会等方式，参与水务企业的重大决策。

2）实施产权多元化。引进战略性投资伙伴，吸引国外资本、民营资本、上市公司以及其他资本的介入，推进水务公司产权多元化进程，建立现代企业制度。

3）政府实施监督管理。政府所属的监管机构，负责授予多元化水务公司的特许经营权，对投资、价格、水质、服务体系行使监管职责。

4）实行委托经营。水务公司的出资人以招标方式选择运营管理公司，订立委托经营合同，将水务企业的运营权委托给经营管理公司。

5）用户作为水务企业的最终消费者，直接享受运营管理公司所提供的服务。由于水务企业关系国计民生，在水务行业中保留政府和国有资本的控股地位，是符合国家的产业引导政策的。

6）可以有效保障社会公共安全性。保持政府对于水务的全部或部分所有权，才能使政府在保障公共饮水安全方面有控制力和发言权，才能在水源水质保证、水厂处理工艺保证和安全输配等各个环节进行有效监控和管理，构筑饮用水的水质安全保障系统。另外，也能在非常时期对水务资源具有充分的紧急调配权和有效控制权。

7）符合水务产业固有的特性。有相当一部分投资，如水源保护、管网建设等投资很难进行准确评估，属非经营性资产，需要政府以财政等公共形式进行支付；出于节水和技术引导等战略需要，需要政府提供部分引导性资金；有些水无项目的实施，必须由政府来投资和实施，以发挥政府的协调特长，有利于建立规范的水务管理机制。国家允许国外资本、民营资本、上市公司及其他资本介入水务行业，其目的除了引入资金、提高效率之外，还为了能够建立规范的现代企业制度，股东会、董事会、监事会各司其职，规范运作。

8）充分发挥政府融资优势。政府作为水务产业投资的主导，一是可以发挥信誉好，融资成本低的优势（公共融资一般比私人融资成本低1%～3%）；二是可以发挥组织优势。

1.3.2 完善政策，深化城市水务投资机制改革

1. 区分公益性项目与经营性项目，确定不同的投资机制与运营模式

城市水务涵盖城市防洪、水源保护、水源、供水、排水、污水处理及回用等诸多领域。其中城市防洪、水源保护、城市供排水管网等公益型项目，由于没有明确的产出或即使有产出也不可能完全走向市场化，因此政府作为公共利益的代表者，应该承担起建设、运行维护以及更新改造的责任，主要目标是建立稳定的投资来源和可持续的运营模式，逐步探索并实行政府投资、企业化运行的新路。对于城市供水等经营性项目，资金来源应该市场化，主要通过非财政渠道筹集，走市场化开发、社会化投资、企业化管理、产业化发展的道路。污水处理由于不以营利为目的，受制于污水处理费偏低，产业化程度不高，但随着污水处理费征收范围的扩大和标准的提高，也要解决多元化投入和产业化发展问题，起码要建立国家投入、依靠污水处理收费可持续运行的机制。

2. 划分事权，形成分级投入机制

城市水务基础设施建设是城市政府负责的建设项目，但由于资金需求巨大，单靠市级财政投入远远不够，因此，应适当划分事权，市级政府主要负责全局性的重点水务工程，如水源工程、骨干管网工程、防洪工程、河网整治工程等。区域性的水务工程则按照“谁受益，谁负担”的原则，由受益地区和部门投资，分级管理，逐步形成市、区、镇分级投入机制。

3. 运用政策手段，加大利用信贷资金力度

为了鼓励更多的社会资金投入城市水务行业，国家采用政策手段，如贷款贴息、长期开发性低息贷款等，使银行信贷资金向城市水源工程、供排水管网工程、污水处理厂等兼具社会效益和经济效益，具有稳定投资回报的经营性项目倾斜。

4. 拓宽筹资渠道，利用资本市场发展直接融资

在资本市场直接融资有利于提高企业筹资能力，优化企业资本债务结构。除发行股票融资之外，应该大力发展水务企业债券，尤其对于没有改制的国有水务企业，债券应该成为银行贷款之外的一个新的筹资渠道。在美国、德国等发达市场经济国家，供排水管网、污水处理厂等水务基础设施主要依靠地方政府的市政债券，水务债券或污水公共机构债券等形式筹集建设资金。我国现行政策不允许地方政府发行债券，应该积极研究通过市政或水务收益债券融资，地方水务等市政设施建设可以通过收益债券融资。美国的市政债券主要有两种形式：以发行机构的全部信用即税收收入作为担保的一般责任债券和以项目收益来偿还的收益债券。我国也曾发行过城市公用设施建设的具有收益债券性质的企业债券，当前应总结经验，推出相对规范的地方市政企业或水务企业收益债券，作为水务企业融资的主要模式。

5. 推进产权制度改革，增加水务投资

城市水务市场化所依托的中国市场经济体系，其资源以及功能分属多元主体和多个层次，因此产权制度改革、产权多元化是社会资本和海外资本进入城市水务行业的桥梁，成为解决城市水务行业投资不足的主要手段。同时只有多元持股，才能真正明确股东会、董事会、监事会和经理层的职责，形成各负其责、协调运转、有效制衡的公司法人治理结构，有力地约束企业内部成本，提高效率。

1.3.3 加强政府对水务市场的监管

城市水务企业生产的产品和提供的服务是人民群众生活所必须且不可替代的，具有很强的公益性质和自然垄断特性。城市水务企业的公益性和自然垄断性要求企业承担普遍服务的义务、连续服务的义务、接受监督的义务等，并且只能在经营中获取合理利润。政府主管部门必须履行对城市水务企业的监管责任，并且与一般竞争性领域比较，这种监管应该更为严格。

政府的供水行业监管主要包括四个方面：①监管供水服务质量；②监管价格；③监管供水安全，这关系到国计民生和社会稳定；④监管企业对国有资产的运营和管理。要达到以上四方面的有效监管，需要为行业监管的建立提供系统的法律保障；要求和鼓励地方城市出台可操作性强的、符合地方经济社会特点的政策体系；建立相应完善的制度，并配套相应的规范性条例文本、标准化合同文本；健全相关技术标准、管理和服务规范，使其成为行业监管的重要依据和标尺。城市要把污水处理费的征收标准尽快提高到保本微利的水平。

1.3.4 构建有利于水务行业市场化改革的宏观政策环境和配套改革措施

1. 确立规范的城市水务市场准入与退出规则

城市水务市场的准入规则应对投资者的投资实力、技术水平、管理机制、管理人才有明确的规定。城市水务市场的退出规则应该分为强制退出和自愿退出。强制退出是对不能实现政府监管最低要求的投资者实行惩罚性处理措施；自愿退出是对经营不善或其他原因不愿经营的投资者予以解除经营合同。确立规范的城市水务市场准入与退出规则，有利于

经营者发挥自身优势，达到合理的利润回报，否则要承担责任和损失。

2. 建立完善特许经营管理办法

目前水务行业特许经营的合作形式是由政府向考核合格的企业授予项目建设经营的授权书，授权企业在特定的时间负责特定项目的经营建设；而企业向政府递交承诺书，承诺在建设经营期的义务。2004年3月，建设部出台了《市政公用事业特许经营制度》，各地水务系统可以结合当地情况和水务工作实际，出台地方性的水务特许经营管理办法或条例。

3. 建立水价调整与听证程序，建立产品与服务价格审核程序

在水价调整上，价格听证制度初步形成，水价的调整日趋规范化。2001年7月，国家发展计划委员会出台了《政府价格听证暂行办法》，使水价听证有了法律依据，各地可以根据当地实际情况，建立水价调整的程序与方法。鉴于水务行业的垄断性，政府必须负责企业产品与服务价格的审核，主要是审核水务企业成本、费用的合法性与合理性及提出的调整价格要求是否合理等，需要建立规范化、标准化的产品与服务价格审核程序。

4. 建立政策性损害的利益补偿机制

水务企业成为真正的企业后，应当在政府的监管下合法经营，以获取经营利润为目标，而不应再承担与企业身份不相符的职能，如向困难企业和家庭提供免费水，为城市提供免费的消防绿化水等。政府作为社会公众利益的代表，承担着政治责任。

1.3.5 在水权配置和统一规划的前提下开放水务市场

水资源属于国家所有，是一种特殊的资源，具有明显的公益性、基础性、垄断性和外部经济性，对流域与区域水资源的统一规划、统一调度、统一管理是政府的重要职责，政府必须牢牢控制水资源的分配权、调度权、资产处置权和收益权。为明晰水权，把水资源总量控制和定额管理制度落到实处，通过水市场水权的有偿转让解决城市化与工业化进程中对水资源的需求问题，水行政主管部门进行水权初始配置，建立水市场是必须采用的有效手段。

城市是一个集中的用水系统，城市范围内的水资源不能满足城市用水要求，必须在流域或区域范围内进行水资源统一规划和配置，保障城市供水。政府制定流域或区域水资源综合规划，确定水资源配置方案和相应的工程措施，在水资源综合规划确定的水资源配置方案和城市总体规划指导下，城市人民政府水行政主管部门编制《城市供水水源规划》、《城市供水规划》、《城市排水规划》、《城市水生态建设规划》、《城市水系综合整治规划》、《城市污水处理厂建设规划》、《城市中水回用规划》等专业规划。这些专业规划提出水务工程建设总体布局和分步实施方案，在政府主管部门制定的规划指导下，区分公益性项目与经营性项目，推进工程建设、运营、维护的市场化，使水务市场化健康有序地发展。

1.3.6 统一内外资进入城市水务行业的待遇和政策

外资企业与国内企业，尤其是民营企业在政策上的不统一，不利于国内水务企业的发展。外资企业净资产回报率高达15%以上，而政府给予国内企业的净资产利润率仅为7%～8%：在水价制定上，国内企业的水价调整需经过严格的审批，并需由社会各界代表

参加的听证会一致通过，而政府给外商承诺的回报或水价却不需通过听证会而由政府直接确定。

1.3.7 统筹考虑职工安置与国有资产保值增值

在水务企业市场化过程中，尤其是产权制度改革中，必须妥善处理职工安置问题，维护社会稳定，同时要保证国有资产的保值增值，最大限度地维护国家和公众利益。

1.3.8 整合水务产业结构，培育跨区域的大型水务集团

城市水务的产业结构目前不能适应城市水务市场化的需要，表现在三个方面：一是产业分散、规模不足；二是缺乏能适应新的产业特征和市场需求的市场主体；三是产业链发育欠缺。传统水务企业的产权多元化改革为产业整合的突破创造了机会。应利用投资主体的多元化变革，在传统企业改制的基础上，以市场为主导，以资本结构的调整拉动产业整合。传统水业主体的产权多元化，将从体制和机制上激活和优化传统的行业主力。有扩展实力、具有一定规模的水务企业，要充分利用当前水务行业市场化、特别是产权制度改革的机遇，通过并购、整体收购、交叉持股等多种形式，培育跨区域的大型水务集团，在竞争中做大做强。

第2章　国内外水务市场管理分析

水呈区域分布的自然属性，决定了难以按行政区域进行管理，因此一些发达国家大都实行以流域为单元的水资源统一管理体制。在水资源条件较好的联邦制国家，一般实行以州为单位统一管理。本章将分别以欧洲、美洲、亚洲的几个国家为例，分析国外水务管理体制及其这些国家水务管理经验对中国的启示。

2.1　法国水务管理体制

2.1.1　法国水务管理体制框架

法国的水务管理自“大革命”以来属于国家的职权，从中央到地方可划分为国家级、六大流域级、地区级和地方级四个层面。

国家级的政府机构主要有环境部、农业部、设备部（建设、交通、居住部）等。环境部是法国水管理中起主要作用的政府部门，内设水利司，在有关地区设有派出机构——环境处。主要负责拟订水法规、水政策并监督执行，监测和分析水污染情况，制定与水有关的国家标准、协调各类水事关系，参与流域水资源规划的制定等。农业部主要负责农业及村镇的供水、农田灌溉和农业污水处理等。设备部（建设、交通、居住）与水有关的职责主要是防洪，在各地区均派有管水的管理分支机构。除了中央政府各部门的这些职能机构外，在中央一级还设立一个水资源管理的部际联席会议，由与水资源管理相关的13个部门的代表参加，主要讨论国家水资源管理政策和法规。

六大流域级，即按照六个流域区设置的流域委员会和水管局。由流域委员会负责提出流域内水资源开发管理的总体规划，确定五年计划，建议水费计收率、投资分配等。支流或小流域水平上的水资源开发管理由地方政府负责，按照法律法规，在流域水资源开发管理总体规划的框架下提出支流或小流域水资源开发管理规划，组织生活用水供应及污水处理、筹集资金、决定投资和工程的管理方式和水价，如有必要可参加工程运行，通过招标方式选择工程实施单位，确定工程深化水务一体化管理体制改革的研究服务范围等。法国流域委员会是由流域内的用水户、地方政府、中央政府涉及水资源利用及保护部门的代表组成的“水议会”，流域委员会对水资源实行民主管理，采取的是一种“议会”形式，充分吸收各类用户代表参与到水资源开发利用保护的决策过程中来，以增强决策的民主性和合法性。其成员构成主要有用户代表、当地知名人士和各类专家代表，占委员总人数的40%；不同行政区的地方官员代表，占36%～38%；中央政府部门代表，占23%。流域委员会的主席由上述代表通过选举产生。如塞纳河—诺曼底流域，面积97万km^2，人口1770万，其流域委员会共由118人组成，其中地方政府官员代表45人，用户代表45人，中央政府部门公务员代表 21 人，各方专家代表 7 人。

流域水管局，即流域委员会的执行机构，是法国水资源环境管理体制中的核心机构，负责处理流域委员会的日常事务。作为实施机构，其主要职能是实施流域委员会所制定的政策，并负责制定五年计划，实施这一计划的资金来自于收缴的水费。支流或次流域级主要是指地方水务委员会，其主要任务是制定和实施该区域的水资源开发和管理计划。地方水务委员会的成员一半来自地方团体代表，1/4 来自水用户代表，另外 1/4 为国家政府代表。

地方水务委员会可承担有关水利设施、设备的研究、建设和运营。地方级，即市镇直接负责饮用水的供应和城市污水的净化。法国的水务管理是在市镇范围内实现。法国法律规定供水和污水处理是地方政府的责任。法国流域水管局一般不拥有地产、水利资产和水权，它们均归市镇。对于大的市镇，如巴黎，水务（供水、污水处理等）的经营和管理是在一个市镇范围内进行；对于小的市镇，只有几百户人家，往往几个相邻的市镇联合进行水务的经营和管理。供水和污水处理可以由市政府直接组织经营和管理，称为直接管理；也可以租让给私营公司经营和管理，称为委托管理。委托管理中的财产所有权仍归市政所有。法国水务管理体制结构如图 2.1 所示。

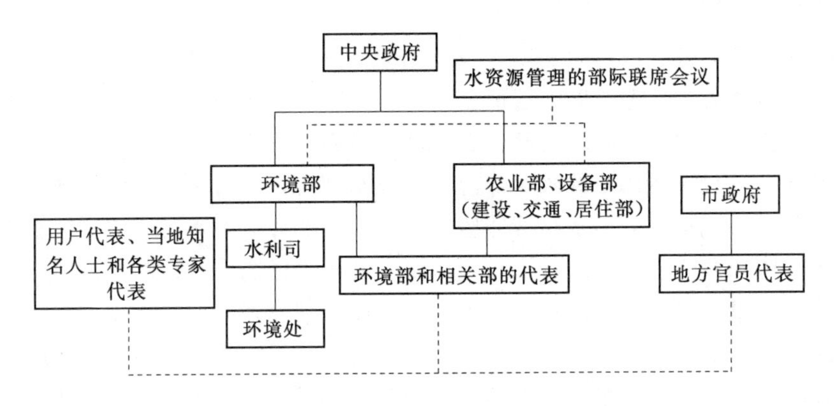

图 2.1　法国水务管理体制机构图

（实线为隶属关系，虚线为业务指导关系）

2.1.2　法国水务管理对中国的启示

欧洲公共供水事业已有数百年的发展历史，各个国家都相继形成了各具特色的现代化水务管理模式。中国是一个发展中国家，建立经济发展和环境保护并举的现代水务管理体系是建设和谐社会亟待解决的现实问题，法国实行的水资源流域统一管理与城市水务一体化的现代水务管理经验有许多值得我们思考和借鉴。

1. 水资源管理综合化

法国按水系综合管理流域内的水量、水质、水处理和水工程，以生态平衡为基点，以水资源可持续开发和利用为手段，以社会经济可持续发展为目标，统筹规划流域范围的水开发和水管理。政府采取"以水养水"政策，在全社会树立"谁用水，谁付费"、"谁排放，谁出钱"、"谁污染，谁治理"的理念，确保了水管理有规划、有资金、有治理、有监督。

2. 水资源管理法制化

法国法律在水资源的管理上明确规定了国家、流域委员会、地方省市乡镇分级管理的责任、权利和义务，同时把参与水务活动的政府机关、事业单位、企业单位的职责明确分开，各自在法律赋予的权限范围内充分发挥作用，若有越权或违法行为发生，通过法律手段予以纠正或处罚。

3. 水资源管理民主化

法国的水务管理方式是民主协商，如巴黎的水管理政策的制定，要经过巴黎市政府、各类用水消费者协会以及自然保护协会等的协商，以保证各类用水户共同参与并管理水资源。

4. 供水管理集约化

泰晤士水公司从水库一直管到用户的水龙头和下水道，实现了原水与饮用水、供水与管网、供水与排水、水量与水质、制水与治污的一体化管理，既从源头上保障水质安全，又从下水道彻底根治废水，提高了水资源的利用效率。

2.2 美国水务管理体制

2.2.1 美国水管理现状

美国是联邦制国家，各州都有相当大的立法权，州政府与联邦政府的关系较为松散，因此形成了在水资源管理上实行以州为基本单位的管理体制。美国的水资源机构分为联邦政府机构、州政府和地方（县、市）三级机构，在州政府一级强调流域与区域相结合。

美国实行私有制经济，美国水资源管理体制是基于生产资料私有制为管理基础的，政府的主要任务是进行与水有关的基础设施的建设。在过去的100多年里，联邦政府对水利建设十分重视，兴建了一大批水利基础设施，收到了明显的经济效益。近20年来，由于联邦财政困难，水利发展和水资源管理的职责更多的由州政府履行，从而更加确立了以州为基本单位的水资源管理体制。目前，美国尚无全国统一的水法，只是以各州自行立法与州际协议为基本管理原则，州际间水资源开发利用的矛盾由联邦政府有关机构进行协调，如果协调不成则往往诉诸法律，通过司法程序予以解决。

经过一个世纪的努力，美国的水资源开发利用工程建设已基本完成，进一步的开发利用已经受到自然生态和环境保护方面的制约，当前水管理的主要任务已经转向对水资源的有效管理、提高水资源开发利用的效率和对水资源污染的防治等。

美国的水资源管理与开发利用的基础是水权制度，而水权是建立在私有制的经济基础上，具有所有权和使用权之分。水权的所有权划归各州，由州政府进行管理。水的分配是以满足优先权需求和实施“有益的”经济活动为原则。水权作为私有财产，可以自由转让。美国政府对水的管理主要集中在水权的管理上。供水和配水的管理主要是通过市场的自发调节和民间机构的运作，其水资源管理制度与其整个社会的市场经济制度融合在一起。如在农村，水的管理主要通过一些灌溉公司或民间组织来进行，减少了政府的直接干预，同时也降低了政府在水资源管理方面的开支，使得政府机构运作效率更高，避免了由于政府直接干预过多造成的效率低下的问题。

美国虽然没有全国性统一的水法，但各州的水资源开发、利用、管理的法制建设均比较完善。有了与市场经济体制相适应的水权制度及水的管理制度，法律对于水资源开发利用和管理的每一个环节都有较详细的规定，部门与部门之间的管理权比较清楚，从而加强了依法管理的力度，提高了政府机构的效率。

2.2.2　美国水务管理的特点

经过多年的发展变化，美国的水资源管理形式形成了以下特点：

（1）由重治理转为重预防，强调政府和企业及民众协作，研究开发对环境无危害的新产品、新技术。政府给企业提供财政补贴、减少税收、技术指导，促进新技术、新产品开发，以保护环境、预防污染。

（2）重视水资源数据和情报的利用及分享，美国政府从 20 世纪 70 年代起逐步建立了一系列环境资源数据库。数据分享、减少花费、避免重复，大大促进了科学数据在水资源决策上的应用。

（3）美国利用正规和非正规教育两种途径进行水资源保护教育。除在小学、中学及大学设置环境和水资源保护课程外，还利用电视、报纸、广播、聚会、讲座、传单等形式向公众讲授水资源保护的重要性。

（4）十分重视管理的科学性，无论是政府机关、科研机构还是农村水管区都普遍采用微机网络管理，信息快捷准确。以水利工程为例，由于十分重视科学管理，一些几十年前兴建的工程和设施至今仍在发挥作用。加利福尼亚州沙特耳灌区的两座抽水站，一座建于 1914 年，一座建于 1919 年，已经运行了几十年甚至近百年，无论是泵房还是机械设备均完好无损，正常情况下，还可以运转几十年。

2.3　日本水务管理体制

2.3.1　日本水务管理体制概述

由于自然条件约束以及近几十年的人口增长和经济发展，日本是一个水资源相对短缺的国家。为了解决水资源短缺的问题，满足经济发展和人们生活水平提高而带来的用水需求，日本政府建立了一套具有自身特色的管理体制。

日本是中央集权和地方自治同时并存的国家，因此全国没有统一的水行政管理机构，有关水利方面的职能，按治水和兴利两个方面分属不同的省管辖。对于水资源管理，中央政府和地方政府的职责有比较明确的分工：中央政府主要负责制定和实施全国性的水资源政策、制定水资源开发和环境保护的总体规划，如水资源开发、供水系统管理、水质保护等方面的政策和规划；地方政府则在中央政府政策的框架下，负责供水系统、水处理设施、水务机构的运营、维护和管理。

截至 2003 财政年度末，日本的地方政府管理了 1936 家较大的水务公司和 8360 家规模较小的水务公司。因此，2003 年获得洁净水源的人口比例达到 96.9%。地方政府机构还对公共用水的水质开展持续监控，对私营机构进行监督，以保证其废水排放达标。

在中央政府，有五个部门涉及水资源管理，它们是国土交通省、厚生劳动省（其职能相当于我国的卫生部和劳动社会保障部）、环境省、经济产业省、农林水产省。五个部门之间既有分工又有合作，它们一方面分别承担着与各自领域相关的不同具体职能；另一方面，它们又通过省际联席会之类的形式相互合作，以制定与水资源相关的综合性政策。

由于日本没有全国统一的水行政管理机构，水管理处于“多龙管水”的状态，为改善水资源管理，在过去几十年里，日本大力加强法制建设，构建了一个比较完善的法律、法规体系，维持了在条块分割、统筹协作状况下水资源管理的井然有序。

日本水法规体系的核心是《河川法》，该法是日本水利建设管理的基本法律，它的全面推行，对推进日本各项水利事业的顺利进行起到了重大作用。除了制定完善的法律之外，日本还非常注重严格执法和监督，各个管理机构职责分明，在执法过程中明确规定其内容和程序，因此避免了部门之间的矛盾和推诿现象。

2.3.2 日本城市水管理经验

日本的水资源管理体制实行的是分散协调的管理模式，如何让这种多龙管水得以有序进行，日本的水资源管理体制有着以下几方面的成功经验：

（1）水资源管理法制化。日本虽没有统一的水行政管理机构，水行政职能按服务隶属为中央五个涉水部门，水资源管理由不同部门负责，但是日本的水资源管理井然有序，这归功于完善的水资源管理法规体系。正是由于由健全的水资源管理法规体系，有效地协调了政府各个管水部门的职能，促进了以水资源为核心的水利事业与日本国民经济的协调发展。

（2）水资源开发利用系统化。日本的水资源供需矛盾日益突出，随着经济的高速增长和都市人口的急剧增加，生活与工业、农业用水需求量明显增大，形成了严重的水量不足状况。为解决这一状况，日本采取了一系列措施来系统地开发利用水资源。如对现有水资源开发有严格的规划，将必要的水系定为水资源开发水系；在节约用水方面大力推广节水器具的使用，提高了水的有效利用率；将中水利用作为在枯水期缓解水资源供需矛盾的重要措施；把海水淡化作为本国水资源开发目标之一。

（3）工程管理与经营分开。这是日本水资源管理的一大特色，工程管理者只管工程的维护、调度等，而管理费由国家按预算拨给，供水等则由工程建设出资的受益者（指经营生活用水或工业用水的供水公司）经营。因此当遇到大旱水利设施不足时，不会出现居民或工厂不交水费的问题，而完全由水的经营者依合同按期付款，此举即供水的商业风险由水的经营者承担。

总的来说，日本基于其国情开展的水资源管理在总体上还是比较有效的，以上所列举的一些做法可以供我国水管理制度提供借鉴和参考。但是，我们需要认识到，日本的有些做法在我国可能并不适用。例如，日本政府为水资源开发建设以及运营、维护和管理提供巨额财政补贴的做法是以其发达的经济和雄厚的财力为基础的，像我国这种处在发展中的国家就无法照搬，而且这种做法并不利于激励社会提高用水效率，即使是其他经济发达的国家也没有这样做。

纵观世界上各国的水务管理体制的历史和现状，每个国家的水务管理体制都是和本国的国情相符合的，具有本国特色的特点。对于发达国家水管理方面的做法和经验，我们要根据本国的国情，有选择地加以学习和借鉴，只有这样我们才能建立起符合中国国情的国家水资源管理体制。

2.4　国内传统水务管理体制与水务一体化管理体制的比较

2.4.1　传统水务管理体制概况

受计划经济体制的影响，我国传统的水务管理体制实行的是水资源统一管理和分级管理相结合的体制。传统的水管理体制是将城市与农村、地表与地下、工业与农业、水量与水质、供水与排水、用水与节水、污水处理与回用等许多涉水管理职能，分别交给多个部门负责，实行多部门分割管理。现代的水务一体化管理体制则是由一个部门代表政府统一管理一切涉水事务。图 2.2 所示为我国传统水资源管理体制结构图。

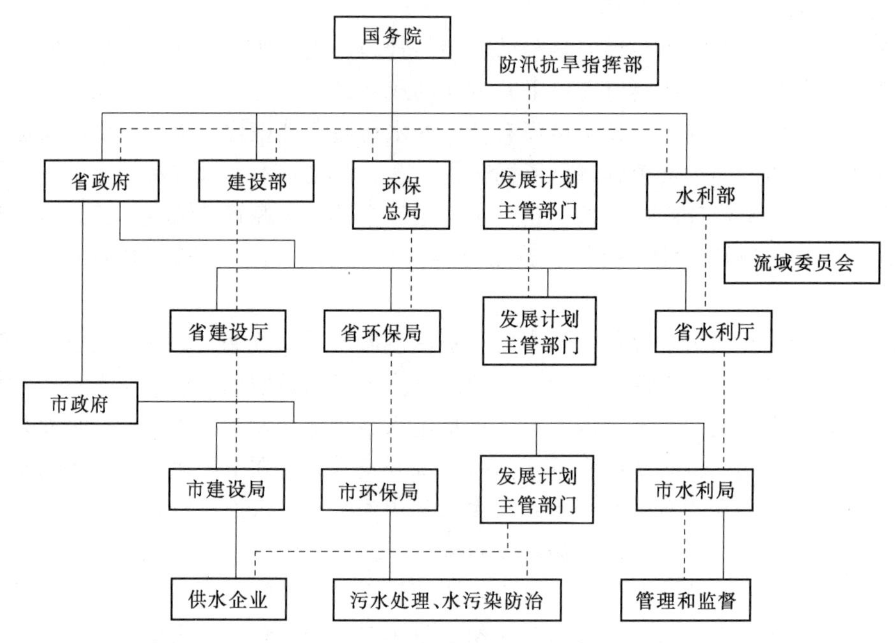

图 2.2　传统水资源管理体制结构图

（实线为隶属关系，虚线为业务指导关系）

2.4.2　传统水务管理体制的弊端

传统的水务管理体制曾在一定的历史时期发挥过积极作用，但是随着人类社会的发展，科技的进步，改造自然界力量的不断增强，出现了需水量增加、排污量增加，人类对自然界中水的影响越来越大，从而引起了水资源的供需矛盾，并造成了水资源不同程度的破坏。而此时，传统水资源分割管理体制由于各部门认识不统一、利益不一致、工作有交叉、职责分不清，具体工作中出现科学规划难、同步建设难、统一调度难、管理协调难，这一切都进一步加深了“水危机”的严重程度。传统水资源分割管理体制的弊端越来越显露出来，具体表现在以下几点：

（1）容易破坏水资源。水资源是一个有机整体，分割管理，难以实现水资源的综合规划、合理配置、统一监管和有效保护。各部门在开发利用水资源过程中，经常会主动或被动地违背水资源良性循环的自然规律，造成对水资源的人为破坏。

（2）难以解决供用水矛盾。水资源城乡分割管理，使城外的水源建设与城区的供水脱节。经常是水利部门承担水源建设的职能，却无法把水送入城区；城建部门承担城镇供水的职能，却解决不好供水水源问题。结果城镇供水只能靠超采城区地下水，引发地面沉陷，或大量袭夺城市周边农村地下水，造成灌溉机井“吊泵”报废为代价来维持城市的生活和工业用水；而水利部门的水源工程由于耗资巨大，又找不到合适的供水对象，难以创造效益，扩大建设，进而人为地加剧了水资源紧缺程度和供用水矛盾。

（3）不利于进行水资源管理与保护。水量与水质、地表水与地下水分割管理，人为地将相互联系、互为转化的地表水与地下水，和本为水资源两方面的水量、水质分割开来，造成了水资源管理与保护工作的片面性和不完整性，从而使这项工作难以收到实效。

（4）难以建立科学合理的水价格体系。由于涉水事务由多部门分割管理，难以按照市场经济原则建立起取水、供水、排水、污水处理回用等统一的、合理的水价格体系，无法发挥水价的经济杠杆调节作用，来制止水资源的浪费和污染以及进行水资源的优化配置。

因此，靠传统的水资源分割管理体制来解决当今存在的水问题和“水危机”，维护水环境与水生态平衡是根本不可能的，必须建立起现代的水务一体化管理体制，才能保证水资源的可持续利用。

2.5 现代水务一体化管理体制机构

城市水务一体化管理是在国务院的领导下以流域为单元对所用涉水事务进行统一管理。在地方以城市为单元设立城市水务管理局，担负起包括原水、供水、用水、节水、排水、污水处理及再生水利用等多方面的管理职责，实现对地表水与地下水、水质与水量、供水与排水、用水与节水等各种城市涉水事务的统一管理。图 2.3 所示为改革后我国水资源管理体制机构图。

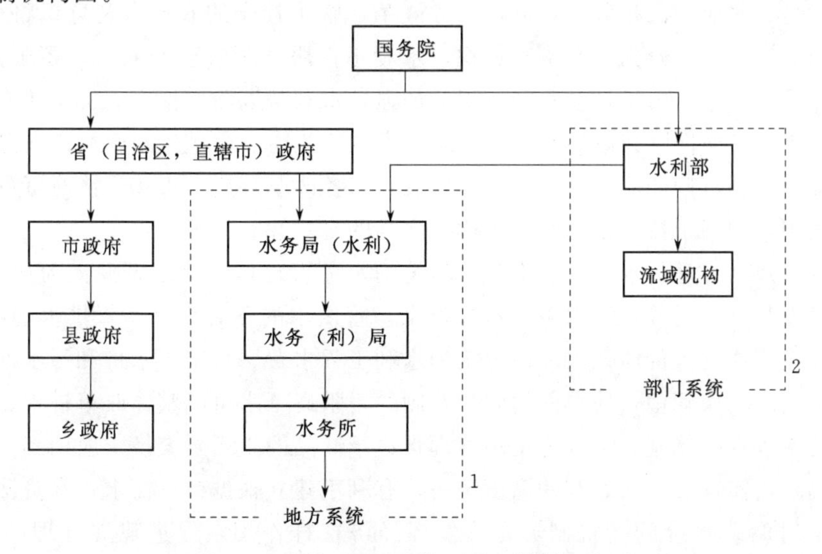

图 2.3 改革后我国水资源管理体制机构图

（注：虚线框 1 为涉水事务的交叉部门；虚线框 2 为国家层面的水利行业主管部门）

2.6　实行水务一体化管理体制的优势

改革水的管理体制，实行涉水事务的一体化管理，是当今世界诸多国家与地区采取的一种水资源优化配置、有效利用、科学保护的先进管理模式。实践证明，实施水务一体化管理体制是我国水资源管理体制改革中的一个重大突破，是推进传统水利向现代水利转变的一个重要方面，这种新型的水资源管理体制要比传统的管理体制有着明显的优势，主要体现在：

（1）理顺水资源管理体制，促进水资源的统一管理。水务一体化管理体制的实施，为水资源的可持续利用提供体制保证，能够对水资源实行“五个统一”的管理，即统一规划，统一调度，统一发放取水许可证，统一征收水资源费，统一管理水量和水质，从而使有限的水资源发挥最大的经济效益、社会效益和环境效益，为水资源的优化配置提供体制保障。

（2）强化水行政管理职能，提高政府部门工作效率。水务局能够站在一个新的高度，对一切涉水事活动进行宏观的监督管理和微观的有效调控。过去水资源管理工作中存在许多相互推诿、扯皮问题，实行水务一体化管理，省去了部门间的争执和政府的协调，从而大大提高了政府的工作效率。

（3）有效地缓解日益突出的水资源供需矛盾。水务局可以根据各地的水资源总量和供水工程情况，通过统一调度、优化配置、科学管理等非工程措施，再配以必要的输水设施等建设，可使有限的水资源和现有的水工程发挥最大的综合效益，缓解城乡用水的供求矛盾。

（4）促进了整个社会水利意识的转变，推动了水利经济的发展。长期以来，人们一直认为水利就是为农业和农村服务，通过水务改革，整个社会的农业水利意识将得到转变，从农业水利意识逐步上升到社会水利意识，水利不仅服务于农业和农村，还服务于工业、城市生活和第三产业。由于社会水利意识的加强，水利从以防洪保安、抗旱保农为主的单纯公益性基础设施向同时兼顾城乡供水、水力发电、旅游、养殖等经营性产业过渡，促进了水利基础设施和基础产业的良性运行和发展。水务改革顺应了市场经济对资源的优化配置和合理利用，增强了按照市场经济规律办水利的自觉性。

（5）促进建立合理的水价形成机制。传统的水务管理体制将水资源人为地分割管理，水利基础建设与供水脱节，管水源的不管供水，管供水的不管排水，管排水的不管治污。将本应是一个整体的水价体系人为地分割为水利工程水费、自来水水价和污水处理费三部分，分属不同的条块管理，使得部门间相互制约，阻碍了水价的整体改革进程。而实施水务一体化的水务管理体制，可以将统一管理贯穿于商品的生产到交换、应用到水资源再利用的整个过程，实现责、权、利的高度统一，有利于建立根据市场需求、水资源状况、水环境变化及时调整水价的新机制，充分发挥经济杠杆作用，促进建立合理的水价形成机制。

（6）有利于优化配置水资源，提高城乡供水保证率。

1）在空间上进行有效调配，克服水资源在地理分布上丰贫不均的不利因素。

2）在时间上进行合理调配，实行水量“错峰”调度，可将通过节水措施剩余的农业灌溉水源依法调剂给城市、工业、第三产业使用。

3）在水质上进行分类调配，适应各类用水户对水质标准高低不同的要求。

第3章　城市水务系统与管理理论

本章在分析城市水务系统现在供需关系和管理关系的基础上，展望其发展方向，反映出城市水务实施系统性一体化管理的客观需要规律；剖析城市水务内在的自然与经济社会复合系统性特征，反映出城市水务实施系统性一体化管理的内在动因；指出建立城市水务系统管理的依据、目标、原则、内容和方法的理论体系，是指导城市水务实施有效管理的核心内容。

3.1　水务系统构成及发展方向

3.1.1　城市水务系统基本结构

从目前城市水务系统各组成部分间的关系及密切程度看，城市水务系统倾向于符合图3.1所示的形式；而从管理体制、管理制度及运行机制看，城市水务系统倾向于符合图3.2所示的形式。

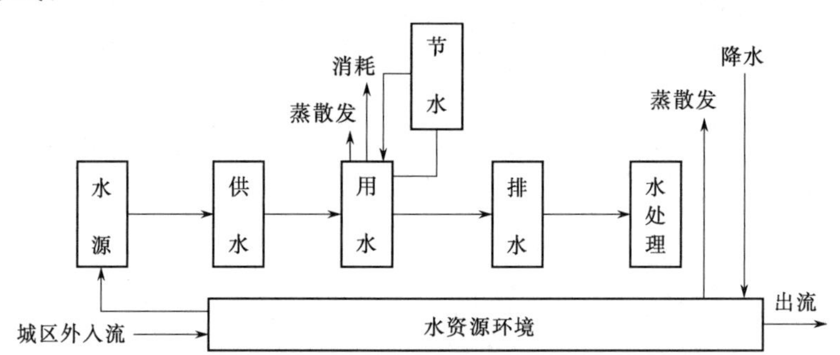

图3.1　现存城市水系统供需关系示意图

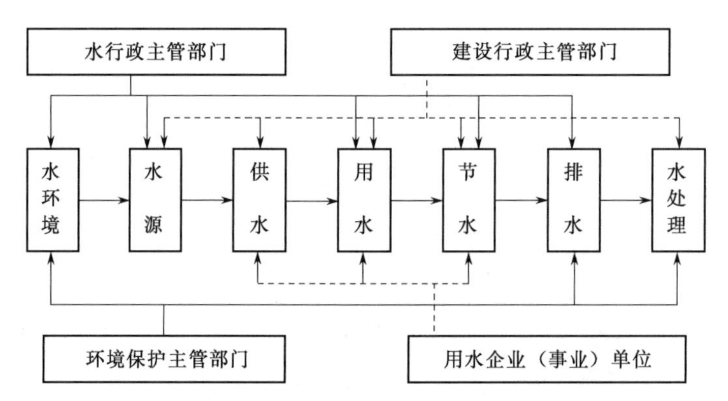

图3.2　现存城市水务管理系统示意图

（注：虚线箭头表示现有的涉水相关部门职能混乱、交叉的现象）

3.1.2 城市现存水系统供需关系分析

从图3.1可知，城市水系统客观上是由自然水循环系统和经济社会用水系统组成的复合系统，系统内各部分间联系密切，存在相互影响和相互消长的关系。从水资源环境中得到的可供开发利用的资源水，通过地表水、地下水水源工程和输配水工程到用水户，其间存在水的渗漏损失，用水户在计划合理、科学的用水要求下，并采取相应的节水管理及技术措施，进行节约用水，其间存在水的消耗（生产过程中，进入产品、蒸发、飞溅、携带及生活饮用等）和跑、冒、滴、漏损失，用水后在水质达标或非达标情况下，将水排入水处理厂或水环境。

目前，城市水系统在上述运行过程中突出地表现为水源少、效率低、损失大、污染重。

1. 水源少

城市供水水源少有以下原因：

(1) 储藏范围受城市汇水范围限制，汇集、储藏当地水资源量有限。

(2) 受管理体制影响，地表水、地下水及外区域调水难以统筹，供水用水难以合理规划配置。

(3) 城市水系统本应存在的循环性规律被割裂断开，主要表现在以下两方面：

1) 自然水系统及用水系统各环节间的联系因缺乏有效的协调组织而被割裂断开。如地表或地下、城市规划区内外有可能存在可供开发利用的水源不能纳入城市供水系统，用水户的排水串联重复利用，而被无益地排掉。

2) 排水缺乏循环利用。用水后的排水的水质应达标排放进入水处理厂处理或进入可再利用的蓄水地，再循环流入相应水环境或进入相应供水系统，重新使用，而实际上没有做到，被割断了。这些原因的存在都会减少城市供水水源。

2. 效率低

城市水系统运行效率低，主要表现在以下三个方面：

(1) 输配水系统渗漏损失比较严重。城市输配水系统渗漏损失比较严重。漏失率在城市供水中常超过12%，有些地区可达到21.5%，可见问题的严重性。

(2) 用水效率和效益不高。用水效率低，节水管理和技术措施不力，是造成用水效率和效益不高的主要原因。国内城市用水重复利用率仅及发达国家的60%左右，万元产值用水量是发达国家的10倍左右。

(3) 污水处理和回用率低。目前城市污水处理率为60%左右，只有部分城市有少量处理后的水进行了回收重复利用。

3. 损失大

城市水系统损失大有以下原因：

(1) 各类水源得不到合理利用。可供城市利用的各类水源得不到合理开发利用，主要表现在一味追求使用优质水源，其余可利用水源被忽视、被浪费。

(2) 浪费大。存在于供水系统的漏失和用水系统的浪费。

(3) 水处理效率和回用低。水处理效率低及本可处理回用的水没有做到处理回用，造成大量的水被浪费掉。

4. 污染重

城市水系统污染重的原因主要是对城市的用水环节、排水水质及总量、污水集中处理等管理不严、技术措施落后造成的。

3.1.3　城市现存水务管理系统分析

1. 基本格局

以 1988 年我国颁布《中华人民共和国水法》为标志，城市水务管理走上了依法治水的道路。党的十五届五中全会决议提出：改革水的管理体制，建立合理的水价形成机制，调动全社会节水和防治水污染的积极性；1998 年，国务院办公厅《关于印发水利部职能配置、内设机构和人员编制规定的通知》（以下简称水利部"三定方案"）及建设部、矿产部等涉水部门的"三定方案"基本理顺了水的资源管理体制。2002 年修订的《中华人民共和国水法》进一步明确了：国家对水资源实行流域管理与行政区域管理相结合的管理体制。国务院水行政主管部门负责全国水资源的统一管理和监督工作。在全国基本形成了水资源统一管理的格局。

2. 改革阻力及问题

由于受传统水管理体制的影响和束缚，我国水资源管理体制的改革，水的资源管理与开发利用，产业管理相对分离的管理体制和制度及运作机制的建立，尤其是在实行政府宏观管理和水务产业市场化运作方面，所存在的体制不顺、运作不畅、管理"错位"及"越位"、市场化程度低等问题，在城市水务管理中仍表现得很突出和严重。图 3.2 所示示意图反映了目前城市水务管理现状及关系。

（1）在水环境管理方面。依据《中华人民共和国水污染防治法》、《中华人民共和国水法》、《河道管理条例》和水利部"三定方案"，各级人民政府的环境保护部门是对水污染防治实施统一监督管理的机关，水行政主管部门是对水污染防治实施监督管理的协同部门，也是河流、湖泊等水体的主管部门，所以在有些城市水环境管理上出现"环保不下水，水利不上岸"的分工说法。双方要协调好，关键是环境保护部门在管理用户排水时，严格执行水质达标排放和污水总量控制排放的"双控"目标管理，水行政主管部门应加强河流、湖泊等水体水质监测和纳污能力审定、水功能区划和水环境保护规划等的管理。所以，环境保护部门和水行政主管部门增强协同管理，是治理和保护城市水环境的关键问题。

（2）在水源及水源工程管理方面。按水利部"三定方案"规定，水利部的主要职责之一是统一管理水资源（含空中水、地表水、地下水）。《中华人民共和国水法》规定"国务院水行政主管部门负责全国水资源的统一管理和监督工作"，所以水行政主管部门是城市天然水资源的主管部门。但在相当多的城市，仍存在地表水属水行政主管部门管理，地下水属建设行政主管部门管理，或存在城市规划区内水资源由建设行政主管部门管理，规划区外的水资源由水行政主管部门管理，有的城市的水源还涉及国土资源等部门，从而将按流域性运动、储存的水从地表与地下、城市与郊区分割开来管理，使得城市水源难以实现统筹、协调、优化开采。如偏重地下水、忽视地表水，造成城市地表水源浪费，水源结构不合理，引发缺水和水文地质灾害，难以实现城乡水源统一规划和优化配置利用。

同时，从城市水源工程的隶属关系看，不仅涉及水行政主管部门、城市建设行政主管部门，还涉及众多的企（事）业单位修建的自备供水工程（他们在获得取水权后，要按水资源变化情况和经济社会发展情况，实行优化开采管理，是很难的事情），在城区内盲目大量开采地下水，除与水源多头管理有关，还与水源工程不能实现统一调度有直接因果联系。水源及水源工程的分散管理也是城市其他水源，如城区外可调入水源、跨流域可调入水源、城市污水处理再生水源等不能有效地纳入统筹规划、调度、配置利用的重要原因。

(3) 在城市供水系统管理方面。城市供水系统可分为集中式供水系统和分散式供水系统。集中式供水系统主要隶属于城市建设行政主管部，如城市自来水公司；分散式供水系统主要指在城区内分布的面广、量大的各企（事）业单位及个人修建的自备供水工程。上述两类供水系统多并存于城市供水中。所以，现在城市供水工程和管理格局离现代化城市倡导的统一管网、统一优化配水的要求差距较大。管网难以形成优化、高效、统一管理的原因主要是水管理部门权威性不高、水源管理不协调、资源水价偏低和节水缺利等因素的影响，造成用水户争相自建供水系统，加剧了统一管理城市供水和水源调配的难度。

(4) 在城市用水系统管理方面。城市用水系统属用水的企（事）业单位管理，水行政主管部门、城市建设主管部门多参与水用途、用水效率等的监督管理。由于现有法规、标准对其管理的指导性重于制约性，加之用水管理制度性建设和高效用水工艺、设备设施等的标准化管理建设滞后于经济社会发展，对强化用水管理力度的要求，提高用水效率的投入相对偏低，使得城市用水普遍陷于效率不高，监管乏力的状态。

(5) 在城市节水管理方面。城市节水管理，按水利部、住房和城乡建设部“三定方案”要求，水行政主管部门负责拟定节约用水政策，编制节约用水规划，制定有关标准，指导全国节约用水工作。建设部门负责指导城市采水和管网输水、用户用水中的节约用水工作，并接受水利部门的监督。从而形成用户用水、水行政主管部门负责指导和监督、建设部门具体负责节水管理的状况。而现实情况是，由于在用水管理方面存在的上述问题，加之《中华人民共和国水法》所要求建立的节水管理制度，还没能建立起强制执行的配套管理办法、规范、标准及经济运作机制，尤其是节水观念薄弱，节水缺利等因素的影响和制约，造成用户节水积极性不高，管理部门指导、监管节水难以到位。

(6) 在城市排水管理方面。本书城市排水主要指城市用水户的排水，不包括雨洪和城郊农业排水。城市排水管理主要由环境保护部门和水行政主管部门管理。近年来，在排水方面的管理取得了一定成效，有效地遏制了城市水环境持续恶化的趋势。目前，多数用户都能做到达到排放水质标准排水，但也有一些企业（包括医院、宾馆）不仅排水不能达到标准，还采用非法排放、稀释排放等手段排污。在加大超标排污管理的情况下，对城市水环境影响较大的是随着污废水排放量增多，而产生的污染物富集危害，如常发现在一些城市用水户的排水大部分或绝大部分都达标，而城市河网、地下水污染仍很严重的现象，与此关系密切。

(7) 在城市污水处理管理方面。目前城市污水处理尚处于政出多门的管理状态，仅就污水处理厂的隶属关系而言，有的属环保局、有的属水利局、有的属公用事业局、有的属建委、有的属市政局、还有的属自来水公司，多头管理造成的最大问题是对城市污水处理厂管理责任不清、运行费用高、污水处理费大量流失、污水处理率低、处理后利用率低。这除与法规建设和管理措施不力有关外，还与处理污水没能走出公益性、步入产业化有关。许多污水处理厂仍按着事业单位的运作模式操作，无法实现与产业化市场机制相对接，一些地方甚至还紧抱着污水处理“只能由政府投资，国有单位负责运营管理”的观念。

从上述城市现存水供需系统和城市现存水务管理系统分析可知，城市水的运行和管理还没能形成有机联系、有效利用、有效节约保护、系统化管理、良性运作的管理体制、制度和机制。对水的自然循环规律和经济社会用水的运行规律的重视还不够，更多的是受管理体制、制度和运作机制的影响，使城市水的各环节在运行和管理中形成分割管理的局面，打破了其内在的联系和循环性规律，同时也受市场化运作程度不高的钳制，政府的宏观管理没能与市场机制的微观调控激励行为构成有机的联系和协同作用，影响了城市水务的建设与发展。

3.1.4　城市水务管理系统发展方向

城市水务管理系统的发展方向是建立适应现代化城市水供需平衡关系，调整水的配置与需求变化规律，加强水运行过程中的有机联系和提高效率、效益，建立遵循水自然循环规律和经济社会运行规律的水管理体制、制度和机制，提升保障经济社会发展和维护良性水生态环境的能力。

3.1.4.1　加强城市水系统性、高效性、循环性建设

1. 加强城市水系统性建设

应当从水资源环境、水源及开发利用、消耗、排放到水处理、再生水利用的整个过程，进行系统性的整合，各环节间建立起有机的联系，建立遵循水自然循环规律和经济社会用水规律相结合的城市水运行系统。

2. 加强城市水利用效率建设

在城市水系统的运行中，减少损失、降低消耗、杜绝浪费、消除污染，并在加强城市水系统各环节间的有机联系的同时，提高水的利用和运行效率、效益，构建起运行系统、联系密切、利用高效的城市水供需关系。

3. 加强城市水系统循环性建设

对城市水系统各环节进行统筹高效的安排，在考虑各环节间水量关系的同时，应更加注重对水质的控制，以促进水系统的良性循环。提高资源水开发效率，减少水运行中的无效损失，加强节约用水等都是从水量的角度对待水问题，而注重水在运行中的质量变化，并加以利用，如根据用水水质特性，在用户内或用户间实行串联、循环用水，水处理水的再利用就更需要从水在运行中的质量变化考虑水的问题，以提高水的重复利用效率。只用使城市水系统（包括与城市相联系的周围环境）有效地循环运转起来，才能保障其可持续利用的能力。

因此今后城市水系统的运行应是将图 3.1 所示的关系转变成图 3.3 所示的模式，以加

强城市水系统的系统性、高效性、统一性和循环性能力建设，提高水的节约保护和利用效率。

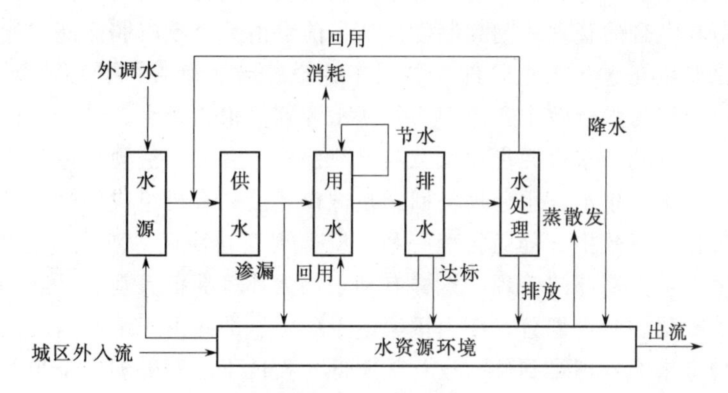

图 3.3 现代城市水供需关系示意图

图 3.3 与图 3.1 相比有以下改进：

（1）在供水环节要求减少渗漏损失，把城市供水系统漏失率控制在一个较小的范围，一般不应超过 80%。

（2）在用水环节大力采取节水技术和管理措施，尽量只满足合理需水消耗，杜绝跑、冒、滴、漏和减少无效蒸散发。

（3）在排水环节，排水必须做到达标排放，并不得超过规定的排水总量指标，并根据各类排水水质和用水水质情况，采取优化调配的措施，将某些排水进行串联使用，同时应做到“雨污分流”，污水集中排放，以提高水利用效率和减少城市集中污水处理量。

（4）在城市集中污水处理环节，建立与现代化城市排水及水生态环境相适应的污水处理规模和能力，以及回用水管网，将处理后符合用水水质要求的水作为新的供水水源进行回用，并将其相当部分输送到环境，作生态环境补充用水。

（5）加大水资源和生态环境维护管理力度，创建与现代文明相和谐的生态经济型城市。

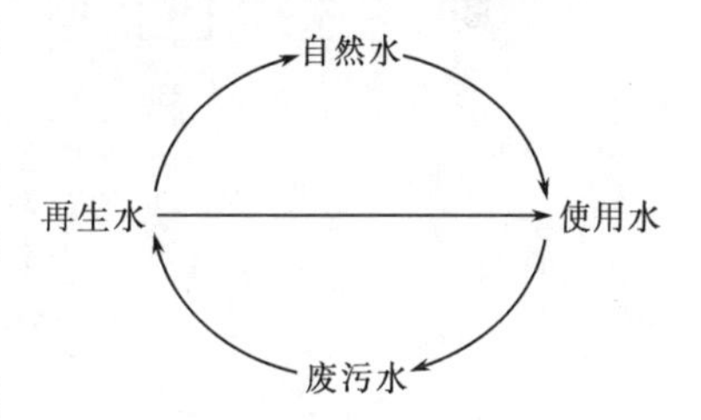

图 3.4 城市水生态经济循环系统

由此，形成图 3.4 所示的“城市水生态经济循环系统”，使水的自然循环规律与经济社会用水规律有机结合起来，系统地循环运移起来。

3.1.4.2 理顺管理体制，强调政府宏观管理与市场调节相结合

水涉及城市建设与发展的方方面面，由于水源的稀缺性、不可替代性、基础性及供水的难以选择性、弱竞争性等特性，决定了对其的管理与管理一般商品的有较大差别。

1. 水资源环境和水源属资源管理范畴

在水资源环境和水源部分，实施严格的国家所有权属性，任何单位和个人不得非法占有和使用，只能依法取得取水权和排水权，政府对其实施统一管理。按照我国相关法律法规，水资源由水行政主管部门代表政府执行统一管理。广义的水环境应由环境保护部门和水行政主管部门协同管理，河流、湖泊等水体的管理是水行政主管部门的职责。

2. 供水、用水、节水、排水、水处理与利用属产业管理的范畴

城市供水、用水、节水、排水、水处理与利用属产业管理的范畴，实行政府宏观管理与市场机制调节相结合的管理体制和制度。从目前看由哪个政府职能部门代表政府执行监管职能，主要是发生在水行政主管部门与城市建设行政主管部门、环境保护主管部门之争，有几种观点：认为水行政主管部门实行从水源到供水、用水、节水、排水、水处理与回用的统一管理，有利于水资源优化配置与节约保护，有利于法规、标准的统一与执行等观点；认为城市供水、排水、水处理与回用是城市建设的有机组成部分，是城市的重要基础设施，由城市建设行政主管部门管理有利于统筹规划与协调等观点；也有的认为排水、水处理应由环境保护主管部门管理，这样有利于加强环境保护等观点。这些争论涉及国家管理职能部门的权限、职责划分，应由国家给予确定。消除由于不恰当的权限、职责设置给城市水务管理带来的管理难到位、运行效率低、责任不清等弊端应是当务之急。

从发达国家城市水务管理的经验和我国深圳、上海、大连等城市水务管理体制改革的初步实践看，在城市水务管理体制改革中，在行政管理上应明确管理部门，以“一龙管水，多龙治水”的模式对城市水务实行统一政策、法规、标准、规划和执法来协调管理。管理角色的定位应从水务的提供者转变为水务市场的法规制定者，市场秩序的监管者，发挥市场经济在调节和促进水务建设、运营、提高用水效率和效益及节约保护中的作用，从而将图3.2所示系统建设发展成图3.5所示的结构形式。

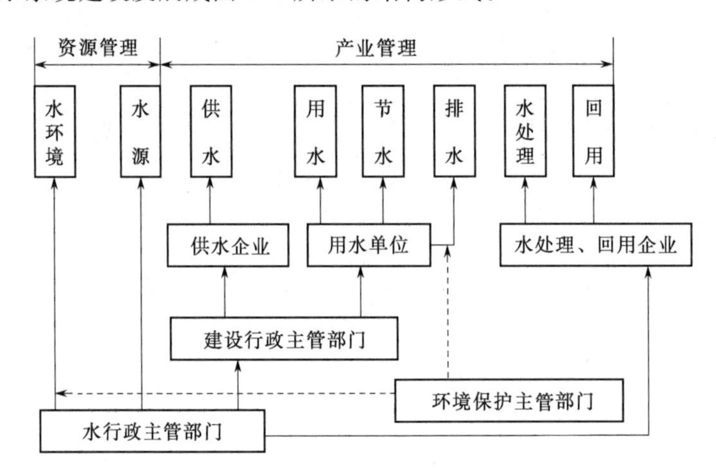

图3.5　现代城市水务管理示意图

（注：虚线箭头表示现有环保部门的管理范畴）

在图3.5所示系统中，包括城市供水、用水、节水、排水、水处理与回用环节，随着我国社会主义市场经济体制的逐步建立和完善，城市水务管理体制改革的深化发展及水务市场化程度的不断提高，主要依靠市场机制来建设和运作，而政府通过制订相应的法规、标准、规范、规划等建立起管理这些环节的基本制度，并将竞争、价格监控等措施引进来，促进其良性运作和发展。

值得注意的是管理不能实行“多头”制，而在城市水务的许多环节上又需要水行政主管部门以外的其他涉水部门进行协同管理，例如，城市房屋卫生洁具的安装与检查验收离

不开城市建设部门的管理，建设项目的排水情况离不开环境保护部门的管理，所以对于复杂的涉水管理应界定清楚各部门的管理职责。

水环境的管理，在水流和水体方面以水行政主管部门为主，环境保护主管部门协同管理；在供水、用水、节水等环节，实行在水行政主管部门指导下的建设行政主管部门监管制，应加上建设部门从事涉水管理，主要原因正如上述分析，这些水环节涉及城市建设、涉及城市管网及供用水设施等的建设与监督检查，从管理上的效能、统一原则考虑，这样的管理体系设置比较合适；对用户排水的管理，应由水行政主管部门与环境保护主管部门协同管理，环境保护部门为主；水处理与再生水利用环节，从城市水务统一管理考虑，污水处理的再生水将作为新增城市供水水源，运作上是靠市场机制，而在监管上由水行政主管部门管理比较妥当，这既有利于水的统一调配和再利用，克服污水处理的再生水得不到利用而影响污水处理业持续发展的问题，并有利于统一建设城市水生态环境。

以上分析了现代城市水务管理的内在联系和管理体制设置，实施城市水务一体化管理既是城市水运行规律和城市水务经济社会运行规则的客观需要，也反映了城市水务管理的先进理论和经验。

3.2 城市水务系统性结构特征分析

从城市水务系统内在结构和发展方向分析知，城市水务系统是由天然水资源环境系统和人类活动系统（蓄水、引水、净化水、输水、配水、用水、节水、排水、水处理、回用）构成，是开放性复合型系统。其表现出来的耦合性、整体性、层次性、动态性等特征，反映了城市水务系统实施一体化管理的客观依据和必然性原因。

3.2.1 耦合性特征

城市水务复合巨系统表现出极强的自然系统与人类活动系统相耦合的特征，或称为相结合的特征，图 3.3～图 3.5 都反映了城市水务系统的特征，并进而可用图 3.6 表示。

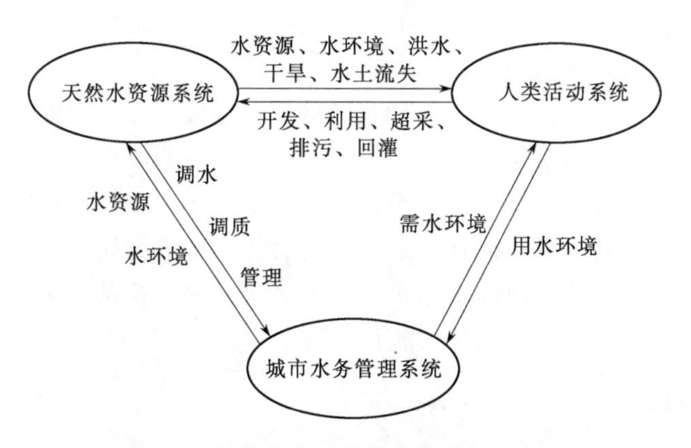

图 3.6 城市水务系统耦合性特征示意图

由图 3.6 可知，天然水资源系统为人类活动提供水资源、水环境及城市水务系统运行的基础，也会产生洪水、干旱、水土流失的危害。人类活动系统对城市水务系统提出需水及适宜水环境质量的要求，并在开发利用水资源及环境的同时，也出现因超量开采、排污威胁天然水资源系统的质量和安全，为保护天然水资源系统，有时也将人类活动产生的符合水质要求的水作为回灌补源利用水源。城市水务系统的运行与管理既要为人类活动系统提供用水、适宜水环境，也要对天然水资源系统进行调水、调质的全面管理。

城市水务管理应遵循水的自然循环规律和用水的经济社会规律，既不能将天然水资源系统与人类活动系统孤立对待，更不能不注重其间的内在联系、相互依存、相互影响、相互作用的关系。天然水资源系统是人类活动系统的基础。人类活动系统受天然水资源系统的制约，其耦合作用影响城市水务系统的运行效率和可持续发展能力。若人类活动系统不注意天然水系统的承载能力，超量开发利用水资源，过量排污利用水环境等，都会损坏城市水务复合巨系统的基础；同样，若不能遵循水资源的时空分布规律，合理开发利用水资源，以及依据水环境纳污能力合理利用其净化功能，都会造成水资源及环境功能的浪费，乃至破坏、影响城市水务复合巨系统服务城市经济社会建设的能力和发展的潜力。所以城市水务管理应依据其耦合性特征进行系统管理。

3.2.2　整体性特征

系统整体效应的概念出自于著名的贝塔朗菲定律——整体大于各部分的总和。就是说系统的整体功能大于各组成部分的功能之和，即 1＋1＞2 效应，这一效应说明系统内部各部分之和在功能上发生了质变。在水务管理中，它启发管理者重视水务管理系统的整体效应，在进行决策和处理问题时应以系统整体效应为重，从系统整体功能角度分析系统内部各部分之间相互联系、相互激励和相互制约的关系，从整体出发协调好要素之间的关系，做到子系统的目标服从于大系统整体目标的实现。

例如，在水源配置时，应考虑水资源的流动性和水质特征，先用地表水、后用地下水，将不同水质的水输送给恰当的用户或用途使用；将城区集中和分散的供水系统统筹协调，优化不同时期的输水水源和开采量；用水分配与计划执行“以供定需”，按可供水能力控制经济社会建设与发展的规模、结构、速度，并大力提高节水管理和技术水平，提高水支撑和保障经济社会建设与发展的潜力；控制排水水质、水量，在提高水利用能力的同时，减轻城市排水和水处理压力，以及对水环境可能的危害，经处理后的水应尽力回用，既提高水资源利用效率，城市可供水开发利用潜力，也减少浪费，促进水处理事业形成良性发展，并保护水资源环境避免损害。所以，在城市水务系统中贯穿着整体性的工程与非工程管理理念与措施，规划、调度、运用、维护城市水务系统良性运转，会极大地提高整个系统的效率、效益。在当前贯彻这一思想，还会极大地提高城市水务系统保障经济社会建设发展的潜力。一个完善有效的城市水务管理系统必须保持系统的整体性和影响，控制与水相关的人类活动，提升系统运行的整体效应。

3.2.3　层次性特征

系统的层次性特征要求明确划分管理的层次，各级管理层要明确自己相应的职责与权力。同时按照等级原则，管理系统内的职权和责任应按照明确而连续不断的系统性要求，从最高管理层一直贯穿到组织的最底层，做到责权分明，分级管理。

水务管理系统具有十分明显的层次性结构特征，在管理上的要求体现为设计管理结构（包括组织结构、权属及权责结构、工作内容和任务结构）时应建立适应系统有效运行的体系，在纵向上划清管理的层次，在横向上划分管理的部门，以体现管理大系统中各子系统之间的相互关系。

在法规上最早设置我国水资源管理体制的是1988年颁布的《中华人民共和国水法》，《中华人民共和国水法》第九条规定为：国家对水资源实行统一管理与分级、分部门管理相结合的制度。国务院水行政主管部门负责全国水资源的统一管理工作。国务院其他有关部门按照国务院规定的职责分工，协同国务院水行政主管部门，负责有关水资源的管理工作。县级以上地方人民政府水行政主管部门和其他有关部门，按照同级人民政府规定的职责分工，负责有关的水资源管理工作。在这一管理体系的层次性设计中，原本是考虑到水资源管理的历史原因和涉水部门多，为加强协作而制定的管理体制，但是由于“分部门管理”的规定没有明确各部门管理的权限和职责范围，或者说，规定得不是很明确，涉水关系比较模糊，使得在执行中造成对水资源权属部门的分割管理，以至在执行中形成水资源分部门所有、地方所有，在许多地区出现城乡水资源分割、地表水与地下水分割、地下水分部门管理的局面。实践证明，分部门管理的结果常常是谁都在管，但谁都不管，使国家统一管理水资源的政策失效。

2002年修订颁布的《中华人民共和国水法》，在水资源管理体制的层次性设计上进行了重新的责权分工，“国务院水行政主管部门负责全国水资源的统一管理和监督工作”。“国务院有关部门按照职责分工，负责水资源开发、利用、节约和保护的有关工作。”从而将水资源权属管理与开发利用产业管理分开，开发利用产业管理服从权属管理。这样的管理体制设计，不仅符合水资源管理的社会实践要求，也符合管理系统设计的一般原则和公共管理原则，才有可能保证管理系统的有效运行。

因此，在城市水务系统管理中，贯彻“流域管理与行政区域管理相结合的体制”，实行水资源管理与水资源开发利用产业管理相分开的原则，将城市水资源及水务系统纳入流域管理、全国管理的大系统，将开发利用产业管理纳入资源管理的统筹安排下，将对开发利用水的企（事）业单位和家庭的用水行为的管理纳入政府节约保护水资源的监管下，将各项运作水的市场行为纳入政府宏观调控下，建立起资源开发利用高效，管理调控有序，权、责、利清晰的城市水务系统管理体制、制度、运作机制。

3.2.4 动态性特征

城市水务的各项水事活动与生态环境、经济社会联系密切，它是自然系统与人类活动系统相耦合的复合巨系统，对水资源管理和城市水务管理的认识是随着社会发展和科技进步而不断深化提高的，表现出很强的社会属性、时代属性及科技、伦理水平进步的动态性特征，每一时期的水管理体制、运作机制、原则、内容和方法无不留下与当时社会制度、管理体制、人与水、经济社会与水、生态环境与水关系程度的烙印。

在自然经济与半自然经济的农业社会中，社会生产力水平较低，水资源复合系统的人工化水利措施规模小、效率低、技术手段简单，结构功能单一，满足人类生活、生产用水的要求，主要依赖自然的赋予。水的管理表现为强化官府权力，忽视保护民事权利，注重农业生产，强调水事活动不误农时，并且具有行政司法不分，民刑不分，注重刑罚等特点。

随着社会生产力和科技水平的长足发展，自然系统人工化，人工系统经济化的趋势明显增强，水务系统结构与功能开始复杂化、多样化，水利的开发利用程度有所提高，大力促进了经济社会的发展。在我国 20 世纪 80 年代以前，水利建设的特点是兴建大量的水库、农田供水工程，人们从思想到行动的重点都放在“水利是农业的命脉”上。从总体看，我国经济建设对水的需求，相对于水资源及环境的承载能力、工程供水能力，除个别较大城市发生临时性缺水现象外，缺水多表现为农业季节性供水不足，整个经济建设用水，尚处于供大于需，或供需基本持平的状况。对水资源的开发表现为较多的自由开发成分，需水的管理主要受经费等因素影响。水资源管理的目标原则也主要定位在如何扩大供水，以满足需水要求和经济效益的可行性方面。水管理体制处于分散状态，“多龙管水”现象突出，水管理法规建设也很薄弱。

20 世纪 80 年代，我国经济建设处于腾飞时期，经济高速发展，城市化进程加快，为满足日益增长的城市用水需求，对水资源开发利用的力度和规模不断强化和扩大，有力地保障了经济社会建设与发展的需水要求。但是，在满足日益增长的需水要求的同时，由于对水资源掠夺性开发，造成大面积地下水降落漏斗、地面沉陷、河湖干枯、水源污染等一系列水文地质环境灾害，水事矛盾层出不穷。国家和各级政府部门迫切需要解决的问题是有多少水，缺水怎么办，加强了对水资源的评价规划、调度运用、管理等工作，使水资源开发利用进入合理开发和加强管理时期。国家颁布了一系列管理法规，使水管理基本走向了依法治水的道路。但在管理体制上的“多龙管水”局面没能得到改善，妨碍了水资源的优化配置、管理保护以及可持续开发利用的能力建设，缺水和水环境污染局势呈现出越来越严重的局面，威胁到人民生活质量和经济社会的可持续发展能力。

进入 20 世纪 90 年代以后，水日益成为制约经济社会建设与发展的重要因素，摆在人们面前的水问题日益严峻，存在如下问题：

（1）水多。我国历来是个洪涝灾害频发的国家，洪水的威胁和洪涝灾害的发生是常年性的。

（2）水少。干旱缺水，以及由于经济、人口、城市化的迅速发展，缺水困扰着我们，成为制约经济社会实现可持续发展的瓶颈。

（3）水污染严重。由于对水资源的开发、利用、管理不善、掠夺开采、粗放管理、随意排放，破坏了水环境，也进一步加剧了缺水。

（4）水土流失严重。城市建设改变了原有的自然水循环环境，人工化倾向性成为主流，加之在建设中存在的盲目发展倾向，不太注重人工系统与自然环境系统的和谐建设，使许多地方水土流失严重。也有人形容我国的水环境状况是“南方有河皆污、北方有河皆干”。

水管理随着人类开发利用水资源活动而产生，并随着人类开发利用水资源活动的日渐频繁，以及生活和经济社会依赖水资源而发展的密切程度而不断革新和发展，不同时期水资源管理的体制、内容和追求的目标呈现出较强的动态性特征。今天，对城市水的管理已发展到实行水务管理改革的新时期。只有把握不同时期水管理的这种动态性特征，才能解决在不同时期水与经济建设、与资源环境出现的矛盾及问题；妥善处理各项涉水事务，才能摆正经济社会发展与水资源环境协调共处的辩证关系。

在城市水务系统管理中，只有依据其变化规律，掌握其变化特征，以及变化的趋势，才能有效地控制其变化，实施符合其变化规律的管理，使其朝着有利于人类社会与自然和谐共处的方向发展。

3.3 城市水务系统性管理依据与发展目标

水资源是基础性的自然资源和经济性的战略资源，水的管理涉及水资源、经济、社会及自然生态环境，影响自然生态环境与经济社会复合巨系统的运行与发展，对其实施一体化的系统管理是现代社会管理涉水事务的发展趋势。

3.3.1 城市水务实施系统性管理的依据

从水的自然循环规律和经济社会用水规律，以及从促进和保障城市水务系统良性运行考虑，城市水务实施一体化管理的依据有如下几点。

1. 实施一体化管理是城市水务系统内在性规律的必然要求

从上述城市水务系统运行和管理的发展方向及其存在的耦合性、整体性、层次性、动态性特征分析知，其系统结构间存在着密切的有机联系、相互制约和相互依存的关系，只有对其实施符合其变化规律的管理，才能保障系统的良性运行，才能保障提高系统的运行效率和效益，也才能保障各项管理政策、法规、行政、技术及经济等措施的有力贯彻执行。

2. 消除水管理体制性障碍需要实施水务一体化管理

在城市水务管理中，要消除由于水管理体制性障碍所造成的各种弊端和危害，就应改革“多龙管水”的体制，也只有改革了“多龙管水”的体制，才能建立起全社会协同治水的新体制、新制度。并根据建立社会主义市场经济体制规则要求，在水管理上应统一法规、统一政策、统一规范和标准、统一规划和调度、统一规范各类水事行为等，都必须对各种涉水事务进行统一管理。

3. 水务市场化运作需要实施水务一体化管理

为了满足城市经济社会快速发展的需水要求，保障水的安全供给，保障节水和提高水利用效率，保障城市水处理与回用事业的有力建设与发展，保障城市水环境良性循环，需要将城市水务管理建立在政府宏观管理与市场经济调节相结合，资源管理与开发利用产业管理相对分离，发挥市场调节在配置资源中的积极作用的条件下，管理和运营城市涉水事务。在水资源管理上需要实行统一管理，无论是管理体制、制度、法规、标准、行政及经济政策等方面必须统一。在水资源开发利用的产业管理上，涉水部门、单位乃至个人，成分复杂，用水目标和种类、利益各异，若不实行统一管理，政出多门、执法主体不清、工作交叉、责任不明、势必导致市场混乱，管理难以到位，管理效率难以提高，影响城市水务事业的有序运作和持续发展。因而，从城市水务系统的市场化程度不断提高的发展趋势看，需要对城市水务系统实行一体化的管理。

4. 国家政策法规为实施城市水务一体化管理提供了有力的依据

我国《中华人民共和国水法》、《中华人民共和国水污染防治法》、《中华人民共和国国防洪法》、《河道管理条例》、《水利产业政策》，中国共产党第十五届五中全会决议的相关内容以及中央历届“人口资源环境工作座谈会”等都为实施水务统一管理提供了法规政策依据。

综上所述，城市水务实施一体化管理不仅符合城市水务系统内在运行变化规律，符合涉及国计民生的公共资源和稀缺性资源实行统一管理的原则，符合日趋复杂的涉水事务务必实施一体化管理的社会水情变化要求，并具有充分的法律法规和政策依据。

3.3.2　城市水务系统性管理发展目标

城市水务系统性管理的发展目标有以下几点：

（1）在管理体制上建立权威、高效、协调的城市水务一体化管理，城乡水资源统一调配管理的城市水务管理体制和水务市场。

（2）在管理制度上，在统一法律法规、统一政策、统一规范标准、统一执法、统一监督检查的要求下，建立符合现代城市水务管理的基本制度。

（3）在运作机制上建立符合社会主义市场经济体制和 WTO 规则的运行机制，充分发挥政府宏观管理和市场经济调节在优化配置城市水务资源中的积极作用，建立统一管理、制度先进的现代城市水务管理的市场化运作机制。

（4）在水资源数量和质量上建立起统一规划、统一调度、统一监测、统一治理、统一制定用水排水定额、统一制定水价、统一发放取水和排水许可证的城市水务管理操作办法，保证城市水量水质的供需动态平衡。

（5）在水环境管理维护上，运用水资源及环境的价值规律和循环变化规律，使经济社会用水行为的外部成本内部化，在统一管理下，建立谁耗费水量谁补偿、谁污染水质谁恢复、谁破坏水环境谁治理的机制，以保证水资源环境良性循环，保证水质达到标准，保证水资源环境及生态环境满足日益增长的物质文明和精神文明建设的要求。

3.4　城市水务系统性管理的原则

水利部水资源司在《关于上海水务局机构设置与运转机制的咨询报告》中提出的城市水务管理原则如下：

（1）水资源统一管理的原则。

（2）“一龙管水、多龙治水”的原则。

（3）政、事、企分开的原则。

（4）精简、统一、效能的原则。

（5）权责一致的原则。

（6）依法治水、依法行政的原则。

（7）按水资源特点进行管理的原则。

第二届世界水论坛及部长级会议（简称海牙会议，2000 年 3 月）宣言就水资源统一综合管理提出的原则如下：

（1）淡水是一种有限的和脆弱的资源，对于维护生命、发展和环境都至关重要。

(2) 在所有竞争性利用中，水都具有经济价值，应当把水当做商品。

(3) 水资源开发利用和管理应该提倡公众参与的方式，在各级管理中都应该有用户、规划人员和决策者的共同参与。

(4) 要发挥妇女在水资源供应、管理及保护中的核心作用。

结合当前城市水务管理现状，作者认为在城市水务系统的管理中应遵守以下原则。

1. 维护生态环境，实施可持续发展战略的原则

生态环境是人类生存发展的基础，水是生态环境不可缺少和最活跃的要素，在开发利用与管理保护水资源中，应把维护生态环境的良性循环放到突出位置，才可能为实施水资源可持续利用，保障人类和经济社会实现可持续发展战略奠定基础，创造条件。

通过加强管理和规范水事行为，扭转对水资源的不合理开发，逐步减少和消除影响水资源可持续利用的生活、生产行为和消费方式，遵循水的自然和经济规律，协调人与水、经济与水、社会与水、发展与水的关系，科学合理地开发利用水资源，维护生态环境及水资源环境安全。

在水资源的开发利用中，既要考虑经济社会建设发展对水量、水质的要求，也要注意水资源条件的约束，尤其是注意水资源的有限性和赋存环境的脆弱性，应将水资源和环境的承载能力作为开发利用水资源的限制性因素，作为水资源管理的主要要素，使人类开发利用水资源的行为与经济、社会、水资源、环境相协调发展的要求相适应。

2. 统一法规、标准，规范水事行为的原则

市场经济是法治经济。只有将城市水务系统的管理与运作纳入法治轨道，才能做到有序利用与治理、良性循环与发展。因而在城市水务系统管理上，应建设相配套的法律法规及规范标准，规范各类水事行为，做到有法可依，执法必严，保障城市水务健康持续发展。

3. 水资源统一管理的原则

建立权威、高效、协调的水资源管理体制，实行“一龙管水、多龙治水”，强化国家对水资源统一管理的原则；水资源应当按流域与区域相结合的管理体制，统筹管理城乡水源，实行统一规划、统一调度；调蓄径流和分配水量，应当兼顾上下游和保护生态环境的需要；统一发放取水许可证、统一征收水资源费。

实施水务一体化管理是建立城乡水源统筹规划和调配，从供水、用水、排水，到节约用水、污水处理与再利用、水源保护的全过程管理体制，以把水源开发、利用、治理、配置、节约、保护有机地结合起来，实现水资源管理在空间与时间上的统一、质与量的统一、开发与治理的统一、节约与保护的统一，以达到开发利用和管理保护水资源的经济、社会、环境效益的最佳结合。

4. 水资源统一规划、利用、保护的原则

地表水与地下水是水资源的两个组成部分，具有互补转化和相互影响的关系，水资源包含水量与水质两个方面，共同决定和影响水资源的存在与开发利用价值、潜力，具有密切的依存关系。开发利用任何一部分都会引起水资源量与质的变化和时空再分配。充分利用水的流动性和储存条件，联合调度，统一配置和管理地表水和地下水，可以提高水资源的利用效率。同时由于水资源及其环境受到的污染日趋严重，可用水量逐渐减少，已严重

地影响到水资源的持续开发利用潜力，因此在制定水资源开发利用规划、供水规划及用水计划时，水量与水质应统一考虑，做到“优水优用，劣水劣用”，切实保护，对不同用水户、不同用水类型、不同用水目的，应按照用水水质要求合理供给适当水质的水。应规定污水排放标准和制定切实可行的水源保护措施，发挥水务管理在配置水资源中的能动作用和管理维护水资源环境持续利用的主要职能作用。

5. 保障生活和生态环境基本用水，统筹兼顾其他用水的原则

开发利用水资源，应当首先满足城乡居民生活用水，统筹兼顾农业、工业、生态环境以及航运等需要。在干旱、半干旱地区开发利用水资源应当充分考虑生态环境用水需要。在水源不足地区，应当限制城市建设规模和用水量大的工业、农业项目的发展。

我国是人口大国、农业大国，粮食安全历来就是关系国计民生的头等大事，合理的农业用水比其他用水更重要。在满足人类生活、生态基本用水和农业合理用水的条件下，将水合理安排给其他各行业经济建设与发展运用，是保障我国经济建设和实现整个社会繁荣昌盛、持续发展的重要基础。

6. 坚持开源节流保护并重，节流优先治污为本的原则

我国人均、亩均水资源不多，并呈现逐渐减少的趋势，加之水环境污染严重，并有日趋恶化的可能，加剧了我国的缺水。正如在我国制定南水北调方案时，朱镕基强调：实行“先节水后调水、先治污后通水、先环保后用水”的基本原则。这对改善我国水源不足与浪费并存，水源不足与污染并存的现状具有十分重要的指导意义。根据我国人口、环境与发展的特点，建设节水型社会、提高水利用效率、发挥水的多种功能，防治水资源环境污染，是实现经济社会持续发展的必然要求。只有实现了开源、节流、治污的辩证统一，才能实现水资源可持续开发利用战略，才能增强我国经济社会持续发展的能力，改善人民的物质生活条件。

7. 坚持按市场经济规律办事的原则

按照政府机构改革和水管理体制改革精神，实行政、事、企分开的原则，政府职能切实转变到宏观调控、公共服务和监督企业、事业单位运行方面来，对涉水活动实施“统一法规、统一政策、统一规划、统一监测、统一调度、统一治理、统一制定用水定额、统一制定水价、统一发放和吊销取水与排水许可证、统一征收水资源费与排污费”的管理。涉水企业单位按市场规律运作，并按现代企业制度进行自身建设。事业单位按政府授权进行工作，并对政府宏观调控给予技术支撑。

对于水务管理中的水资源费、排污费和水费经济制度，实行“谁耗费水量谁补偿、谁污染水质谁补偿、谁破坏生态环境谁补偿”的补偿机制，确立全成本水价体系的定价机制和运行机制，水资源使用权和排水权的市场交易运作机制和规则等，都应在政府宏观监管下，运用市场机制和社会机制的规则，管理涉水事务，发挥市场机制在配置资源和促进合理用水、节约用水中的作用。

3.5　城市水务系统性管理的内容

水务管理要履行防洪、保证水资源供需平衡、保护水生态环境的职责，就应按照“以

供定需、以水定发展”，开源与节流保护并重、节流优先的指导方针，实行水务一体化管理下的水的资源管理与开发利用产业管理相分离的管理体制，走以政府宏观管理与市场调节相结合的城市水务运作道路。

3.5.1 水务管理法规体系建设

1. 建立符合社会主义市场经济体制的水法规体系

水法规是国家为调整人们在治理、开发、利用、保护和管理水资源、水环境的各项水事活动过程中所发生的各种社会经济关系制定的，以国家强制力保证其执行的行为规范的总称。它是以水为调整客体、规范人们治水行为的准则。水法规应当反映水的自然规律和特性，充分体现治水的客观规律和用水的经济社会规律，依照科学规律治水，达到兴利除害的目的。所以，水法规应是对人们认识自然规律，总结治水经验，科学兴利除害的规律性、普遍性原理的反映。在立法中应做到主观意志与科学治水及兴利除害的客观规律的有机统一、有机结合。我国1988年颁布的《中华人民共和国水法》第九条规定“国家对水资源实行统一管理与分级、分部门管理相结合的制度”，不仅没能遏制水资源“多头管理、政出多门”的混乱局面，还进一步导致了水资源管理上的部门分割、城乡分割和地区分割，违背水的自然循环规律和经济社会治水及兴利除害规律，成为有效管理水资源的体制性障碍，并引发诸多恶果。在深刻认识水的流域性等自然规律特性和经济社会规律性基础上，总结近20年的管水用水理论和实践经验，我国于2002年对《中华人民共和国水法》进行了修订，将水资源管理体制确立为“国家对水资源实行流域管理与行政区域管理相结合的管理体制。国务院水行政主管部门负责全国水资源的统一管理和监督工作”，“国务院有关部门按照职责分工，负责水资源开发利用、节约和保护的有关工作”，从法律上基本理顺了水资源管理体制。

在我国，依据制定水法规的权限不同，水法规分为国家水法律、国务院水行政法规、部门规章、地方性法规、地方性水规章、地方水规范性文件。

水法规按其调整的广泛内容，形成一个多层次、多门类的水法规体系。水法规调整的内容包括：①水资源管理；②水资源保护；③水资源开发利用；④水、水域、水工程管理；⑤取、供、用水管理；⑥节水管理；⑦污水处理与利用管理；⑧水行业管理；⑨防汛抗旱管理；⑩水土保持管理等。

目前，我国已初步形成以水法律为主干，水法规、规章为支脉的水法制体系。随着社会主义市场经济体制的建立，以及缺水和水环境局势的恶化，水利事业面临着前所未有的机遇和挑战。为保障水资源可持续开发利用，水利事业健康持续发展，当前迫切需要进一步按照建立完善社会主义市场经济体制规则要求，结合水情特点，加大水资源管理保护、节约用水、水利产业化管理等法规建设，理顺水资源及水务管理体制，加强水资源的合理开发、优化配置、高效利用、全面节约、有效保护和综合利用，健全执法监督机制，强化法律责任，以科学可行的法律制度保障和促进水资源的可持续开发利用。

2. 强化涉水事务法制管理

水务管理一方面要靠立法，把国家对水资源的开发利用和管理保护的要求、作法，以法律形式固定下来，强制执行，作为水务管理活动的准绳；另一方面还要靠执法，有法不依、执法不严，会使法律失去应有的效力。所以立法是基础，执法是关键。水务管理部门应主动运用法律武器管理城市水务，协助和配合司法部门与违反水务管理法律法规的犯罪行为作斗争，协助仲裁；按照水务管理法规、规范、标准处理危害涉水事务及其环境问题，对严重破坏水务秩序和环境的行为提起诉讼，甚至追究法律责任；也可依据水务管理法规对损害他人权利、破坏水务秩序及其环境的个人或单位给予批评、警告、罚款、责令赔偿损失等。依法管理水资源和规范水事行为是确保水资源及水务系统实现可持续利用的根本所在。

3.5.2　水务政策管理

政策是指国家、政党为实现一定历史时期的路线和任务而规定的行政准则。在社会主义市场经济条件下，从我国水问题（水多、水少、水脏、水土流失）的实际情况出发，制订和执行正确的水务管理政策，是取得水资源可持续开发利用与经济社会协调发展的重要保证。因而水务政策管理是指为实现可持续发展战略下的水资源持续利用任务而制订和实施的方针政策方面的管理。

综上所述，我国对水资源实行统一管理、统一规划、统一调配、统一发放取水许可证、统一征收水资源费，维护水资源供需平衡和自然生态环境良性循环，以水资源可持续利用满足人民生活和生态环境基本用水要求，支持和保障经济社会可持续发展，是开发利用和管理保护水资源的基本方针政策。

3.5.3　水权管理

1. 水权及法律规定

在生产资料私有制的社会中，土地所有者可以要求获得水权，水资源成为私人所有。随着全球水资源供需关系的日趋紧张和人类社会的进步，水资源的公有属性被逐渐认可和确立，因而国家拥有水资源的占有权和处分权，单位或个人只能通过法定程序获得水资源的使用权和收益权，成为世界水资源管理的发展趋势。取得使用权的用水户，其使用权得到法律的确认和保护。当水权受到侵害时，可依法申请排除侵害或者得到相应的补偿。

《中华人民共和国宪法》第九条规定："矿藏、水流、森林、山岭、草原、荒地、滩涂等自然资源，都属国家所有，即全民所有。"《中华人民共和国水法》第三条规定："水资源属于国家所有。水资源的所有权由国务院代表国家行使。农村集体经济组织的水塘或由农村集体经济组织修建管理的水库中的水，归各农村集体经济组织使用。"

"直接从江河、湖泊或者地下取用水资源的单位和个人，应当按照国家取水许可制度和水资源有偿使用制度的规定，向水行政主管部门或者流域管理机构申请领取取水许可证，并缴纳水资源费，取得取水权。但是，家庭生活和零星散养、圈养畜禽饮用等少量取水的除外。""国家鼓励单位和个人依法开发、利用水资源，并保护其合法权益。开发、利用水资源的单位和个人有依法保护水资源的义务。"水资源权属关系的明确界定，为合理开发、持续利用水资源奠定了必要的基础，也为水资源管理提供了法律依据，能规范和约束管理者和被管理者的权利和行为。

2. 水权制度的建立

在实施水权管理的工作中，仍然存在许多问题。这主要表现在以下几个方面：

(1) 理顺由于“国家对水资源实行统一管理与分级分部门管理”相结合的体制所造成的不利于水资源统一管理的体制性、制度性影响。

(2) 水资源宏观调控机制还不健全，流域内按行政区域分割管理问题突出，流域管理缺乏力度和必要的手段。

(3) 取水许可制度不够完善，取水、排水权属及其水资源使用权、排水权的有关规定不全面。

(4) 长期以来，由于对取水总量控制的指导思想贯彻实施不力，监控不到位，为了保证社会各方面经济建设用水，大量开采水资源，致使许多地方水源枯竭，污染严重，生态系统遭到破坏。为解决这些问题，就有必要进一步加强对水资源及环境的权属管理，明晰水资源及环境产权。

水权制度是一种规范水资源法制化管理的水管理模式，是一种与市场经济体制相适应的水管理机制，其核心是产权的明晰。水权是一项建立在水资源国家或公众所有的基础上的他物权，是在法律约束下形成的、受一定条件限制的用益权。水权管理普遍采用以流域为基础的分级统一管理模式，各级水权管理者的水权许可，不得超越其自身所拥有的水权范围和总量，且不应侵犯原有水权。

水权是水资源所有权，包括占有权、使用权、收益权、处分权，以及与水开发利用有关的各种用水权利与义务的行为准则或规则。它是在水资源开发、治理、保护、利用和管理的过程中，调节个人之间、地区与部门之间以及个人、集体和国家之间使用水资源行为的一整套规范、规则。

水的所有权问题，是《中华人民共和国水法》的核心问题，制定有关水事法律规范的立足点和出发点。《中华人民共和国民法通则》规定，所有权包括占有、使用、收益和处分的权利。

因此法律对于所有权的规定，制约着其他各种关系，也就是一说，所有权不能仅仅理解为所有人对其所有物的支配权，它是一种法律上的权利与义务的关系，所有权不仅确定了所有人的权利，也确定了所有人以外的其他一切公民、法人有不作为的义务，即有不得侵犯所有人权利的义务。

水权制度的建立和发展，对人口、资源、环境和经济的协调持续发展，无论在微观上还是在宏观上均有着重要的意义。主要表现在以下几个方面：

(1) 它有利于人们考虑长远利益，使用和节省资源，保护资源和环境。当资源产权界定明确后，产权使用者和经转化后的财产持有者的权益都能得到保护，有利于使经济行为长期化。

(2) 有利于促进资源优化配置，这要以产权、特别是其中的转让权提供足够的保障为前提，否则会以对抗的形式解决资源的流动和重组，这必然会降低资源的配置效益。

(3) 有利于激励资源有效利用和防治污染恶化，杜绝“搭便车”现象。

(4) 有利于调解纠纷，化解利害冲突。

水权制度的建立，水权的明晰，增强了各级政府、各个企业、团体乃至个人对水资源的有限性和水权财产性的认识。一方面，每个水权拥有者出于对自身利益的维护，会自觉监督相关的水权，这在一定程度上加强了水权管理，有利于降低管理成本；另一方面，随着环境、生态等基于公众利益的用水权的明晰，会有利于逐步杜绝对公众水权的侵占，更有利于缺水流域内水资源节约与保护等合理提高用水效率措施的推行。水权制度的建立和用水产权的明晰，也是用水真正走向市场和涉水事务责、权、利相统一的基础。

总之，研究和建立水权制度，有利于寻求为满足可持续发展要求的水源开发、环境保护、经济增长、社会发展的协调方式和通过水资源在各行业的不同产权配置，寻求水资源优化配置的模式，同时还有利于探求水资源管理理论依据和调整并逐步建立基于市场机制与国家宏观管理相结合的自然资源管理体系和国家、企业、个人之间的产权关系，逐步建立起高效激励兼容的水务管理机制，实现水的永续利用和与经济社会的协调发展。

为适应将来经济社会发展的水权客观需求和水权增长的主观需要，应理顺水资源所有权与使用以及政府与水权、水市场之间的关系；研究国家在水资源权属管理中的角色定位；依据水权来核定与调整资源水价与环境水价问题，遵循已有水权合理补偿，新增水权有偿取得，资源水价、环境水价与商品水价相结合的原则，建立水权经济机制，完善商品水价格形成机制和强化取水许可制度措施间的有机联系。

3. 水权管理主要内容

水权管理是指作为国有水资源产权代表的各级政府的水行政主管部门，运用法律的、行政的、经济的手段，对水权的取得和水权持有者对水权的使用以及履行义务等方面所进行的监督管理行为或活动。其主要管理内容如下：

（1）合法授予水权。在水资源属于全民所有制的国家，一般通过水权登记或实施取水许可制度及水资源有偿使用制度，使申请者获得取水权。单位或个人持有的水权是通过申请，经水行政主管部门依照法律规定，按照法定程序批准后取得的，水权只属于依法持有人。水权可依法取得，也可依法注销，但按我国现有法规，水权不得转让。从国内外水权管理实践看到，水权之使用权权能，若不能有效地流转，不仅影响水资源开发利用效率，也影响水管理经济政策、节水政策等的有力实施。

（2）制定和实施有关水权的政策法规。水权管理要求通过贯彻实施相关法律法规，对取水顺序、取水许可实施范围和办法、水权的取得、条件、期限、等级和水权的丧失、注销、流转，以及有关奖励和处罚等方面制定相应的法规和政策。因此根据我国经济社会发展形式很有必要对现行《取水许可制度实施办法》进行修订。

（3）监督管理。对水权持有者行使权利和履行义务的行为进行监督管理。

1）水权持有者行使的权利主要有：①按照取水许可（即取水权限额）取得额定水资源的使用权；②按额定水资源修建取水工程的权利，应遵守法定基建程序、河道管理范围内建设项目审批规定、兴建地下水取水工程审批验收管理规定等；③生产商品水获得的收益权，如计收水费等；④当法定水权遭到侵害时，可向水行政主管部门提出行政保护申请，也可向法院提出司法保护申请，以排除对其合法权益的侵害。

2）水权持有者应尽的义务有：①严格执行取水许可制度；②缴纳水资源费；③接受

水行政执法监督，服从兴利除害的需要；④防治水污染及损害他人用水权益等。

(4) 妥善处理水事纠纷在城市水务中发生的水事产权和供水、排水及其涉水工程、水价格等纠纷，应按国家有关法规进行处理。

(5) 水权调整。根据国家经济建设需要，或遇到严重干旱年份、水源或供水工程遭受严重破坏时，水行政主管部门依照有关水法规有权进行水权调整，以协调发展、降低损失，维护和发挥水权在保障水资源和涉水事务中的积极功能。

(6) 建立水权交易制度。从国外水权转让的实践看，水权的转让主要是水权使用权权能的转让。运用市场机制进行水权转让在我国基本上处于空白状态，已有的诸如东阳—义乌水权转让案例，可以讲并不是很合法的，不属于实质意义上的水权转让，他是把水资源国家所有处置成地方所有后，在无初始水权配置、确权情况下，下游缺水向上游买水，以减少跨区调配水资源的行政障碍、地方割据等影响而采取的变通做法。所以，为促进水资源优化配置，促进涉水各项事业发展，推动提高水利用效率和节约用水，让水的使用权能正常流转起来是必要的。这就需要在法律上明确水权交易的合法性，建立起水权的交易制度，核心是需要建立一套明确的交易规则和交易程序。通过交易规则为买卖双方进行交易提供行为准则，同时建立起水权交易监管模式，以规范市场运作，达到运用水权市场调整水资源的配置行为。

3.5.4 行政管理

行政是国家的一种活动，由国家的性质决定，有别于社会组织、企业的“私人行政”，是属于“公共行政”范畴，表现为国家对社会日常事务的组织、管理。采取行政措施管理涉水事务主要是指国家和地方各级水行政主管部门、流域管理机构，依据国家行政机关职能配置和法规所赋予的组织和指挥权力，对水务管理工作制定方针、政策，建立法规、颁布标准，对全社会水事活动实施组织领导、行政决策和监督协调的管理。它是管理水资源及其环境等涉水事务的体制保障和组织行为保障。

水行政管理的多层次、全方位和复杂性决定其具有行政决策的复杂性、组织责任的重大性、管理体制的统一性、管理成果的共享性、管理效益的多重性及运行机制的能动性等特点。

水行政管理主要包括以下内容：

(1) 水行政主管部门贯彻执行国家水务管理战略、方针和政策，并提出具体建议和意见，定期或不定期向政府或社会报告本地区的水资源状况及水务管理状况。

(2) 组织制定国家和地方的水管理政策、工作计划和规划，并把这些计划和规划报请政府审批，使之具有行政法规效力。

(3) 运用行政权力对某些区域采取特定管理措施，如划分水源保护区、确定水功能区、超采区、限采区、编制缺水应急预案等。

(4) 监督、管理水务市场的建设与运作，维护供需秩序，协调发展局势。

(5) 监管水价形成机制，合理调整各类水价。

(6) 对一些严重污染、破坏水资源及环境的企业、交通设施等要求限期治理，甚至勒令采取关、停、并、转、迁的措施。

（7）对易产生污染、耗水量大的工程设施和项目，采取行政制约方法，如严格执行《建设项目水资源论证管理办法》、《取水许可制度实施办法》、《环境影响评价法》等，对新建、扩建、改建项目实行环保和节水“三同时”原则。

（8）鼓励扶持水资源保护和节约用水的活动。

（9）调解水事纠纷等。

行政管理手段一般带有一定的强制性和准法治性，行政手段既是水务日常管理的执行渠道，又是解决水旱灾害等突发事件的强有力组织者和执行者。只有通过有效的行政管理才能保障水务管理目标的实现。

3.5.5　经济管理

水利是国民经济的一项重要基础产业，水资源既是重要的自然资源，也是不可缺少的经济资源。水务管理中经济管理是指利用价值规律，运用价格、税收、信贷等经济杠杆，控制和促进生产者在水资源开发利用中的行为，如调节水资源的分配，促进合理用水、节约用水，限制和惩罚损害水资源及其环境的行为，以及浪费水的行为，奖励保护水资源、节约用水的行为。

水务经济管理主要包括以下方法：

（1）建立合理水价形成机制和管理制度，审定水资源价格、商品水价格及排污水价格。

（2）建立多层次、多元化的水务投入体系和水务资产运营体制、制度和机制。

（3）利用政府对定价的导向作用和市场对价格的调节作用，建立合理的水价格体系，保障水务各项事业的良性运行和管理水务各项工作的有效运作。

3.5.6　技术管理

技术手段是充分利用科学技术是第一生产力的道理，运用那些既能提高生产效率，又能提高水资源利用效率，减少水资源消耗，对水资源及其环境的损害能控制在最少限度的技术，以及先进的水污染治理技术等，来达到有效管理水资源和促进水务各项建设与经营工作健康发展的目的。

运用技术手段促进与实现城市水务管理科学化，主要包括以下方法：

（1）制定水资源及其环境的监测、评价、规划、定额等规范性和标准性文件。

（2）根据监测资料和其他有关资料对水资源、水环境、供水、用水、节水、水处理等状况进行评价和规划，编写报告书和发表公报。

（3）研究、推广先进的水资源开发利用及节水、水处理与利用等的工程技术和管理技术。

（4）组织开展相关领域的科研和科研成果的推广应用等。

许多水务政策、法律、法规的制定和实施都涉及许多科学技术问题，所以，能否实现水资源可持续利用和水务事业可持续发展的管理目标，在很大程度上取决于科技水平。因此，管好涉水事务必须以科技手段为支持，采用新理论、新技术、新方法、实现水务管理的现代化。

3.6　城市水系统供需平衡模型与评价指标体系

3.6.1　城市水循环管理模型的研究意义

开展城市水循环管理模型的理论研究，其主要意义在于：

(1) 分析城市水务系统定量关系。

(2) 揭示水在水务系统中的运行变化规律。

(3) 研究城市水务系统任意时段内的供给、运转和消耗问题。

(4) 评价城市供水水源结构。

(5) 评价水资源开发利用效率。

(6) 评价城市水运行效益。

(7) 为提高管理水平，提高水务系统运行效率以及采取各类措施提供精确信息。

3.6.2　模型基本结构

图3.3可以概化为图3.7。城市水系统循环管理模型包括水平衡关系和水运行效率、经济技术评价指标体系等内容。

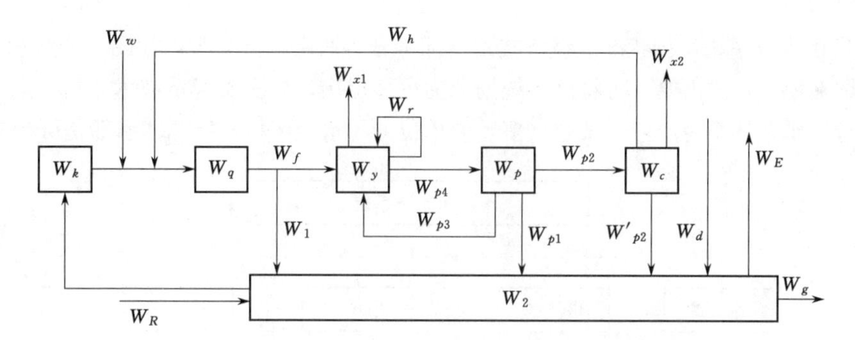

图3.7　城市水务系统供需关系结构图

W_k—水源；W_1—渗漏水量；W_w—外调水量；W_q—供水系统；W_2—水资源环境；W_h—水处理后回用的新水量；W_y—用水系统；W_p—排水系统；W_E—蒸散发量；W_R—城区水资源汇入水量；W_f—用水系统漏水量；W_c—水处理系统；W_g—城区水资源汇出水量；W_r—节水水量；W_d—渗漏水量；W_{x1}、W_{x2}—某水循环环节蒸散发水量；W_{p1}、W_{p2}—用水系统漏水量、分散排水量；W'_{p2}—水处理系统的排水量；W_{p3}—达标后可回用的水量；W_{p4}—用水系统、水处理系统消耗水量

3.6.3　水量平衡模型

对任意时段 t 有如下水量平衡关系：

$$W_{zt}=W_{1t}+W_{Rt}+W_{wt}+W_{p2t}+W_{gt}+W_{p1t}+W_{3t}-W_{Et}-W_{x1}-W_{x2}-W_{kt}-W_{qt}-W_{ft} \tag{3.1}$$

式中 W_{zt}——时段 t 水资源环境蓄水变量，m^3；

W_{3t}、W_{Et}、W_{wt}——时段 t 降水量、蒸散发量、外调入水量，m^3；

W_{qt}、W_{ft}、W_{1t}、W_{p1t}、W_{p2t}——时段 t 供水系统漏水量，用水系统漏水量，用水系统分散排水量，集中排水系统排水量，水处理系统排水量，m^3；

W_{x1}、W_{x2}——某水循环环节蒸散发水量，m^3；

W_{kt}——t 时段，用水系统、水处理系统消耗水量，m^3；

W_{Rt}、W_{gt}——时段 t 城区汇入水资源量、汇出水资源量，m^3。

若需要对城市水务系统任何一个水循环环节［包括企（事）业单位］进行水量平衡分析，都可以建立相应的水量平衡关系，如用水子系统某一时段 t 的水量平衡关系可表示为

$$W_{jt}+W_{p3t}=W_{p4t}+W_{x1t}+W_{ft} \tag{3.2}$$

式中 W_{jt}——时段 t 用水系统新水输入量，m^3；

W_{p3t}——时段 t 用水系统外排水直接回用量，m^3；

W_{p4t}——时段 t 用水系统排水量，m^3；

W_{ft}——时段 t 用水系统漏水量，m^3。

3.6.4 经济技术评价模型及指标体系

1. 基本思路

评价城市水务系统运行状况的经济技术指标可分为两层次五大类，如图 3.8 所示。当然根据研究问题对象、目的需要，可将该系统划分为更多层次、更多类经济技术指标。若需要进一步建立评价用水系统某一产业、某企（事）业单位的用水经济技术指标体系都是可行的。

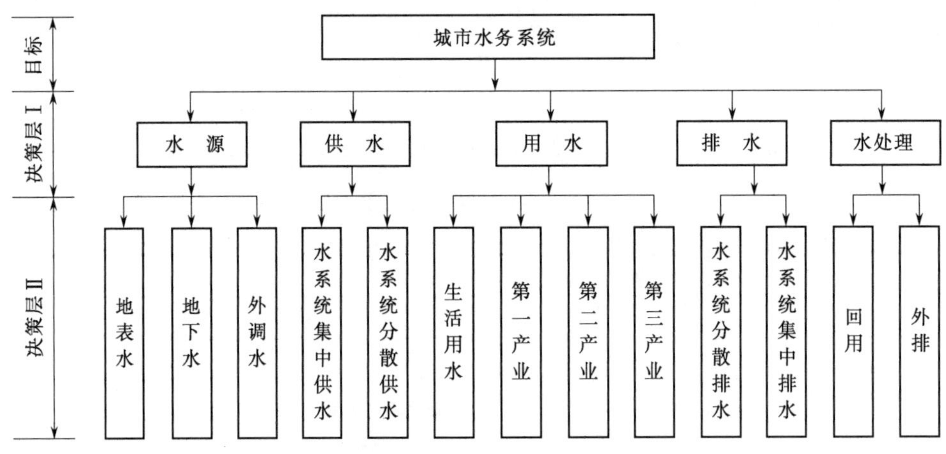

图 3.8 城市水务系统经济技术指标分类

2. 经济技术指标分类

（1）水源子系统。评价水生态环境、水源构成、开发程度指标为

$$\left.\begin{aligned} &K_{s,t}=\frac{W_{ks,t}}{W_{s,t}};\ K_{g,t}=\frac{W_{kg,t}}{W_{g,t}};\ K_{k,t}=\frac{W_{kl}}{W_{o,t}};\ \beta_s=\frac{W_{ks,t}}{W_{k,t}+W_{w,t}}\times 100\% \\ &\beta_g=\frac{W_{kg,t}}{W_{k,t}+W_{w,t}}\times 100\%;\ \beta_w=\frac{W_{w,t}}{W_{k,t}+W_{w,t}}\times 100\% \end{aligned}\right\} \tag{3.3}$$

其中 $0 \leqslant K_{s,t} \leqslant 1.0;\ 0 \leqslant K_{g,t} \leqslant 1.0;\ 0 \leqslant K_{k,t} \leqslant 1.0$

式中 $W_{o,t}$、$W_{s,t}$、$W_{g,t}$——时段 t 水资源总量、地表水资源量、地下水资源量，m^3；

$W_{ks,t}$、$W_{kg,t}$、W_{kl}——时段 t 地表水、地下水、总水资源开发利用量，m^3；

$W_{k,t}$、$W_{w,t}$——时段 t 当地水资源利用量、外调水量，m^3；

$K_{k,t}$、$K_{s,t}$、$K_{g,t}$——时段 t 总水资源、地表水、地下水开发利用系数；

β_s、β_g、β_w——时段 t 当地地表水、地下水、外调水占总供水的比率，%。

（2）供水子系统。评价城市供水构成、供水效率为

$$\rho_c = \frac{W_{s,t}}{W_{q,t}} \times 100\%$$

$$\varphi = \frac{W'_{生活ft} + W'_{二产ft} + W'_{三产ft}}{W_{生活ft} + W_{二产ft} + W_{三产ft}} \times 100\% \qquad (3.4)$$

$$\delta_1 = \frac{W_{x,t}}{W_{q,t}} \times 100\%$$

其中 $W_{q,t} = W_{k,t} + W_{w,t}$

式中 $W_{q,t}$、$W_{s,t}$、$W_{x,t}$——时段 t 城市供水总量、产供销水总量、供水系统漏失水量，m^3；

$W_{k,t}$、$W_{w,t}$——时段 t 当地水资源利用量、外调水量，m^3；

$W_{生活ft}$、$W_{二产ft}$、$W_{三产ft}$——时段 t 当地生活、第二产业、第三产业拟定集中供水量，m^3；

$W'_{生活ft}$、$W'_{二产ft}$、$W'_{三产ft}$——时段 t 当地生活、第二产业、第三产业实际集中供水量，m^3；

φ、ρ_c、δ_1——时段 t 城市集中供水率、产供销率、供水系统漏失率，%。

（3）用水子系统。评价城市用水构成、用水效率和效益。

1）用水构成系数、漏失率为

$$\left.\begin{aligned}
&\varphi_{生活} = \frac{W_{生活ft}}{W_{f,t}} \times 100\%;\ \varphi_{一产} = \frac{W_{一产ft}}{W_{f,t}} \times 100\%;\ \varphi_{二产} = \frac{W_{二产ft}}{W_{f,t}} \times 100\% \\
&\varphi_{三产} = \frac{W_{三产ft}}{W_{f,t}} \times 100\%;\ \lambda_{一产} = \frac{W_{一产ft}}{W_{一产qt}} \times 100\% \\
&\delta_2 = W_{q,t}\frac{W_{l1t}}{W_{生活ft} + W_{一产ft} + W_{二产ft} + W_{三产ft}} \times 100\%
\end{aligned}\right\} \qquad (3.5)$$

其中 $W_{f,t} = W_{生活ft} + W_{一产ft} + W_{二产ft} + W_{三产ft};\ W_{f,t} = W_{q,t} - W_{l1t}$

式中 $W_{f,t}$、$W_{q,t}$、W_{l1t}——时段 t 用水系统供新水总量、用水系统实际供新水总量、用水系统漏失水量，m^3；

$W_{生活ft}$、$W_{一产ft}$、$W_{二产ft}$、$W_{三产ft}$——时段 t 生活、第一产业、第二产业、第三产业的供水量，m^3；

$\varphi_{生活}$、$\varphi_{一产}$、$\varphi_{二产}$、$\varphi_{三产}$——时段 t 生活、第一产业、第二产业、第三产业供水比率，%；

$\lambda_{一产}$——第一产业供水利用率，%；

δ_2——城市用水系统漏失率，%。

2）消耗率、复用率系数为

$$\left.\begin{aligned}
&\chi_{生活ft}=\frac{W_{生活xj}}{W_{生活ft}}\times100\%；\ \chi_{工ft}=\frac{W_{工xj}}{W_{工ft}}\times100\%；\ \chi_{三产ft}=\frac{W_{三产xj}}{W_{三产ft}}\times100\%\\
&R=\frac{W_{ht}+W_{rt}+W_{p3t}}{W_{生活ft}+W_{一产ft}+W_{二产ft}+W_{三产ft}+W_{ht}+W_{rj}+W_{p3t}}\times100\%\\
&r=\frac{W_{工oj}}{W_{工xj}+W_{工gt}}\times100\%
\end{aligned}\right\}\tag{3.6}$$

式中　$W_{生活xj}$、$W_{工xj}$、$W_{三产xj}$——时段 t 生活、工业、第三产业的耗水量，m^3；

$W_{生活ft}$、$W_{工ft}$、$W_{三产ft}$——时段 t 生活、工业、第三产业的供水量，m^3；

W_{ht}、W_{rt}、W_{p3t}——时段 t 城市水处理回用水量、时段 t 城区汇入水资源量、城市用水系统外排水直接回用量，m^3；

$W_{工oj}$、$W_{工xj}$、$W_{工gt}$——时段 t 工业重复利用水量、生产中取用新水量、重复利用水量，m^3；

$\chi_{生活ft}$、$\chi_{工ft}$、$\chi_{三产ft}$——时段 t 生活、工业、第三产业耗水率，%；

R、r——时段 t 城市用水、工业用水重复利用率，%。

3）用水效率系数为

$$V_{ft}=\frac{W_{生活ft}}{ND}；\ V_{ut}=\frac{W_{ft}}{Z_{总t}}；\ V_{工ut}=\frac{W_{工ft}}{Z_{工t}}；\ V_{一产uf}=\frac{W_{一产ft}}{Z_{一产t}}；\ V_{三产uf}=\frac{W_{三产ft}}{Z_{三产t}}\tag{3.7}$$

式中　$W_{生活ft}$、$W_{工ft}$、$W_{一产ft}$、$W_{三产ft}$——时段 t 城市生活、工业、第一产业、三产业的供新水量，m^3；

W_{ft}、N、D——时段 t 城市总供新水量、用水总人数、用水日历天数，m^3；

$Z_{总t}$、$Z_{工t}$、$Z_{一产t}$、$Z_{三产t}$——时段 t 城市万元生产总值总量、工业、第一产业、第三产业生产总值，万元；

V_{ft}——时段 t 城市人均日生活新水量，L/(人·d)；

V_{ut}——时段 t 城市万元国民生产总值新水量，m^3/万元；

$V_{工ut}$、$V_{一产uf}$、$V_{三产uf}$——时段工业、第一产业、第三产业万元生产总产值新水量，m^3/万元。

（4）排水子系统。评价城市排水量、水质和排水去向的参数为

$$d=\frac{W_{p3t}+W_{12t}}{W_{ft}-W_{一产ft}}\times100\%；\ d_1=\frac{W_{p4sj}}{W_{p4j}}\times100\%；\ d_t=\frac{W_{p2t}}{W_{p4t}}\times100\%\tag{3.8}$$

式中　W_{p3t}、W_{12t}——时段 t 城市用水系统外排水直接回用量、时段 t 用水系统漏水量，m^3；

W_{p4sj}、W_{p4j}——时段 t 用水系统达标排水量，时段 t 用水系统排水总量，m^3；

W_{p2t}、W_{p4t}——时段 t 城市水处理系统的排水量、用水系统排水量，m^3；

W_{ft}、$W_{一产ft}$——时段 t 城市总的供水量、第一产业的供水量，m^3；

d、d_t——时段 t 城市排水率、城市集中排水率，%；

d_1——时段 t 城市达到国家规定的污水排放水质标准，对不符合国家规定

水质标准的排污水量单独评价。

(5) 水处理子系统。评价城市污水处理与利用状况的参数为

$$g=\frac{W_{p2t}-W'_{p2t}}{W_{p2t}+W_{p1t}}\times 100\%;\ g_h=\frac{W_{ht}}{W_{p2t}-W'_{p2t}}\times 100\% \tag{3.9}$$

式中 W_{p1t}、W_{p2t}、W'_{p2t}——时段 t 城市分散排水系统的排水量、集中排水系统的排水量、水处理系统的排水量，m^3；

W_{ht}——时段 t 经过城市集中污水处理厂二级或二级以上处理且达到排放标准的城市生活污水量，m^3；

g——时段 t 城市污水集中处理率（其中 W_{p2}、W_{pt} 不包括第一产业排水量），%；

g_h——时段 t 城市污水集中处理回用率，%。

通过上述建立的城市水系统循环管理模型能够对城市水资源开发利用状况、水运行平衡情况、水利用效率和效益等问题进行比较全面的分析评价，并能发现在水环境保护、水资源开发利用，以及供排水方面存在的薄弱环节，为水务管理采取相应工程或非工程措施提供科学依据。

【例 3.1】 山东省泰安市区总面积为 67km²，总人口 63.8 万，其中建成区面积 41.0km²，城区人口 41.1 万，近郊区人口 22.7 万。1999 年城市居民人均可支配性收入 5285 元。区内现有四处高等院校，十几处中等专业学校和各类专门科研机构，泰山被联合国教科文组织列为"世界文化和自然遗产"。区内工业门类比较齐全，主要产品有汽车、起重机械、轻工机械、电器、仪器仪表、农机、电线电缆、橡胶、纺织、服装、食品加工等。1999 年泰安城区 GDP 为 85.6 亿元，第一产业、第二产业、第三产业比例为 18∶46∶36。应用上述建立的城市水供需平衡管理模型，可以对泰安市市区水务系统各环节的水量供需运行状况、用水效率和效益进行分析评价，各项水量和参数计算结果见表 3.1。

表 3.1　泰安市城区水务运行状况测算与评价表

项　目	W_1	W_R	W_w	W_y	W_p	W_{p1}	W_2	W_r
水量/m³	2328.0	4638.0	1460.0	403.2	413.5	2536.7	1428.3	2307.9
项目	W_{x1}	W_{x2}	W_k	W_b	W_{p2}	W_{p3}	W_{p4}	W_d
水量/m³	3716.3	36.5	8863.0	182.5	3253.3	0.0	5790.0	1606.0
项目	W_g	W_{oj}	W_{xj}	W_{gt}	$W_{生活ft}$	$W_{一产ft}$	$W_{工ft}$	$W_{二产ft}$
水量/m³	2800.0	10511.3	3874.0	8944.0	1950.0	3250.0	3473.0	1650.0
项目	K_{kt}	K_{st}	K_{gt}	β_s/%	β_g/%	β_w/%	ρ_c/%	δ_1/%
指标	0.84	0.28	0.87	10.5	75.4	14.1	92.0	5.7
项目	δ_2/%	Ψ/%	$\Phi_{生活}$/%	$\Phi_{一产}$/%	$\Phi_{二产}$/%	$\Phi_{三产}$/%	$\lambda_{一产}$/%	$\chi_{生活ft}$/%
指标	6.2	89.2	18.9	31.5	33.6	16.0	0.72	32.0
项目	$\chi_{工ft}$/%	$\chi_{三产ft}$/%	R/%	r/%	V_{ft}/[L·(人·d)$^{-1}$]	V_{ut}/(m³·万元$^{-1}$)	$V_{工ut}$/(m³·万元$^{-1}$)	$V_{三产uf}$/(m³·万元$^{-1}$)
指标	28.0	26.0	29.8	37.2	130.0	72.1	88.2	210.9

续表

项目	$V_{三产uf}$/(m³·万元⁻¹)	d/%	d_1/%	d_t/%	g/%	g_h/%		
指标	53.5	66.8	86.0	66.7	56.1	10.0		

注 1. 水量单位：万 m^3。

2. 各项指标的单位与前述计算公式所述相同。

从表 3.1 水量测算结果，应用式（3.1）计算得 1999 年市区水资源环境蓄水变量为 −525.2 万 m^3，主要是地下水开发偏多，并集中在城区自备水源井，据统计该年城区地下水超采约 912.5 万 m^3。

将上述计算结果与同年《中国水资源公报》、《中国环境公报》进行比较可知，泰安市的供水效率较高、损失较少；用水效益一般，节水潜力较大；排水系统有待加强建设，并要进一步加大排水处理和处理水的回用工作力度。

第4章　城市水务市场构建与运作

建设城市水务市场是为了发挥政府宏观管理与市场经济调节相结合的力量，将涉水事务纳入统一、高效、有序建设与管理的轨道，保证水管理法律法规和经济、技术政策等的有力实施，调动各方面治水兴利的积极性和创造力，促进城市水务事业健康持续发展。

4.1　城市水务市场

城市水务市场应由水权（资源水权）交易、排水权交易、商品水权交易、供排水工程经营权交易、用水技术与设备设施经营权交易，以及相应管理法规、政策和制度建设与管理等内容组成。

4.1.1　城市水务市场涵义与交易关系

1. 基本涵义

市场指一定地区内对各种商品或某一种商品的供给和有关支付能力需求的关系，或简单地称为商品买卖的场所。城市水务市场是涉水关系与服务发生相互联系、相互作用，使交换成为可能的买方和卖方构成的集合。其实质是发挥市场机制的作用，优化配置水资源、商品水及其工程建设与服务的能力。

构建城市水务市场的目的是调整涉水事务的政府行为、企（事）业单位行为及个人行为，充分利用资金、劳务、技术、生产资料、产品、价格等各种市场要素来支持和促进城市涉水事务的建设与发展。

2. 交易关系

从城乡水务市场买卖双方的关系分析，在涉水事务各环节的关系上既有联系，也有差别。

（1）水权。水权交易的买方是企（事）业单位（包括供水公司）、个人、政府（特殊情况发生时，如严重旱情，代表国家管理水权的政府职能部门，为调整水资源供需关系，而从水务市场购回部分水权，亦可成为买方）；卖方是拥有水资源使用权的企（事）业单位、个人、政府（特殊情况下代表国家行使水资源权属管理的水行政主管部门，应在初始水权分配后退出水资源使用权交易主体角色）。

（2）排水权。排水权交易的买方是企（事）业单位、个人；卖方是拥有排污权的企（事）业单位或个人，水行政主管部门也应在初始排污权分配后退出排污权交易主体角色（只有特殊情况发生时，如水生态环境发生不可抗拒变化、社会进步要求提高水生态环境质量，水行政主管部门经政治民主协商，才可从城市水务市场购买一定量的排污权）。

（3）商品水权。商品水权交易的买方是企（事）业单位、个人；卖方是供水公司。

(4) 供排水工程建设权、经营权。供排水工程建设权、经营权交易的买方是供水公司、水处理公司；卖方是具有相应管理权的城市人民政府。从城市水务一体化管理考虑，政府应授权水行政主管部门管理供排水市场，这样供排水工程建设权、经营权交易的卖方代表可以是水行政主管部门，实行不同于一般商品交易的诸如特许经营、竞标等交易。

(5) 用水技术与设备设施制造与经营权。用水技术与设备、设施制造与经营权交易的买方是企（事）业单位、个人；卖方是企业、科研院所，当然，也可能是企（事）业单位或个人。对诸如水表、水泵、卫生洁具等用量大、制造技术相对简单的应实行特许经营制度。

从以上也可看出，供水公司和某些从事用水技术与设备设施开发生产的企业，充当了买方和卖方的双重角色。当他们为获得取水权和购买先进用水工艺技术、信息时是买方，销售商品水和用水技术与设备设施时又是卖方。这是主管部门在管理从事涉水事务的对象时应注意的，他们角色定位的变换可能会引起行为目标变动，如供水公司承担了供应居民基本生活用水，他的取水权的获得和交纳的费用应比其他企（事）业单位优惠，同样在售水时享受的税收政策也比其他企（事）业单位优惠，所以不能将这些优惠与其他供水混为一谈，应实行差别水价，享受了优惠权的水价格应低于其他供水水价格。同样从事节水治污技术与产品开发推广应用的企业，在销售产品和服务时也会享受到国家更多的鼓励扶持和产业优惠政策，也不能与其他产品的生产销售混为一谈。

4.1.2　城市水务市场的性质与特征

城市水务市场交易的对象有资源水使用权，资源水开发利用的工程建设与经营权，商品水用水权，用水技术及设施设备的研制与投入使用运营权，以及污水处理、回用等工程建设与经营权等，这些权利、产品及服务关系的交易与一般市场上流通的权利、产品及服务关系的交易有相似之处，但也有很大程度上的不同，城市水务市场交易的对象更多的体现公共资源物品交易的特征。

由于城市水务市场交易的对象涉及国计民生，具有提供生活资料和生产资料的双重属性。水资源所有权属于全民所有，作为公共资源必然体现全民共享的原则；同样，城乡水务产业提供的供水、排水及污水处理设施和商品水，在为人民生活提供基本要素和维护环境良性循环需要时，同样具有公共物品的特征，而公共物品是指可以容许公众对它进行消费的商品，属于纯粹外部经济性商品，具有非市场经济性质，这类商品在国内外的经营与管理都是由政府通过“对收入进行再分配”来提供的。由于公共资源与公共物品具有共享性，而不是独占性特征，市场经济对其有效配置的基础性作用会受到许多因素的限制，而水资源及其环境是具有竞争性、非排他性的公共资源的属性，水工程基础设施及部分商品水（满足基本生活和环境需要）是同样具有非竞争性和非排他性的公共商品的属性。

水务市场虽然也是市场，具有一般市场的共性，但水务市场由于水自身存在的特殊性，使其具有不同于一般商品市场的显著特点。水务市场具有以下主要特征。

1. 水务市场是“准市场”

目前，在中国经济转型期，中国的水务市场只能是一个“准市场”。所谓“准市场”是指水资源在兼顾防洪、发电、航运、生态等其他方面需要的基础之上，兼顾各地区的基本用水需求；在上下游省份之间、地区间和区域间，通过建立民主协商和利益补偿的机制，来实现水资源的合理配置。在这里，水务市场只是作为一种机制，体现的是流域、区域和行业间的相互协商和合理的利益补偿和利益实现。

水务市场不是一个完全意义上的市场，其原因有四：一是水资源交换受时空等条件的限制；二是多种水功能中只有能发挥经济效益的部分（比如说供水、水电等）才能进入市场；三是水资源价格不可能完全由市场竞争来决定；四是水资源的开发利用和经济社会发展紧密相连，不同地区、不同用户之间的差别很大，难于完全进行公平、自由竞争。

水资源的分配是一种利益分配，既可以通过市场也可以通过非市场来解决，但单独哪一种方式都不能有效解决，水资源的配置方案不仅仅需要技术上、经济上的可行性，更重要的是要有政治上的可行性。通过对水资源配置的经济机制和利益机制的分析，积极引入既不同于传统“指令配置”也不同于“完全市场”的“准市场”。

“准市场”的实施由民主和利益补偿机制等辅助手段来保障，以协调地方利益分配，达到同时兼顾优化流域水资源配置的效益目标和缩小地区差距、保障农民利益的公平目标。水的统一管理应和“准市场”、“地方政治民主协商”有机结合，通过不断地制度创新和制度变迁，形成比较成熟有效的新的水分配、水管理模式，并逐步以法律法规的形式固定化。

由于我国尚处在计划经济向市场经济的转型期，地方政府作为用水户利益的代表和水权的代表者，水务市场只是在不同地区和行业部门之间发生水权转让行为的一种辅助手段。表现在不同地区和部门在进行水权转让谈判时引用市场机制的价格手段，而这样的市场只能是由国务院水行政主管部门或其派出机构——各级水行政管理机构来组织。

2. 政府宏观调控职能突出

水务市场是一个“准市场”，这一特点就决定了水务市场实行政府宏观调控的特殊性。

水是自然资源，但水利工程供水使水变成了经济资源，具有了商品性质，但它又不同于一般商品。因为市场经济不是“自由经济”，而是法制经济，任何实行市场经济体制的国家；政府都要用法律手段管理和调控商品和服务的价格，由此形成市场调节价、政府指导价、政府定价。对于交通运输、邮政、电信、水、电、气等重要公用事业的价格，只能由政府管理，不允许经营者自行定价，以稳定社会经济秩序。供排水属于公用事业，不能随行就市定价，只能是政府宏观调控的供水市场。按照短缺经济学的观点，资源短缺应当依靠市场机制来调节，但市场并不是解决经济工作中种种难题的万应灵丹，同样水务市场也不是解决水资源短缺问题唯一的灵丹妙药。

从经济特性来看，水利设施提供的服务具有混合经济特征，既有私人物品的属性，又有公共物品的属性，带有公益性和垄断性，因此政府的宏观调控是必需的。实现有效的宏观调控，克服“政府失灵”的关键是加强管理，即实行流域与区域相结合的水资源统一管理。黄河水量统一调度、黑河分水及向塔里木河下游输水的成功实施，充分说明了调控对市场的重要性。许多城市成立水务局，对一切涉水事务实行统一管理，为政府宏观调控创造了有利条件。因此，实现水资源有效管理的途径就是政府宏观调控、民主协商、水务市场三者的结合。

从经济运行的角度考虑，水利经济体制改革，当然期望能提高水的市场化程度。随着国民经济市场化程度的提高，水的市场化程度肯定会相应提高。但由于水利仍然要依靠亿万农民兴修、维护和抗洪抢险，所以水利在市场化经济运行中明显受到国家政策上的约束。水利经济市场化应该是在国家宏观政策指导下的有条件的市场行为。

在水务市场上，水的使用权的流转实际上是政府适应市场经济体制的水资源管理的一种经济手段，而不是目的，它的实施应与很多政策相配套。

（1）有偿转让应建立在有偿使用的基础上。即水的使用权的取得如果是行政审批取得，则其转让还是应该经过行政许可。但如果国家已建立了水资源有偿使用制度，已行使了使用收益权，某一主体已向国家缴纳了水资源的有偿使用费后才取得了水资源的使用权，则应当允许依法进行有偿转让。

（2）水资源使用权的取得应与其事业相适应。国家在许可水资源的使用权时，是依据事业的需要和定额管理，而不是凭空就许可水资源使用权，这样才能避免由此引起的诸如使用权垄断等一系列问题。

（3）水的使用权的转让应有利于水资源的节约和保护。可转让的权利应有利于水资源的节约和保护，可转让的权利应限制在因技术和资金的投入及通过节约用水和水资源保护措施而空余下来的水量。

政府宏观调控的关键在于：①对水管单位公益行为实事求是地给予补偿；②出台《水资源费征收使用管理办法》，使国家真正拥有水资源水权，用经济手段调控水市场，实现水资源优化配置；③尽快出台《水利工程供水价格管理办法》以取代目前的《水利工程水费核订、计收和管理办法》，使水利工程供水——商品水，成为真正的商品，并定期分流域、区域发布指导水价，防止水垄断；④制定《水利工程用水管理条例》，协调水资源开发商、用水户（人）与水利工程供水之间的物权关系，并和《取水许可制度实施办法》这一直接取用水资源的法规配套；完善水市场的相关法制体系；⑤水务一体化管理，实施政府对水市场（包括对自来水、净水等）所有商品水的监督管理。

4.2　城市水务市场构成要素分析

从市场学关于市场的一般概念出发，市场是由消费主体、购买力和购买欲望三个主要要素构成，其关系可简单表示为

市场＝消费主体×购买力×购买欲望

市场的消费主体指购买商品和服务的消费者和各类社会组织的总和。购买力是指消费主体支付货币购买商品或劳务的能力，包括消费者购买力和组织购买力。购买欲望是指消费主体购买商品的动机、愿望或要求，是消费主体把潜在购买力变为现实购买力的重要条件，因而也是构成市场的基本要素。

上述市场构成要素是从一般商品，从买方市场出发所做的归纳认定。而对于城市水务市场而言，它提供的水资源与环境、商品水、水工程设施及服务等商品具有稀缺性、不可替代性等特征，其构成要素除一般市场三要素（可简称为买方市场）外，还包括卖方、交易物、管理机构和中介组织。可简单表述为

城市水务市场＝卖方×买方×交易物×管理机构×中介组织

4.2.1　交易物

城市水务市场的交易物是指除满足基本生活、生态环境用水需要的资源水、环境纳污能力、商品水、水工程基础设施及服务外，还包括为满足其他多样化经济用水而提供的资源水、环境纳污能力、商品水、水工程设施及服务。

部分资源水不能进入市场交易，主要是考虑人民生活和生态环境的基本用水，以及为城市经济社会进一步发展预留的战略性经济用水，同时也考虑到由于水资源本身固有的动态性、周期性变化特性，交易量过多，若发生特殊旱情势必严重影响经济社会建设布局，造成交易成本和损失过大，对水资源的优化配置不利。所以允许进入市场交易的资源水量是除上述基本需水量以外的水资源量。进入市场交易的水资源量，可用以下公式表示

$$W_{允} = W_{可} - W_{环境} - W_{基生活} - W_{预留} \tag{4.1}$$

式中　$W_{允}$——区域可交易水资源量，m^3/a；

$W_{可}$——区域水资源可利用量，m^3/a；

$W_{环境}$——区域生态环境基本需水量，m^3/a；

$W_{基生活}$——区域基本生活（包括居民日常基本生活、行政事业单位日常基本生活）需水量，m^3/a；

$W_{预留}$——区域为经济社会发展预留的后备水资源量，m^3/a。

区域基本生活需水量是指满足城市人民基本生活用水而设定的用水量，它不包括因生活水平质量提高而增加的用水量。这一部分作为满足人民基本生活用水，不参与市场交易。它基于保障人民基本生存权利的需要，并应采取相应的管理政策。

区域生态环境基本需水量是依据生态环境容纳污废水的能力（自净能力）来确定的。污废水进入生态环境的量超过其自净能力会引起生态环境恶化，及至发生生态环境灾难。所以在考虑生态环境本身循环过程中所需自净能力（它是水资源质量的本底值）以外，按照经济社会发展水平和人类对生态环境质量要求，设置的可接受的生态环境质量标准，作为某一时期生态环境质量的“阈值”，若排污不超过该值，靠生态环境自净能力能维持可接受的生态环境质量，若超过该值则会因自净能力不足，发生生态环境恶化及至破坏。

可交易的生态环境纳污能力是设定的“阈值”扣除生态环境水体本底值和基本生活用水排污，而剩余的生态环境纳污能力。

【例 4.1】　在“十一五”期末，规划某区域生态环境质量达到地面水水质Ⅳ类水体要求，则可交易的生态环境纳污能力（称可交易排污能力），可由下式表示

$$q_{允} = q_{标} - q_{本底值} - q_{基生活} \tag{4.2}$$

式中　$q_{允}$——某区域可交易水排污能力，t/a；

$q_{标}$——按 GB 3838—2002《地面水环境质量标准》Ⅳ类水某项污染物水质指标计算的某区域纳污能力，t/a；

$q_{本底值}$、$q_{基生活}$——指某区域水生态环境质量本底值、基本生活用水排污能力，t/a。

城市供水和排水工程设施，也应有相应的为满足人民基本生活用水和排放污水的设施能力，这部分供排水设施能力属城市纯公共物品性质，难以实现商品化交易，它的建设应

由政府公共财政开支。所以城市供排水工程设施常实行在政府严格监管下的市场化建管经营模式，如特许经营和竞价经营等。

4.2.2　卖方

卖方是指在水务市场中提供交易的组织或个人，在前面已经论及，此处不再赘述。

4.2.3　买方

买方是指在水务市场中购买交易物的组织或个人，他同样由消费主体、购买力、购买欲望构成。参与城市水务交易物交易的有关方面的关系，在前面已经论及，此处不再赘述。

4.2.4　管理机构及职能

管理机构是指水务市场交易的管理者。根据我国有关水法律、法规和基于城乡水务一体化管理的指导思想，城乡水务市场交易的管理者是城乡水行政主管部门，它是国家水政策法律法规的执行者，当地水管理办法、水务市场管理制度的制定者，水务市场交易行为的约束者。协同管理者是指由肩负管理市场不同责任的部门构成，如工商、税务、卫生、城建等部门。城乡水行政主管部门按照水法律法规和城市人民政府授权，管理城乡水务市场，履行规范维护城乡水务市场建设与发展秩序、公平交易等职责，一般不得实际参与交易物的买卖活动。

4.2.5　中介组织与作用

中介组织是指城市水务市场中为买卖双方和管理机构提供交易咨询和技术服务的组织。他们的从业应符合国家有关法律法规和资格资质等方面的管理规定要求，如从事水资源评价与规划、水价格调整方案的编制、供排水工程规划与方案论证、新技术新产品信息服务等方面。中介组织参与城市水务市场，不仅是社会进步对市场建设的客观需要，他能将城市水务市场管理者从复杂繁多的涉水技术经济具体事务中解脱出来，一心一意搞管理，强化监管职能，让本应由市场办的业务交给市场办，还能精简管理队伍，降低管理成本，并能增强许多涉水技术经济方案和信息的客观公正性，增强社会接受度。所以建立符合社会主义市场经济体制规划要求的城市水务市场，应大力发展水务市场中介组织。

4.3　水务市场容量

城市水务市场容量亦称城市水务市场大小，是指市场的边界包括地理边界，交易物范围和交易物的量。

4.3.1　地理边界及特征

水务市场地理边界指行政区域。按水资源特点来确定市场边界应该以流域为界限，但流域和行政区划并不完全相一致，为此我国水务管理提倡流域与行政相结合的办法来管理水资源，尤其对于中小流域，无法设置众多的流域管理机构只能用明确的行政地理边界来讨论城乡水务市场，这就与水资源的多少与调度、供排水工程设施以及当地供水、用水状况和其他资源开发利用、工农业布局经济发展程度、用水工艺、设备设施水平有关，更与城市缺水及供水价格密切有关，上述因素直接影响城市水务市场的大小。

4.3.2 交易物范围的界定

城市水务市场交易物的范围随着市场经济的发展而有所变化。比如，由于饮水标准改变，管材、水处理设备标准也随之有所改变，这些物品虽然与水密切相关，但却属于一般商品范畴，不按一般商品对待，不应再纳入水务交易物之列，否则将导致监管的泛滥和权力的失控。城乡水务交易物的范围主要包括允许交易的水资源使用权、排水权、商品水用水权和供水排水工程设施经营权，以及符合国家用水技术经济标准要求的用水工艺和设备设施等。

【例 4.2】 济南市的用水户抱怨他们的水资源费标准、自来水价比泰安市贵是不合理的，原因是忽视了城市水务市场地理边界对水务市场中价格的影响，济南市的城市品牌、技术、经济、物流、信息流等优势，决定了水具有更大的经济价值和稀缺性，价格当然应高些。正是这些优势的存在，用水户会更愿意落户济南市，而不是泰安市，即比较优势所致。所以两个城市的用水价格有差别是客观合理的。

4.3.3 交易量及限制性因素

城乡水务市场的交易量是指在特定城市某一时期水务市场所需交易物的量，它可能是实际发生量，也可能是潜在交易量。取决于城市规模、经济社会发展水平和人民文化、物质生活水平。城市化进程加快已成为供水量、水处理量及相关产业增长的主要原因。2000年，我国城市化水平为36%，城市人口为4.6亿，城市供水总量为469亿m^3。按有关部门预测，2015年城市化水平达到53%，城市人口将增加到6.3亿，城市供水量将达到640亿m^3以上，增长幅度达36.5%，这势必会产生大量的供水、排水设施投资需求。同时国家已把水价改革列为“十五”计划重点。目前我国自来水平均价格如果按《城市供水价格管理办法》规定的调价办法能逐步得到落实，那么2015年自来水平均价格有望提高到4.0元/m^3左右，由此我国供水市场的年产值将从目前的600亿元提高到2300亿元左右。

相对于供水市场，污（废）水处理市场可能是未来最具发展潜力的。目前，中国城镇污水排放总量约为750亿m^3/a，但达到国家二级排放标准的只有10%。到2015年，50万人以上的城市污水处理率应达到60%以上；到2020年，所有城市污水处理率不得低于60%，直辖市、省会城市、计划单列市以及重点风景旅游城市不得低于70%。为了实现这个目标，预计将新增污水处理能力5000万～6000万m^3/d，所需的建设投资就高达2000亿～3000亿元，这还不包括每年百亿元的运行费用。如果对全国县级以上城市的市政污水进行处理，全国将有超过1000座的城市污水处理厂等待建设，市场投资需求在4000亿元以上，毫无疑问有着非常广阔的发展前景。

4.4　城市水务市场的建管原则

城市水务市场的建设与管理既应遵循一般商品市场在交易中的公平竞争、价格政策、供需平衡等规则，更应注意到水务市场中交易物的一些特殊性质和功能，如水的生活资料和生产资料的双重性、时空分布不均匀性、竞争与垄断共生性、产业价值链的连续性等，所以在城市水务市场中，除应遵循一般商品交易的普遍原则外，还应遵守由其本身的一些特殊属性所产生的一些原则。

4.4.1　可持续发展原则

实现水资源的可持续开发利用是人类的共同目标。城市经济社会的可持续发展依赖于可持续开发利用的水资源及环境。建立城市水务市场的首要目的就是要利用市场经济法则来管理、促进水资源的开发利用和保护，提高水资源保障经济社会建设与发展的能力。因而在建设城市水务市场时，应把水务市场对水资源优化配置和节约保护的有效作用，以及水务市场本身能否实现健康有序发展，放在十分突出的位置加以重视，他是水务市场建设与发展的指导思想、行动方向、办事原则。

4.4.2　统筹规划、优化配置、整体效益的原则

从城乡水务所涉内容和交易物范围可以看出，城乡水务市场必须建立在对资源环境、水资源开发利用产业链及其资产、资金、人力等的统筹规划、优化配置，并十分注重发挥其整体效益的基础上，才能达到建立城乡水务市场的目的，并通过城乡水务市场来进一步促进它的统筹规划、优化配置和整体效益的发挥。所以，对城乡水务任一方面、任一环节的作用，都必须从整个水务系统加以考虑。在交易水资源使用权时就应考虑各类用水的分配、水权管理、水价影响、排水权等因素。

4.4.3　政府宏观管理与市场经济调节相结合的原则

在发挥市场经济对促进城乡水务优化配置、提高效率效益的同时，因其所涉事务的特殊性质和功能，政府在水务市场的监管中，必将发挥积极作用，这是十分必要的，如对水使用权、排污权的管理及定价作用、水工程建设与运营的监管作用、节水能力建设与设施设备应用的促进作用等。所以，在城乡水务市场的管理中应实行政府宏观管理与市场经济调节相结合的原则。

一般情况下，政府应坚持的原则是：只要市场机制能够解决的问题，政府就应不插手，但是，如果市场机制失去了作用，政府也不应该甩手不管。所以，在水务市场上，防止“政府失职”与“市场失效”是同样重要的。

城市改革，包括供水、排水业务在内的市政公用行业的市场化进程改革是必然的，也是客观需要的，要求对其管理从直接管理转变为宏观管理，从管行业转变为管市场，从对企业负责转变为对公众、对社会负责。

政府及其主管部门的职责：①认真贯彻国家法律法规，制定市场规则，创建公开、公

平的市场竞争环境；②加强市场监管，规范市场行为；③对进入市场的企业资格和市场行为、产品和服务质量、企业履行合同的情况进行监督；④对市场行为不规范、产品和服务质量不达标和违反经营合同的企业进行处罚。

4.4.4　产权主体多样化、投资渠道多元化原则

激活城乡水务市场需要从改革产权制度着手，让政府从水务的提供者向水务法规制定者、水务市场监管者转变，允许水务市场交易物产权主体多样化，交易物经营投资渠道多样化，适应社会主义市场经济体制多种经济成分共存、多种经营实体共营的实际情况。只有水务资产结构、投资结构多样化、多元化，才能建立起有效的利益激励机制和激励动力，才能实现“一龙管水、多龙治水”的目标。当然，这有赖于从法律上明确投资者、经营者和管理者的权力、义务和责任，明确政府及其主管部门与投资者、经营者之间的法律关系，保障水务市场的健康持续发展。

实际上，在城市涉水事务中，除防洪、生态环境建设与维护、保障低收入阶层基本生活用水、排水权利，属于公益型涉水事务（表现为产权的非排他性和效益享受的非竞争性）外，其余水资源及环境的使用权、排水权、经济用水经营权和供排水设施设备建设经营权等，多属非公益型涉水事务，或将逐步趋向于非公益型涉水事务发展。

非公益型涉水事务具有两个显著的特征：①产权的排他性，这种涉水事务由投资主体自主决定投资和从业，投资主体对其有独立的产权；②效益享受的排他性，其资产由拥有产权的主体单独利用其功能，享受其效益，其他人被排斥在外，或者通过产权成本和合理盈利以及对他人收费的方式，将不交费的人排斥在外。也只有这样才能鼓励、吸引投资主体，使投资主体向多样化、投资渠道向多元化发展。城市水务业是我国政府提出在“十五”期间国有资产要撤出的100多个行业之一。

4.4.5　政治民主协商机制与利益补偿机制相结合的原则

城市要达到水资源的供需平衡、水生态环境的良性循环，离不开城市之间、跨区域之间，乃至跨流域之间的水量交换、水质交换。这些“交换”既是城市生存发展必需的，也是实现水资源时空优化配置，提高水资源利用效率效益的重要途径。但是，它又是难以在市场上进行直接买卖的，也不能按行政命令的方式直接划拨，并且涉及的买卖双方总是众多的单位和个人。所以，要实现这种“交换”就只能选择最有效的权力代表地方政府，通过建立起一系列组织成本较低的政治协商机制，通过谈判、投票以广泛反映各方利益，在上级政府乃至中央政府监督下，实现最大可能和比较优化的民主协商“交换”结果。并通过和约的方式进行约束。履行和约是诚信社会的表态，如城市从外调配水资源，协商结果的表现形式是跨区水资源使用权或供水权的合约。

上述谈到的“交换”必然存在利益补偿问题，也可称为利益共享问题。否则，为城市提供水源和水环境“交换”的地区会缺乏积极性。如农村水源转向城市供水，若不采取相应的补偿机制，不仅会矛盾重重，难以实现，而且也不符合国家相应管理政策。城市内水资源使用权、排污权的流转、交换，离开了合理的利益补偿机制，也会使交易失去动力。如实现水量权交换的卖出方需要节水，实现排污量权交换的卖出方需要治污，节水治污需

要一定量的财力投入，若没有相应的回报，不仅失去交易的基础，无可交易物，而且也无市场可言。所以建立水务市场补偿机制是实现水务市场政治民主协商机制的保障。

水务市场补偿机制的建立还是实现公平交易的关键。如为城市提供水源和适量水体的水源补给区，需要在水源保护上受强制，在水量开发利用上受限制，在排水上受抑制。城市的收益和发展离不开他们的支持，乃至牺牲，所以应给予相应的补偿。同时从产权角度看，也应得到相应的回报。这种补偿或回报实质上是利益的合理分配。它是促进城市水务市场积极运作和健康有序发展的动力之一。

4.4.6　保障基本生活、环境用水，鼓励有序、有效竞争的原则

城乡在采取一定的管理政策、经济政策，保障人民生活和生态环境基本用水的前提下，引入市场机制，建立有序有效力的竞争水务市场是促进水资源开发利用效率、促进城市涉水事务持续发展的需要。

在城乡水务市场中，应通过水务内部信息外部化、隐蔽信息公开化、增加信息透明度、引入广泛参与机制，从而降低交易成本，有效解决产权问题。并加大法律法规和制度建设步伐，实施有效力的市场监管，为水务市场的发展保驾护航。

4.5　城市水务市场运作机制

建立城市水务市场是为了优化配置水资源和各类涉水社会资源，提高水资源开发利用效率，促进节约用水和保护管理水资源环境的各项政策法规和技术经济等措施的有力实施，从而建设起符合可持续发展思想，经济社会行为模式与自然资源环境和谐协调的现代化城市。

4.5.1　涉水事务政治民主协商机制

城乡涉水事务之水权、排水权不是一个城市能独立解决的问题，还关系到国家政策和法律、法规，关系到城市上、下游及周边地区，关系到本身的可持续发展，而水权和排水权也不是一个纯经济问题，与基本人权、伦理和风俗习惯等有密切关系，所以许多涉水权力，尤其是水权和排水权的配置和争端的解决，应走政治民主协商的道路。

【例 4.3】　水权，即水资源的开发利用权。其优化配置方案应以流域为单元统筹规划和调用，若流域内各城市、地区间互不协调，各自为政，只能造成开发利用效率低，水事矛盾争端不断，并会引发许多破坏水资源良性循环发展的行为。上游用水不管下游、下游用水上游无利，城市用水不补偿城郊，城郊农业大水漫灌不顾及城市需水等，都是缺少优化配置水资源的激励机制、监管机制所造成的。

【例 4.4】　排污权，即用水排污权，就更迫切需要实现以流域为单元的优化配置了。若城市排污不顾城郊、城郊排污不顾城市、上游排污不管下游、城内排污互不顾及，则城市水环境恶化的状况不仅得不到遏制，而且会更加恶化。无论是城市还是流域所制定的水功能区划、水资源保护规划，以及消减排污和允许排污的方案都将难以实现，因为缺乏其实现的共识，缺乏实现的利益分配和补偿机制。

可见，对城市涉水事务的妥善处理，并激发其向有利于服务城市经济社会和保障水资源环境可持续开发利用方向发展，不仅需要引入市场经济的激励动力，也需要建立涉水事务的政治民主协商机制。让政府、流域管理机构、用水户代表及水务建设单位都能对水资源及环境的开发利用和管理保护献计献策，对其发展战略和措施拥有表决权，实行公之事务大众出力，共之事务大众监管，规避盲目决策，谋求全局科学合理，调动各地区各方面治水兴水的积极性，实现城市水务可持续发展。

4.5.2 供水、污水处理业实行特许经营制度

长期以来，我国城乡供水和污水处理业实行的是“官督官办”的建设与管理运营模式，其突出存在的问题是效率不高、财力不够、发展能力受阻，不符合建设社会主义市场经济体制和与国际市场水务建管模式的发展方向，所以，改革我国城乡供水和污水处理业的管理体制和运营模式已成为其实现发展的客观社会需要，而采用国际上实践证明行之有效的特许经营办法、管理制度将成为其建管改革选择方向。如，目前采用的 BOT 模式、TOT 模式等。

4.5.3 用水技术和设备设施实行市场准入制

通过对工业、农业用水技术大力进行节水技术改造，提高用水工艺、设备设施的合理化用水水平，建立起节水型产品认证制度，在居民生活、企（事）业单位和公共用水设施中强制执行节水型器具运用制度，并规范用水产品市场，提高用水过程的节水技术含量，增强用水产品的市场竞争力，从而将落后的用水工艺、设备设施杜绝在水务市场之外。这是从节约资源，减少浪费、抑制污染和全面促进节水技术进步的有力措施。

4.5.4 建立合理的水价形成机制

为促进提高用水效率和水务市场化运作能力，在制定用水价格时不仅要考虑其应有利于供水、污水处理产业的建设与发展，还应有利于水资源环境的开发利用和管理保护，因而，合理的水价构成要素、结构、价格水平和形成机制是水务业建设与管理的重要内容。

应该注意到要使资源水、商品水及污水在城市用水过程及各环节中形成良性的循环，并保持较高的运行效率，水价在其中起着重要的调节作用、保障作用。若无合理的水价，节水就会缺乏积极性、污水处理与回用就会缺乏动力，相应的技术和产品开发应用也会缺少市场机会和市场的激励，提高用水效率和管理保护水资源环境的政策、法律法规会很难落到实处。所以，在城市水务中应十分注重水价的刺激作用。

4.5.5 城市新增可供水量评价模式与评价方法

新增可供水量是对城市水资源开发利用潜力的评价，也是区域需水量增长可行性的依据。尤其是现有工程供水能力挖潜、节水、再生水利用、供水优化配置等措施获得新增可供水量的合理评价，对加强水务管理和供水能力等建设具有积极的意义。

1. 新增可供水量的含义

新增可供水量是指在时期初现状供水工程供水能力基础上，通过工程与非工程措施到

时期末增加的可供水量。可供水量是水资源供需平衡分析的要素，在水资源评价、水资源可持续利用规划、水资源保护，以及节水规划、水源地供水论证等许多方面，都需要进行可供水量的分析评价。实际上，城市一定时期某一保证率下的可供水量既与时期初工程可供水能力有关，也受时期内原有工程供水能力增长与衰减、节水措施的采用及用水管理力度、再生水利用能力、城市内供水优化配置，以及城市内新建地表水及地下水供水工程和从城市外调水等因素影响。可将除时期初工程可供水能力提供的可供水以外（应考虑其衰减部分），通过各种措施增加的可供水量，计入新增可供水量。

从新增可供水量的构成可以看出，它是由工程措施和非工程措施决定的。在缺水压力越来越大、水资源开发利用效率较低、用水管理水平不高、污废水排放量大的情况下，将对现有供水工程挖潜、节水及再生水利用，和通过优化配置供水等措施提高供水能力，纳入可供水量的组成部分非常必要，它不仅反映了供用水的开发潜力，而且将其当做新水源供水能力建设，这对开源、节流、治污并举，节流、治污优先的新时期水资源开发利用与管理保护方略来讲，都是科学的体现和贯彻。

在对新增可供水量进行分析时，新建地表水、地下水供水工程和从城市外调水增加可供水量的计算方法较多。此处，应对其余新增可供水量的计算进行分析，并提出相应的计算方法。

2. 现状供水工程可供水增减量

某一时期初的供水工程到时期末的可供水能力，除受到来水因素影响外，还受到工程状况、管理维护、工程配套和建设发展等因素的影响，因此，到时期末供水工程的可供水量，相对于时期初可能增加也可能衰减，其差额部分称为现状供水工程可供水增减量。地表水及地下水供水工程，因工程和人为因素，以及水源变化等原因，可供水量会发生衰减；应对供水工程进行除险加固、加强配套建设和管理维护，能提高工程的可供水能力。因而，在计算水资源可供水量时，应对地表水、地下水可供水增减量进行评价。通过对历年供水工程状况和供水量的统计分析，预测供水工程在某一时期可供水的衰减量；同时通过对供水工程提高供水能力的建设规划，测算出可供水增加量。对于某些引河、引湖水工程，增加供水或恢复供水应与水环境保护规划的治理目标、方案协调考虑。计算式如下

$$\Delta w_p(t+1) = \pm \Delta w_{s,p}(t+1) \pm \Delta w_{g,p}(t+1) \tag{4.3}$$

式中　$\Delta w_p(t+1)$——在保证率为 p 的情况下，供水工程时期末可供水增减量，万 m^3；

$\Delta w_{s,p}(t+1)$——在保证率为 p 的情况下，时期末地表水供水工程可供水增减量，万 m^3；

$\Delta w_{g,p}(t+1)$——在保证率为 p 的情况下，时期末地下水供水工程可供水增减量，万 m^3。

计算中，供水工程可供水增加量可按时期内对原有供水工程的各项规划建设措施直接计算。而供水工程可供水衰减量可由下式计算

$$\Delta w_p'(t+1) = K(t) w_p'(t-1) \tag{4.4}$$

式中　$\Delta w_p'(t+1)$——在保证率为 p 的情况下，时期末水源工程可供水增减量，万 m^3；

$w_p'(t-1)$——在保证率为 p 的情况下，时期初水源工程可供水增减量，万 m^3；

$K(t)$——时期内水源工程可供水能力衰减系数，如数据对某市历年工程供水能力统计测算，在“十五”期间地表水 $K(t) = 1.9\% \sim 2.5\%$，地下水 $K(t) = 1.5\% \sim 1.8\%$。

3. 节水新增可供水量

用水一般分为生活用水、工业用水和农业用水，所以，节水量也分为生活节水、工业节水和农业节水三大部分。以下就节水量和节水新增可供水量进行分析计算。

(1) 生活节水及新增可供水量。生活用水包括居民日常生活、公共设施和农村人畜用水。生活用水会随着人民物质文化生活水平的提高而逐渐增加，用水也会更趋合理和科学。从节水总量上讲，生活节水量会因用水的增加而抵销，一般不会成为新增可供水量的一部分。但是，用水若分为大生活用水和小生活用水分别测算时，对城市中的宾馆饭店、医院、学校和机关单位等大生活用水，应评价其节水能力建设和节水量。若时期内的节水量大于新增需水量，其差额部分成为新增可供水量。

(2) 工业节水及新增可供水量。

1) 管理型节水。主要指通过完善用水计划、用水定额、经济奖罚和考核等措施，加强对用水方式和过程的管理，获得节水效果，计算时可采用比拟法。如据对山东济宁市348家大中型工矿企业、泰安市不同行业典型企（事）业单位的水平衡测试及用水统计，管理型节水率可达14%～32%。因而，可通过对历年用水资料及相应工业管理水平和计算期初工业用水管理及时期末应达到的管理水平的对比，分析计算管理型节水量。可用下式表示

$$w_e'(t+1) = \sum_{i=1}^{n} K_{ji}(t) V_{uft}(t-1) Z_t(t+1) \tag{4.5}$$

式中 $w_e'(t+1)$——时期末工业管理型节水量，万 m^3；

$V_{uft}(t-1)$——时期初 i 类用水工业万元产值新水量，m^3/万元；

$Z_t(t+1)$——时期末 i 类用水工业产值，亿元；

$K_{ji}(t)$——i 类用水工业管理措施节水率，%；

n——工业用水分类数。

2) 技改与工艺进步型节水。主要指冷却水循环利用、工艺水处理回用、串联用水、逆流用水、一水多用、改革用水工艺及设备、改造耗水型工艺用水方式等措施节水。评价时从已建节水能力和产生实际节水作用的时间考虑，节水量分为存量节水和增量节水。前者指计算时期初以前建设的节水能力在计算期产生的节水量；后者指计算期内建设的节水能力产生的节水量，存量节水或增量节水与节水能力建设的时期相对应。这样的区分不仅有利于对节水能力建设项目的规划管理，而且对各个时期应达到的节水目标的管理针对性更强了。同时应考虑已建节水能力与实际节水量之间的差异，由于用水节水设施在运行中受不确定性因素影响，以及随着时间延续，节水项目节水能力会减弱、失效和更新改造等原因，这种差异均是实际存在的。例如，据对淄博市历年工业节水项目统计分析，实际节水量为同期节水能力的78.6%～93.49%，平均约87.2%。节水量可用下式计算

$$w_e''(t+1) = \sum_{i=1}^{n} [K_{2i}(t) V_i(t) + K_{2i}'(t) V_i(t-1)] \tag{4.6}$$

式中 $w_e''(t+1)$——时期末技改与工艺进步节水量，万 m^3；

$V_i(t)$——时期初 i 类用水工业新建节水能力，万 m^3；

$V_i(t-1)$——时期末 i 类用水工业存量节水能力，万 m^3；

$K_{2i}(t)$ —— i 类用水工业增量节水衰减系数，%；

$K_{2i}'(t)$ —— i 类用水工业存量节水衰减系数，%。

3）工业节水新增可供水量。从供需水角度看，工业节水量能否成为新增可供水量的组成部分，与需水预测采用的工业用水经济技术指标的时间性有关系。若需水预测采用时期初的工业用水经济技术指标，则可将工业节水量视作工业节水新增可供水量。若需水预测采用时期末的工业用水经济技术指标，则工业节水量中只有一部分可算作工业节水新增可供水量。

a. 根据规划时期末工业产值和工业用水经济技术指标水平，在时期内拟定的工业节水项目到时期末应达到的节水量，可由下式计算

$$H_1(t+1) = \sum_{i=1}^{n}[V_{ufi}(t-1) - V_{ufi}(t+1)]Z_i(t+1) \tag{4.7}$$

式中　$H_1(t+1)$ ——达到时期末工业用水经济指标用水水平的节水量，万 m^3；

$V_{ufi}(t-1)$、$V_{ufi}(t+1)$ ——时期初、末 i 类用水工业万元产值新水量，m^3/万元；

$Z_i(t+1)$ ——时期末 i 类用水工业产值，亿元。

b. 达到新增工业用水的一半以上靠节水来解决的规划目标要求，应节约的水量，可由下式计算

$$H_2(t+1) \geqslant \frac{1}{2}\sum_{i=1}^{n}[V_{ufi}(t+1)Z_i(t+1) - w_{ept}(t)] \tag{4.8}$$

式中　$H_2(t+1)$ ——新增工业用水的一半以上靠节水来解决的节水量，万 m^3；

$w_{ept}(t)$ ——时期初 i 类用水工业的用水量，万 m^3；

其余符号意义同前。

c. 达到时期末规划的工业用水水平应节约的最少水量 $H(t+1)$ [对式（4.8）取等号]，可由下式计算

$$H(t+1) = H_1(t+1) + H_2(t+1) \tag{4.9}$$

设前述各项工业节水量之和为 $w_e(t+1)$，则

$$w_e(t+1) = w_e'(t+1) + w_e''(t+1) \tag{4.10}$$

d. 设工业节水新增可供水量为 $w_{ec}(t+1)$，则

$$w_{ec}(t+1) = w_e(t+1) - H(t+1) \tag{4.11}$$

若 $w_e(t+1) \geqslant H(t+1)$，则满足工业节水规划目标要求；若 $w_e(t+1) < H(t+1)$，则不能满足工业节水规划目标要求，应再增加节水能力建设规划项目，否则应对工业经济增长指标做适当调整，或调整工业用水结构。

（3）农业节水及新增可供水量。本处所指农业节水系因采用节水灌溉方式和相应灌溉面积的变动而节约的灌溉水量，它成为总新增可供水量的组成部分。可用下式计算

$$w_{a,p}(t+1) = \sum_{i=1}^{n}[M_{p,i}(t-1) - M_{p,i}(t+1)][A_i(t+1) - A_i(t-1)] \tag{4.12}$$

式中　$w_{a,p}(t+1)$ ——时期末在保证率为 p 的情况下的农业节水量，万 m^3；

$M_{p,i}(t-1)$、$M_{p,i}(t+1)$ ——时期末在保证率为 p 的情况下，第 i 类灌溉方式的灌溉面积上时期初、末的灌溉定额，万 m^3/hm^2；

$A_i(t+1)$、$A_i(t-1)$——i类灌溉方式在时期初、末对应的灌溉面积，hm^2。

(4) 再生水利用新增可供水量。企（事）业单位污废水处理回用可归入生活和工业节水量中，此处所指再生水利用是指区域内集中污水处理厂处理后的水，经过处理或不经过处理供给符合用水水质标准的用户。

将再生水利用计作新增可供水量，还应与污水处理厂建设时间、规模和供水对象、管网、资金、时间协同考虑，才能保证其计量的准确性。

(5) 其他新增可供水量。其他新增可供水量包括优化调配供水、劣质水置换出优质水、新建当地水源供水工程和从区域外调水等措施新增可供水量。

以上各项新增可供水量之和为总新增可供水量，总新增可供水量与时期初可供水量之和为总可供水量，该水量即为水资源供需平衡分析时的总可供水量。

水资源供需平衡分析是研究水资源供需矛盾的主要途径，可供水量结论的准确合理性决定了供需平衡分析的可靠性，不仅关系到对可供水能力建设的安排，还对国民经济和社会发展计划的安排有主要作用。就新增可供水量的构成和计算方法，以及工业节水新增可供水量与节水目标、需水预测变量间的关系进行分析，有助于对受工程措施和非工程措施作用的可供水量的合理计算，同时有助于多途径开辟可供水量来源的决策分析。

4.5.6 城乡水务一体化管理问题及决策分析案例

4.5.6.1 城乡水务一体化管理应注意的问题

我国农业用水占总用水量的80%左右，用水效率低，浪费严重，近年来农用水源向城市、工业转移的比重越来越大。但是应注意到我国人口多，粮食生产安全在任何时候都是十分重要的，切不可单纯地受经济利益的驱使，将农业用水转移出去。农业用水转向城市、工业用水应建立在农业用水和保障粮食安全生产的基础上，这就要求城市、工业在增加用水创造效益的同时，对农业进行补偿，补偿农业水权增益和节水技术改造所需要的资金，并促进农业用水技术改造和管理进步，以不降低农业适度生产规模为宜，并形成互利互惠共同发展的利益共享、补偿机制。

4.5.6.2 城乡水务一体化管理决策分析案例

这里以西苇水库多水源多目标供水系统规划决策为案例，分析城乡水务统一调配管理的重要意义。

西苇水库位于山东省邹城市城区外6.0km处，为农业灌溉大型水库，兴利库容4111.0万m^3，设计灌溉面积5160.3hm^2。由于种种原因现有实灌面积仅800.04hm^2，依据山东省水利厅“三查三定”核定，有效灌溉面积1520.076hm^2，水库蓄水开发利用潜力较大。而城区、煤矿区和电厂由于水源缺乏，地下水超采情况严重，已产生地下水降落漏斗，并影响到其再发展潜力。因而西苇水库向城区、矿区和电厂供水已成为理想的水源地。但是仅靠开发利用西苇水库现有余水尚不能满足要求，必须立足在农业节水的前提下，通过西苇水库的调节作用，拦蓄当地来水和调控从南四湖的调水，合理地将水库蓄水分配给农业灌溉、城区工业和生活用水、矿区用水及电厂用水。西苇水库将成为一个两水源多目标供水决策系统，西苇水库两水源多目标供用水系统如图4.1所示。

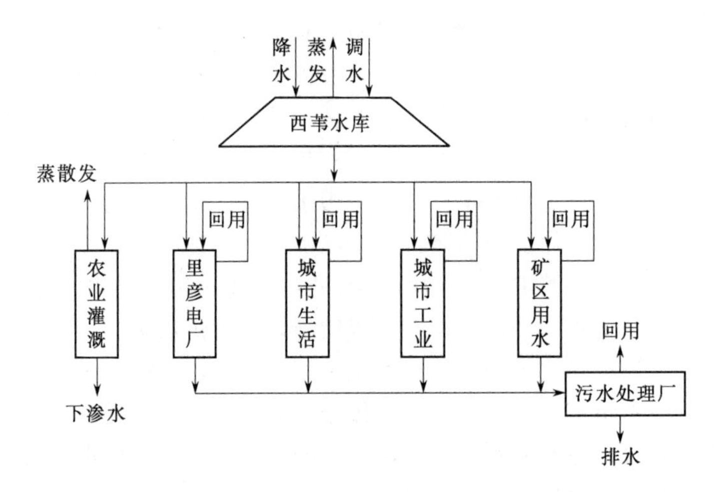

图 4.1　西苇水库两水源多目标供用水系统图

1. 农业灌溉用水量及闲置库容

(1) 灌溉用水量。规划西苇水库担负着拦蓄当地来水和调控外调水，向多目标供水的重要功能，拟定各规划水平年的农业灌溉用水，采用经论证的经济合理、技术可行的节水灌溉措施。灌溉设计保证率为 50%，灌溉面积稳定在 1520.076hm²。规划：2005 年灌溉水利用系数 0.65，年需水量 486.3 万 m³；2010 年灌溉水利用系数 0.70，年需水量 447.6 万 m³；2030 年灌溉水利用系数 0.80，年需水量 331.5 万 m³。

(2) 节水投资与效益评价。

1) 节水投入与节水量。结合当地地形地貌和农业种植结构，规划采用渠道防渗、低压管道、三灌（喷灌、滴灌、微灌）等农业节水灌溉技术和管理措施，将目前灌溉面积由 800.04hm² 扩大到 1520.076hm²，灌溉水量由 1400.0 万 m³/hm² 降低到 2030 年 447.6 万 m³/hm²，其灌溉节水措施投资和效果情况，见表 4.1。

表 4.1　　西苇水库灌区节水与投入

概况 项目规划年	灌溉面积 /hm²	灌溉水利用系数 η	节水量 /万 m³	投资 /万元	投资 /(元·m⁻³)
2005	1520.076	0.65	913.7	1635.52	1.79
2010	1520.076	0.70	38.7	91.72	2.37
2030	1520.076	0.80	116.7	365.72	3.15

2) 节水投入效益评价。依据“灌溉节水设施的效益应按该节水设施可节省的水量，用于扩大灌溉面积或用于提供城镇用水等可获得的效益计算”的要求，西苇水库灌区节水措施的效益主要有两部分：一是节水灌溉产生的效益；二是节水转供其他用户的售水收入。

以 2005 年为例进行分析计算。农业节水灌溉使产量增加 15%，灌区单产 9000kg/hm²，粮食及副产品单价 0.65 元/kg，则年效益为 133.39 万元。

将节水转供城区等用户，其效益按当地规划的地表水水资源费 0.5 元/m^3 计算，则年效益为 456.85 万元。整个节水措施的效益费用比按下式计算

$$R=\frac{(1+i)^n-1}{i(1+i)^n}\frac{B-C}{K} \tag{4.13}$$

式中 R——效益费用比；

B——节水灌溉工程多年平均增产值，取 $B=590.24$ 万元/a；

C——节水灌溉工程多年平均运行费，取工程总投资的 6.0%，万元/a；

n——节水灌溉工程使用年限，取 $n=20$ 年；

i——资金年利率，取 $i=10\%$。

算得 $R=2.56>1.2$，项目可行。可见实施节水灌溉后，不仅能节约水量，扩大灌溉面积，还能产生较好的经济效益。

（3）西苇水库闲置库容分析。西苇水库在各规划水平年除满足灌溉用水和已拟定的向里彦电厂年供水 730 万 m^3 外，大部分兴利库容闲置（以下简称闲置库容），它是拦蓄和调节当地来水与外调南四湖水，供城区和矿区用水的工程依据。

根据西苇水库流域各典型年来水、水库蒸发、渗漏、农业灌溉和里彦电厂供水，对水库进行兴利调节计算，可求得所需兴利库容。水库实有兴利库容扣除该兴利库容后的剩余部分视作闲置兴利库容。在兴利调节计算时，考虑到水库淤沙原因，2005 年实用兴利库容为 4107.0 万 m^3，2010 年及 2030 年实有兴利库容为 3871.0 万 m^3。计算结果见表 4.2。

表 4.2　需要兴利库容与闲置兴利库容

概况 \ 规划期	2005 年			2010 年			2030 年		
保证率是/%	50	75	95	50	75	95	50	75	95
需要库容/万 m^3	573	1204	974	534	1141	932	445	1012	656
闲置库容/万 m^3	3534	2904	3133	3337	2730	2939	3426	2860	3215

由表 4.2 可知，西苇水库有较大的开发利用潜力。闲置兴利库容随实际需要的兴利库容减少而增大，并随水库淤沙而减少。保证率为 75%年份比保证率为 95%的年份需要的兴利库容大，是因当地来水的年内分配前者比后者更不均匀所致。

2. 西苇水库多目标供水系统决策模型

（1）表达该系统模型分析的实质是确定在最佳的水库蓄水情况下的输水方案，以产生最大的经济效益，即各规划期典型年净效益最大。

1）目标函数可表示为

$$\begin{aligned}F(B) &= \max\sum_{i=1}^{12}\ln[W_{灌溉}(i),W_{里彦}(i),W_{城生}(i),W_{城工}(i),W_{矿区}(i),W_{调水}(i)] \\ &= \max\sum_{i=1}^{12}\ln[\bar{W}(i)]\end{aligned} \tag{4.14}$$

式中　$\sum_{i=1}^{12}\ln[\bar{W}(i)]$——净效益函数，它是农业灌溉、里彦电厂、城市生活、矿区等用水产生的净效益之和，万元；

$W_{灌溉}(i)$、$W_{里彦}(i)$、$W_{城生}(i)$、$W_{城工}(i)$、$W_{矿区}(i)$——灌溉、里彦电厂、城市生活、城市工业、矿区用水量，万 m^3；

$W_{调水}(i)$——从南四湖调水入西苇水库的水量，万 m^3。

2）决策模型的约束条件。

a. 农业灌溉需水量约束为

$$W_{灌溉}(i) = W'_{灌溉}(i) \tag{4.15}$$

式中　$W'_{灌溉}(i)$——农业灌溉规划需水量，万 m^3。

b. 里彦电厂需水量约束：当地水行政主管部门已批准里彦电厂从西苇水库年取水量 730 万 m^3，则有

$$W_{里彦}(i) = \frac{730}{12} \tag{4.16}$$

c. 城市生活需水量约束：考虑年内一般夏季用水多于其他季一节，则有

$$W_{城生}(i) - \beta(i)V_{\eta}n \geqslant 0 \tag{4.17}$$

式中　$\beta(i)$——第 i 月生活需水调节系数，$\sum_{i=1}^{12}\beta(i) = 1$；

V_{η}——城市生活规划用水定额，$m^3/(人 \cdot d)$；

n——城市生活规划人口数，万人。

d. 城市工业需水量约束为

$$W_{城工}(i) - W'_{城工}(i) \geqslant 0 \tag{4.18}$$
$$W'_{城工}(i) = V_{uf2}Z(i)$$

式中　$W'_{城工}(i)$——城市工业规划需水量，万 m^3；

V_{uf2}——城市工业规划万元产值新水量，m^3/万元；

$Z(i)$——城市工业规划产值，万元。

e. 矿区需水量约束为

$$W_{矿区}(i) - W'_{矿区}(i) \geqslant 0 \tag{4.19}$$
$$W'_{矿区}(i) = V_{uf3}Z'(i)$$

式中　$W'_{矿区}(i)$——矿区工业规划需水量，万 m^3；

V_{uf3}——矿区综合万元产值新水量，m^3/万元；

$Z'(i)$——矿区规划产值，万元。

f. 水库水量的平衡约束为

$$\begin{aligned} & W_{来}(i) + \eta_{调} W_{调水}(i) - W_{灌溉}(i) - W_{城生}(i) - W_{城工}(i) - W_{里彦}(i) \\ & - W_{矿区}(i) - E(i) - D(i) = V(i+1) - V(i) \end{aligned} \tag{4.20}$$

式中　$V(i+1)$、$V(i)$——第 i 时段末、初水库蓄水量，万 m^3；

$\eta_{调}$——调水西苇水库的有效系数，取 0.95；

$E(i)$、$D(i)$——第 i 时段水库蒸发、渗漏量，万 m^3。

g. 调水能力约束为

$$W_{调水}(i) \leqslant W'_{调水}(i) \tag{4.21}$$

式中 $W'_{调水}(i)$——由拟定的从南四湖调水入西苇水库工程能力及需水、可调水量确定，万 m^3。

h. 非负约束为

$$\{W_{灌溉}(i), W_{里彦}(i), W_{城生}(i), W_{城工}(i), W_{矿区}(i), W_{调水}(i)\} \geqslant 0 \tag{4.22}$$

(2) 各项用水效益的分析。

1) 农业灌溉效益 $B_{灌}(i)$ 为

$$B_{灌}(i) = B'_{灌}(i) - C'_{灌}(i) \tag{4.23}$$

$$B'_{灌}(i) = b_{灌} W_{灌溉}(i)$$

式中 $B'_{灌}(i)$——第 i 时段农业灌溉效益；

$b_{灌}$——单方水灌溉效益，元/m^3；

$C'_{灌}(i)$——第 i 时段农业灌溉工程运行费，万元。

2) 城市工业用水净效益 $B_{城工}(i)$ 采取“按有项目时工矿企业等的增产值乘以供水效益的分摊系数近似结算”的方法，则有

$$B_{城工}(i) = \frac{10000\alpha}{V_{uf2}} W_{城工}(i) - C'_{城工}(i) \tag{4.24}$$

式中 α——工业供水效益分摊系数；

$C'_{城工}(i)$——第 i 时段城市工业供水费用，万元。

3) 城市生活用水净效益 $B_{城生}(i)$ 采取“按有项目时工矿企业等的增产值乘以供水效益的分摊系数近似结算”的方法，则有

$$B_{城生}(i) = PW_{城生}(i) - C'_{城生}(i) \tag{4.25}$$

式中 P——规划期城市生活自来水价，元/m^3；

$C'_{城生}(i)$——第 i 时段城市生活供水费用，万元。

4) 里彦电厂、矿区用水净效益 $B_{里彦}(i)$、$B_{矿区}(i)$ 里彦电厂、矿区用水净效益计算方法，同式 (4.24)。

5) 外调水工程效益 $B_{调}(i)$ 对西苇水库来讲，外调水工程效益实际是支付调水的各项费用，其值为负。由调水工程投资折算值、动力费、维修管理费等费用组成，即

$$B_{调}(i) = C'_{调}(i) + C''_{调}(i) + C'''_{调}(i) + C''''_{调}(i) \tag{4.26}$$

$$C''''_{调}(i) = p' W_{调水}(i)$$

$$C'_{调}(i) = \frac{C_{调}}{12}$$

$$C'''_{调}(i) = \frac{0.02}{12} K_{调}$$

式中 $C'_{调}(i)$——第 i 时段调水工程投资折算值，本例按月计，元/m^3；

$C''_{调}(i)$——第 i 调水工程动力及管理费，万元；

$C'''_{调}(i)$——第 i 月维修费，按 SDI 39—85《水利经济计算规范》提水站年维修费率取 2%，万元；

$C''''_{调}(i)$——外调水水资源费，万元；

p' ——南四湖水资源费价。

因此，目标函数式（4.14）可表达为

$$\begin{aligned}\max\sum_{i=1}^{12}\ln[\vec{W}(i)] &= \max\sum_{i=1}^{12}[B_{灌}(i)+B_{里彦}(i)+B_{城生}(i)+B_{城工}(i)+B_{矿区}(i)-B_{调水}(i)] \\ &= \max\sum_{i=1}^{12}\{[b_{灌}W_{灌溉}(i)-C'_{灌}(i)]+[\frac{10000\alpha}{V_{uf1}}W_{里彦}(i) \\ &\quad -C'_{里彦}(i)]+[PW_{城生}(i)-C'_{城生}(i)]+[\frac{10000\alpha}{V_{uf2}}W_{城工}(i) \\ &\quad -C'_{城工}(i)]+[\frac{10000\alpha}{V_{uf3}}W_{矿区}(i)-C'_{矿区}(i)] \\ &\quad -[\frac{C_{调}}{12}+\frac{0.02}{12}K_{调}+C'''_{调}(i)+p'W_{调水}(i)]\}\end{aligned} \tag{4.27}$$

（3）模型中各项参数的分析确定。

1）水库特征参数及蒸发、渗透资料。

2）农业灌溉效益、费用 $b_{灌}$ 采用缺水损失法计算。缺水在平水年减产 20%、枯水年减产 30%、特枯年减产 40%。

灌溉工程费用 $C'_{灌}(i)$ 为投资折算值 $C_1(i)$ 与管理维修费 $C_2(i)$ 之和，即

$$C'_{灌}(i)=C_1(i)+C_2(i)=(p_1+p_2)(A/p,i,N)+0.0326W_{灌溉}(i) \tag{4.28}$$

式中　p_1 ——枢纽工程投资现值，$p_1=1438.27$ 万元；

p_2 ——灌区内渠系工程投资现值，$p_2=354.95$ 万元；

0.0326——根据灌区统计分析，单位供水量的 0.0326%。

$$\begin{aligned}C'_{灌}(i) &= (1438.27+354.95)(A/p,7\%,50)/12+0.0326W_{灌溉}(i) \\ &= 10.83+0.0326W_{灌溉}(i)\end{aligned} \tag{4.29}$$

3）里彦电厂供水效益、费用。里彦电厂 V_{uf1} 在 2005 年、2010 年、2030 年分别为 350m³/万元、340m³/万元、280m³/万元，α 取 1.0%。

给里彦电厂供水工程投资 1268.0 万元。$C_{里彦}'(i)$ 由投资折算值、管理维修费、库水净化费构成。

$$\begin{aligned}C'_{里彦}(i) &= [K+K(P/F,7\%,40)-(40-10)/40\times K(P/F,7\%,5)] \\ &\quad \times(A/P,7\%,50)/12+0.0326W_{里彦}(i)+0.104W_{里彦}(i) \\ &= 7.79+0.10726W_{里彦}(i)\end{aligned} \tag{4.30}$$

4）矿区供水效益、费用。矿区 V_{uf3} 在 2005 年、2010 年、2030 年城市自来水价分别为 82.4 m³/万元、60.5 m³/万元、30.0 m³/万元。给矿区供水工程投资 2600.0 万元。$C'_{矿区}(i)$ 同样由投资折算值、管理维修费、库水净化费构成，得

$$C'_{矿区}(i)=15.96+0.10736\,W_{矿区}(i) \tag{4.31}$$

5）城市生活供水效益、费用。规划邹城市 2005 年、2010 年、2030 年城市自来水价分别为 2.51 元/m³、3.78 元/m³、6.0 元/m³。

城市生活与工业供水统一管网系统，所以 $C'_{城生}(i)$ 的计算与下述 $C'_{城工}(i)$ 一起处理。

6）城市工业供水效益、费用。城市工业 V_{uf2} 在 2005 年、2010 年、2030 年城市自来

水价分别为116.0m³/万元、75.0m³/万元、30.0m³/万元，α 仍取1.0%。

西苇水库的城区工业、生活供水，设计引水流量1.2 m³/s，整个工程投资412.20万元。供水费的计算方法用式（4.28），其中库水净化费工业0.104元/m³，生活0.12元/m³，则城市工业和生活供水费用为

$$C'_{城工}(i)+C'_{城生}(i)=2.53+0.123W_{城生}(i)+0.10726W_{城工}(i) \tag{4.32}$$

7）外调水费用。从南四湖调水入西苇水库，工程分三级提水，拟定设计流量5.0 m³/s，工程总投资3467.73万元，其中建站投资1776.11万元，修渠1691.62万元。

外调水费用由投资折算值、动力管理费、维修费和南四湖水资源费四部分构成。式（4.26）中有关项计算如下

$$C_{调}(i)=(p_1+p_2)(A/p,i,N) \tag{4.33}$$

式中 p_1——抽水站折现值；

p_2——渠系工程投资折现值。

$$p_1=K_{调}+K_{调}(A/F,7\%,20)+K_{调}(A/F,7\%,40)-\frac{20-10}{20}K_{调}(A/F,7\%,50)$$

$$=2334.60(万元)$$

$$p_2=[K_{渠}+K_{渠}(A/F,7\%,40)-\frac{40-10}{40}K_{渠}(A/F,7\%,50)]=1761.61(万元)$$

故 $$C_{调}(i)=(2323.60+1761.61)(A/P,7\%,50)=296.01(万元)$$

经当地分析，$C''_{调}(i)$ 分别由一级、二级、三级动力管理维修管理费组成，有

$$\begin{aligned}C''_{调}(i)=&[1.096\times10^{-2}W_{调水}(i)+0.229]+[1.343\times10^{-2}W_{调水}(i)+0.282]\\&+[2.101\times10^{-2}W_{调水}(i)+0.439]=4.54\times10^{-2}W_{调水}(i)+0.95\end{aligned} \tag{4.34}$$

南四湖水资源费价格，考虑到与南水北调水的并价因素，暂定2005年、2010年、2030年分别为0.5元/m³、0.8元/m³、1.5元/m³。

3. 西苇水库多目标供水系统决策模拟

由上述建立的决策模型目标函数式（4.27）和约束条件式（4.15）～式（4.22），以及各项效益关系式（4.28）～式（4.34），不仅能模拟出西苇水库的调入水量、水库给各用水户的输配水量，还能计算出所能产生的效益。对各规划期不同保证率的运算成果，限于篇幅，表4.3只列出了全部方案的年运算成果。

表4.3 西苇水库多目标供水决策及效益

概况 \ 规划期		2005年			2010年			2030年		
保证率/%		50	75	95	50	75	95	50	75	95
当地来水/万m³		2519.0	1675.0	816.6	2519.0	1675.0	816.6	2519.0	1675.0	816.6
调水/万m³		1432.1	1889	2108	1650	2668	2820	3870	4200	4780
水量分配/万m³	合计	4989.5	4899.0	4867.9	5746.3	5720	5664	6916.6	6900	6874.7
	农业	486.3	395.8	364.7	446.7	420.0	364.7	331.5	314.9	289.6
	电厂	730.0	730.0	730.0	730.0	730.0	730.0	730.0	730.0	730.0

续表

概况 \ 规划期		2005 年			2010 年			2030 年		
水量分配/万 m^3	生活	473.2	473.2	473.2	568.5	568.5	568.5	793.5	793.5	793.5
	工业	1974.0	1974.0	1974.0	2368.8	2368.8	2368.8	2961.6	2961.6	2961.6
	矿区	1326.0	1326.0	1326.0	1632.0	1632.0	1632.0	2154.0	2154.0	2154.0
净效益/万元	灌溉	155.1	224.6	309.5	156.4	280.7	398.6	160.2	286.6	386.4
	电厂	15.4	15.4	15.4	21.6	21.6	21.6	67.6	67.6	67.6
	生活	1109.7	1109.7	1109.7	2065.3	2065.3	2065.3	4316.4	4316.4	4316.4
	工业	1407.6	1407.6	1407.6	2811.8	2811.8	2811.8	9444.9	9444.9	9444.9
	矿区	1236.9	1236.9	1236.9	2283.1	2283.1	2283.1	6694.2	6694.2	6694.2
调水率/万 m^3		1432.1	1585.5	1726.8	1650	2621.8	2750.3	6374.0	6857.0	7753.3
总净效益/万元		2634.1	2408.6	2352.3	5060.7	1831.5	4821	14336.3	13954.7	13156.2

由表 4.3 可看出，西苇水库的多目标供水效益总体水平是相当高的。并随着供水量的增多而显著增加。但在同一规划期内，由于没实行不同旱情不同水价，使得调水量增多而效益减少的不合理现象。

开发利用西苇水库的蓄水、调水工程能力和水资源利用潜力，不仅能缓解城区、矿区和电厂日益增加的需水要求，而且能保障农业应用节水技术的资金，农用水权获得应用的补偿，促进城乡、工农水资源的优化配置。本案例运用多目标系统决策优化方法，充分考虑各项工程、调水、供水和用水，以及农业节水的投入产出效益，对开发利用西苇水库提供了有力的科学决策依据。

第5章 水权与水务市场

明晰水权、建立水权管理制度和实行水权流转、水权交易市场化是现代水务管理事业逐步走向政府宏观管理与市场经济调节相结合道路的关键问题，是水务市场的重要构成部分。它对促进水资源优化配置、提高用水效率、明确在水资源开发利用中的责、权、利关系具有十分重要的作用。

5.1 水权及其特征

5.1.1 水资源国家所有制

水权指水资源的所有权。从民法意义上讲，所有权是财产权的一种，它包括占有权、使用权、收益权和处分权四项权能。它是水权主体围绕或通过水（客体）所产生的责、权、利关系。我国水资源属国家所有。《中华人民共和国宪法》第九条规定："矿藏、水流、森林、草原、荒地、滩涂等自然资源，都属国家所有，即全民所有。"《中华人民共和国水法》第三条规定："水资源属于国家所有。水资源的所有权由国务院代表国家行使。农村集体经济组织的水塘和由农村集体经济组织修建管理的水库中的水，归该集体经济组织使用。"水资源的国家所有制是世界各国的共同发展趋势，它决定了水资源管理和保护的主体是国家，保障了国家将水资源纳入经济性资源和战略性资源管理的安全性，保障了国家对全国及流域水资源配置的管理，及配置规划和配置工程实施的可能性，保障了法律法规、行政、经济、技术等手段管理水资源的可实施性。

从水资源在生活、经济建设和水生态环境系统中的基础性、经济性、战略性等功能知，水权包含着政治权力和财产权利，人们的基本生活用水是一种基本权利，水资源的所有权和分配权是一种政治权力，水权同时也包括经营权，经营权是一种财产权利。

水行政主管部门代表国家在城市水务中对水资源及其开发利用的统一管理和监督上，与水资源所有权及其四项权能有着密切的关系。水行政主管部门代表国家行使水资源所有权人资格，拥有对水资源的占有权和处分权，及转让水资源使用权及收益权；供水单位、用水单位和个人通过法定程序获得水资源的使用权及相应的收益权，有限的处分权。国家可以通过行使收益权，通过建立水资源有偿使用机制，将使用权转让给市场主体。同样获得水资源使用权的市场主体通过对水资源的合理开发利用，享有合法的收益权以及法定的有限的处置权。

5.1.2 水权与使用权

从以上分析知，水权即水资源所有权属于国家。按照水资源管理与开发利用产业管理相分离的原则，供水单位、用水单位和个人对水资源只能依照水资源取水许可制度和有偿使用制度，获得水资源取水权，即水资源使用权。所以一般所指的水权就是水资源使用权。

5.1.3 水权特征

水权虽是财产权的一种，但与一般的资产产权相比，具有明显的以下特征。

1. 水权的非排他性与排他性

作为具有公共资源特征的水资源，用水和享受美好的水生态环境是人人具有的基本生存权利，具有广泛意义上的非排他性。但是，作为基础性自然资源和经济性战略资源，作为水法律法规调整的对象，规定了严格的取水管理基本制度，以约束人们的取水行为和权利，只有依照水法律法规和管理制度的规定，才可获得有限度的取水权，即使用水资源的权利。所以从水权经济管理制度出发，水权还具有排他性，即指确定水资源在确定范围、确定时间被界定给一个主体，他可以是一个自然人，也可以是法人，并且只能是界定给一个主体。

水资源缺乏和水环境恶化，使得许多有利于经济社会活动的水资源优化配置行动难以开展，如江河水量分配方案难以执行、上游排水不管下游受污、同区内的水井争相掘深、实施节水治污措施缺乏激励机制等现象的发生，与单纯强调水资源的公共资源属性及水权的非排他特征，忽视水权的排他性特征有着密切的关系。若水权不能对水资源保护管理产生影响力，对水资源配置不能起到限制性作用，势必会发生在产权经济学中经常提到的“公地悲剧”现象。在水资源成为稀缺性资源的现代社会，对其管理应在强调保障人类基本生活生存权利的基础上，充分注意和肯定水权的排他性特征和水权主体对水资源权、责、利的对称性，克服对水权非排他性的虚假认识，或者讲不负责的态度，可推动和促进人们在管理保护水资源中的责任，提高人们对水资源重要性的实质性认识和重视，以有利于水资源管理方针政策、法律法规及其取水许可、有偿使用、计划节约用水等基本水管理制度的有力贯彻实施。所以在强化水资源管理，迫切需要提高开发利用水资源效率，在把水资源视为基础性自然资源和战略性经济资源的客观社会水情下，应充分肯定和认识到水权的排他性特征。

2. 水权的外部性

经济学上的外部性（也称外部效果）可简单地理解为对外部的影响作用。一个生产经营单位（或消费者）采取的行动，在客观上对外部产生了一定的影响，使其他的生产经营单位（或消费者）受益或受损，则原生产经营单位（或消费者）所采取的行为具有外部性。水权的外部性是指水权主体的经济行为对外部（给他人）带来的影响作用（利益和损害）。它有负外部性和正外部性。过量开发利用水资源，不仅影响他人用水权利，还会引发水生态环境破坏，水文地质灾害及各类建筑工程破坏，排污会直接损害水生态环境、损失水资源、降低水资源环境开发利用潜力等，都是其负外部性的表现。优化配置和合理开发利用水资源，会提高水资源及环境的开发利用潜力，创造有利于经济社会发展的物质财富，尤其是通过水工程措施抵御洪水、调节径流、美化水生态环境等，均是其正外部性的表现，若能进一步利用水权和排水权的激励机制，从事节水能力建设和治污能力建设，则会取得更大的正外部性。

在认识到水权外部性特征时，应采取积极措施达到其正外部性，而克服其负外部性，即人们常希望的兴利除害。水权管理的重要职责就是通过对水权的有效管理，使其发挥正外部性，减少或消除负外部性。这就需要利用水权的约束功能，约束其可能产生负外部性的行为，将水权激发出来的积极性和动力限定在合理的方向、程度和范围之内。

3. 水权的经济性

水权也指人们对水资源的使用所引起的相互认可的行为关系，它可以用来界定人们在经济活动中如何受益、如何受损，以及他们之间如何进行补偿的规则。这既是水资源作为生产基本资料，具有经济属性的反映，也是人们争相获取取水权的激励动力所在，同样是水权激励功能的体现。正是因为水权具有经济性，在许多情况下人们将对水权的分配视为对利益的调整。

在现代社会，谁获取水权的份额越大，保障其生产和保障其生产发展的潜力就越大。谁获得地点、时间、水量、水质条件越优势的水权，其获得的比较优势和带来的经济利益就越大。这也是为什么将水资源称“农业的命脉”、“工业的血液”、“城市经济社会发展的生命线”的客观、现实的社会写照，也正是水权所代表的水资源的经济属性，水资源优化配置的管理才有了水权合理分配的要求，其实质是利益的分配问题。因为水权主体总是要把水资源使用在社会资源配置格局中有利的方位和领域，以图获得更多的收益，相应也是水权具有优化配置水资源的功能。水权的经济特性是能够采用经济手段，运用市场经济这只“看不见的手”，保护管理水资源和促进水务管理市场化的核心。

4. 水权的可分离性

在我国，水资源的国家所有制和农村少量水资源的集体所有制是法律所肯定的。相应我国《中华人民共和国水法》也允许单位或个人依法取得水资源取水权（使用权），并“鼓励单位和个人依法开发、利用水资源，并保护其合法权益。”《中华人民共和国民法通则》第八十一条规定：“国家所有的森林、山岭、草原、荒地、滩涂、水面等自然资源，可以依法由全民所有制单位使用，也可以依法确定是由集体所有制单位使用，国家保护它的使用、收益的权利。”这些都反映了水资源的所有权和使用权权能相分离的原则。水资源的所有权与使用权的可分离性是保障国家水资源所有权和开发利用水资源的需要。因为作为政治组织的国家和作为抽象概念的国家或全体人民都不可能亲自去开发利用水资源，只有具体的个人和由个人组成的单位才能去开发利用水资源（农村集体经济组织所有的水资源，其情形类似）。在现实社会中，国家和各级地方人民政府，作为水资源所有者，并不直接使用水资源，都是通过一定的合法方式将水资源交给使用水资源的单位和个人，去实现开发利用水资源保障经济社会建设与发展的需要。

水资源所有权与使用权的可分离性是水资源管理和开发利用产业管理相分离的依据，国家保留水资源所有权，也就保留了依法分配、调整水资源的权利，保留了管理水资源和监督开发利用水资源的行为的合法性，也即监督单位或个人使用水资源使用权时的合理性、科学性、可行性。同时它还是水权流转、水权及水资源市场化管理与运作的基础性依据。国家或地方人民政府将水资源使用权授予能够对水资源实施一定行为的经济活动主体，使之成为水资源使用权主体，他们在市场上的法律地位是平等的、对立的，从而使水资源使用权交易成为可能。否则将是水资源所有权交易成为自己与自己交易，或者是拥有水资源所有权者与拥有水资源使用权者之间的交易，不仅会导致交易不公平，还会因信息不对称增加交易成本，甚至导致腐败。

5. 水权交易的竞争性

在我国和世界上多数国家，水资源的所有权归国家或集体所有，水权的交易是在所有权不变的前提下使用权或经营权（水资源经营权系指相对于水资源开发商的投资而产生的权利，水资源一经投资兴建水利工程开发所取得后，其自然水的性质已发生了变化，成为劳动和生产力结合的产品，转化为商品水了）的交易，交易的双方是两个不同的利益代表者，其地位不同。所以有的学者据此认为水权交易具有不平衡性特征。对此应看到国家作为水资源所有权的拥有者，确实对其占有垄断地位，实施有偿使用制度，而开发利用者只能在合法的条件下，取得水资源使用权或经营权，由于地位和占有水资源权的不平等，可能导致交易的不平衡性，这种情况应仅限于依靠行政权力结合有限有偿机制分配水资源时才会发生。随着水务市场的逐步建立和完善，国家在水资源初始分配以后，即初始水权配置后，国家或代表国家水权的管理者——政府，应从水权交易的主体位置脱离出来，成为水权交易的监管者，水权交易的主体是在社会上直接使用或经营水资源具有生产经营能力的单位或个人，他们的交易地位是平等的，交易的特征是竞争性，交易的成功取决于用水类型、目的的合法性和经济性。

5.2　水权制度的涵义及水权界定

5.2.1　水权制度的基础——产权经济学

水权制度的理论基础源于西方的产权经济学。产权表现为人与物之间的某种归属关系，是以所有权为基础的一组权利。产权经济学主要研究市场经济条件下产权的界定和交易，其代表人物是科斯，其理论后经布坎南、舒尔茨等人的研究得以丰富和发展。科斯的主要观点：①经济学的核心问题不是商品买卖，而是权力买卖，人们购买商品是要享有支配和享受它的权利；②资源配置的外部效应是由于人们交往关系中所产生的权利和义务不对称，或权利无法严格界定而产生的，市场失效是由产权界定不明所导致的；③产权制度是经济运行的根本基础，有什么样的产权制度，就有什么样的组织、技术和效率；④严格界定或定义的私有产权并不排斥合作生产，反而有利于合作和组织；⑤在私有产权可自由交易的前提下，中央计划也是可行的。

5.2.2　水权制度

水权制度系指关于人与人之间对水资源相互作用的法律、行政和习惯性安排。它建构起人与人之间对于水资源的政治、经济和社会关系的一系列约束；是规范、调节水事权力关系，以及规定水权主体在水权运行中的地位、行为权利、责任、义务及相互关系的法律制度；是通过国家法律对水权关系进行组合、配置、规范、调节的制度。

5.2.3　水权界定

水权界定是指对一定范围、一定时间和一定水量水质的水资源使用权的界定，是关于合法获得水资源使用权后，取水的权利和义务，以及通过取水所获得的收益权和有限的水处分权。单位和个人没有水资源所有权。所以水权界定最主要的是水资源使用权的规定，指组织或个人通过法定程序获得一定范围、一定时间和一定水量水质的水资源使用权。

5.3 水权管理制度建设的基本内容

水权管理制度建设的基本内容是：通过水权制度来规范、调整人们的水权关系和约束水事行为，保障国家水政策和法律法规的有效实施，促进提高水资源开发利用效率，加快水务市场化建设进程。为此在水权基本管理制度建设方面应包括以下主要内容。

5.3.1 水资源优化配置制度

在水资源承载能力和水环境承载能力的基础上，根据水资源存在状况及时空变化规律，按照人民生活、经济社会及生态环境需水要求，合理优化配置有限的水资源，是水务管理的重要内容，是实现水资源可持续开发利用和经济社会可持续发展相协调的重要手段。为此，在加强水资源宏观管理和优化配置、在水资源的微观分配和管理上，实行水资源规划制度、水资源论证制度、总量控制和定额管理制度、水中长期供求计划制度、水量分配方案和调度预案等基本制度。

5.3.2 取水许可制度

取水许可制度是体现国家对水资源实施权属管理和统一管理的一项重要制度，是调控水资源供求关系的基本手段。实行这一项制度，就是直接从江河、湖泊或者地下取水的单位和个人应当按照国家取水许可制度和水资源的有偿使用制度的规定，向水行政主管部门或者流域管理机构申请领取取水许可证，并缴纳水资源费，取得取水权。

5.3.3 水资源有偿使用制度

直接从江河、湖泊或者地下取水的单位和个人，在取得取水许可证，取用水资源缴纳水资源费后，才算获得取水权。相应地，若取用水资源不按规定缴纳水资源费，就将失去取水权。它是体现国家对水资源实行权属管理的行政事业性收费。所以，水资源费作为体现国家对水资源实行有偿使用制度的经济利益关系的反映，应当起到调整水资源的供需关系，反映国家水资源管理政策和开发利用指导方针，督促计划用水、节约用水措施的执行等作用。

5.3.4 计划用水制度

计划用水是指根据国家或某一地区的水资源条件，经济社会发展的用水等客观情况，科学合理地制定用水计划，并在国家或地方的用水计划指导下使用水资源。计划用水制度则是指在某一流域或行政区域内，将水资源分配到各类、各级用水单位或个人。

5.3.5 节约用水制度

我国是一个水资源短缺的国家，水资源短缺已经成为严重制约我国经济建设和社会发展的重要因素，坚持开源与节流保护并重、节流优先的原则，提高水资源的合理利用水平，是我国必须坚持的长期基本方针，是保障经济社会实现可持续发展的必然需要。建立有利于开展节水工作的管理制度、运作机制，以及节水的工程技术和管理技术是实现节约用水、提高用水效率的根本，是实现建立节水型工业、农业及服务行业，建立节水型社会的保障。

5.3.6　水质管理制度

对水质实施全面的控制与管理，应建立起有效的水功能区划制度、排污总量控制制度、饮用水水源保护区制度、排污口管理等制度，以及水事纠纷调解、监督检查、水资源公报等基本制度。

5.4　城市初始水权配置模型

5.4.1　合理配置初始水权的意义

按照水资源所有权与使用权分离的原则，水权实质上是指在确定地点、时间内开发利用一定水资源的权利。这种权利的获得是在水管理法规管理下，针对地区水资源量、质及其变化规律，按照地区经济社会现状的用水结构、用水量和发展趋势，依据水资源评价和综合规划及相应的水权分配原则，用水单位和个人通过法定程序取得的。所以为建立水权交易市场，十分必要对现有水权的分配状况进行清理核定，尤其是针对一些取水用途、取水量不符合地区水资源优化配置的进行必要调整，并详细核定水资源开发利用潜力，从而对地区水资源的开发利用能力和可供分配的水资源有个准确的量和质的定量度。它是水权配置和水权交易的基础性依据。这种对现有水权的调整和分配，主要是为分配各类用水权和水权进行市场化交易奠定一个公认的公平平台，当然应将可交易的水权份额确定下来。

5.4.2　初始水权配置原则

初始水权的配置既反映水资源的供需状况和权利、义务关系，也反映对水资源配置的价值取向。所以，在配置初始水权时应遵循生活基本用水优先、保障粮食生产安全、时间优先、属地优先、兼顾公平与效率，公平优先、留有余量等主要原则。

5.4.3　水权优先顺序

水权优先顺序是指各类用水的相对优先顺序。水法赋予取水单位和个人适当的水资源使用权，以保护他们的用水权力。在同一水源和同一水体上设置的水权是多方面的，但是可利用的水资源受到时间和空间差别的影响，会因水资源的变动影响他们的取水关系。同时他们使用水所产生的经济社会价值不同。所以，为减少用水纠纷，促使有效率的用水和节水，各国水法都按照本国国情，不同程度地规定了各类用水优先顺序权力。

水权优先顺序的规定对解决用水纠纷，处理特殊旱情及突发事故，保障基本用水秩序都有积极作用，实际上，它是对水权界定的有益补充。

5.4.4　水权分配相关机会的多目标规划模型

从初始水权的获取方式分析，国外主要分为以下几种：

（1）滨岸权（河岸所有权）体系。

（2）占有优先权体系。

（3）混合或双重水权体系。

（4）比例水权系。

（5）社会水权体系。

（6）地下水水权。

我国除《水法》第三条规定的情形外，均实行取水许可制度。在水权配置时，多根据地区水资源量、质及其变化规律，按照社会经济用水结构、用水量和发展趋势，依据水资源综合规划及相应的水权分配原则，合理分配水权。对水权配置模型的优化计算，传统的方法是采用线性或非线性规划法；对于一些简单的机会约束模型，也是根据已知的置信水平，把机会约束转化为等价的确定性约束。而对涉及多个概率分布随机变量的组合，要求出这些复杂组合的概率特定值就比较困难了。

城市水务管理的重要工作之一就是如何协调统一地开发利用各类水源，公平合理地分配水资源使用权，解决水权分配中出现的不确定性问题。因而必须考虑水资源量、需水量和需水要求等要素均具有随机性变化的特性、特征，因此构建可以处理约束条件中含有随机变量的相关机会目标规划模型，是解决上述复杂组合概率分布计算问题的有力途径。

5.4.4.1　模型结构

城市水源一般可概化为当地地表水、地下水和外调水三种水源，从经济社会与水资源环境协调发展考虑，城市水源可分配水权量应留足生态系统需水量，参与水权分配的用水户可概化为居民生活、第一产业、第二产业、第三产业四大类用水户，并可以进一步细分为各类用水户和用水种类，如图5.1所示。

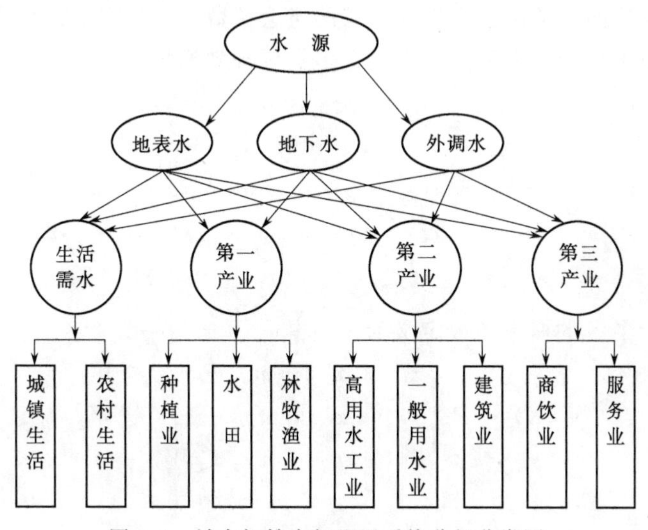

图5.1　城市初始水权配置系统分级分类图

设水权初始配置量 $X=\{x_{i,j},i=1,2,3,4;j=1,2,3\}$，三种水源能够提供的最大取水量设为 W、AW_g、AW_w，并是随机变量，应满足如下要求

$$W_s\leqslant W_{sk},W_g\leqslant W_{gk},W_w\leqslant W_{wk} \tag{5.1}$$

其随机环境

$$\begin{cases}x_{1,1}+x_{2,1}+x_{3,1}+x_{4,1}\leqslant W_s\\x_{1,2}+x_{2,2}+x_{3,2}+x_{4,2}\leqslant W_g\\x_{1,3}+x_{3,3}+x_{4,3}\leqslant W_w\end{cases} \tag{5.2}$$

其中，$x_{i,j}\geqslant 0,i=1,2,3,4;j=1,2,3$。

式中 $x_{i,j}$——第 i 类用水户分配到的第 j 种水源水权量，m^3；

W_s、W_g、W_w——地表水资源，地下水资源，外调水资源可供水量，m^3；

W_{sk}、W_{gk}、W_{wk}——地表水资源、地下水资源、外调水资源可开发利用水资源量，m^3。

四大类用水户希望获得的水权数为 $q_{生活}$、$q_{一产}$、$q_{二产}$、$q_{三产}$，则有

$$\begin{cases}x_{1,1}+x_{1,2}+x_{1,3}=q_{生活}\\x_{2,1}+x_{2,2}=q_{一产}\\x_{3,1}+x_{3,2}+x_{3,3}=q_{二产}\\x_{4,1}+x_{4,2}+x_{4,3}=q_{三产}\end{cases} \tag{5.3}$$

在式（5.3）中考虑到第一产业用水效益低，经济承受能力有限，外调水不向其提供水源。上述等式说明水权分配决策应该满足四大类需水要求，由于水权分配系统的不确定性，在水权分配以前，并不能确定其决策是否真的能够实现，所以必须使用式（5.4）所表示的机会函数去评价四类用水户的需水权量，即

$$\begin{cases}f_1(X)=P_r\{x_{1,1}+x_{1,2}+x_{1,3}=q_{生活}\}\\f_2(X)=P_r\{x_{2,1}+x_{2,2}=q_{一产}\}\\f_3(X)=P_r\{x_{3,1}+x_{3,2}+x_{3,3}=q_{二产}\}\\f_4(X)=P_r\{x_{4,1}+x_{4,2}+x_{4,3}=q_{三产}\}\end{cases} \tag{5.4}$$

式中 P_r——在 $\{\cdot\}$ 中的事件成立的概率。

通常希望极大化四大类用水户需水权量的机会函数，以尽可能地提高用水户实现愿望的概率，所以有城市初始水权配置相关机会多目标规划模型

$$\begin{cases}\max f_1(X)=P_r\{x_{1,1}+x_{1,2}+x_{1,3}=q_{生活}\} & s.t.\ x_{1,1}+x_{2,1}+x_{3,1}+x_{4,1}\leqslant W_s\\\max f_2(X)=P_r\{x_{2,1}+x_{2,2}=q_{一产}\} & x_{1,2}+x_{2,2}+x_{3,2}+x_{4,2}\leqslant W_g\\\max f_3(X)=P_r\{x_{3,1}+x_{3,2}+x_{3,3}=q_{二产}\} & x_{1,3}+x_{3,3}+x_{4,3}\leqslant W_w\\\max f_4(X)=P_r\{x_{4,1}+x_{4,2}+x_{4,3}=q_{三产}\} & (x_{i,j}\geqslant 0,i=1,2,3,4;j=1,2,3)\end{cases} \tag{5.5}$$

于是随机可行集 S 的概率函数定义为

$$\mu_s(X)=P_r\begin{cases}x_{1,1}+x_{2,1}+x_{3,1}+x_{4,1}\leqslant W_s\\x_{1,2}+x_{2,2}+x_{3,2}+x_{4,2}\leqslant W_g\\x_{1,3}+x_{3,3}+x_{4,3}\leqslant W_w\end{cases} \tag{5.6}$$

其中，$x_{i,j}\geqslant 0,i=1,2,3,4;j=1,2,3$。

因 $\{x_{1,1},x_{2,1},x_{3,1},x_{4,1}\}$、$\{x_{1,2},x_{2,2},x_{3,2},x_{4,2}\}$、$\{x_{1,3},x_{3,3},x_{4,3}\}$ 三组水源

水权分配决策变量是相互独立的，每一组中某用水户可能获得的某种水源水权量（元素）是随机相关的，并且有相同的实现机会。同时有

$$V(E_1)=\{x_{1,1},x_{2,1},x_{3,1},x_{4,1}\},\ V(E_2)=\{x_{2,1}+x_{2,2}\}$$

$$V(E_3)=\{x_{3,1},x_{3,2},\ x_{3,3}\},V(E_4)=\{x_{4,1},x_{4,2},x_{4,3}\}$$

式中 $V(E_i)$——满足 i 个事件（用水户从各水源分配水权量）所必需的分量构成的集合，i=1，2，3，4。

定义 $E=E_1\cap E_2\cap E_3\cap E_4$，显然有 $V(E)=\{x_{i,j},i=1,2,3,4;j=1,2,3\}$，由随机关系得到

$$D(E_1)=\{x_{i,1},x_{i,2},x_{i,3}\},\ D(E_2)=\{x_{i,1},x_{i,2}\}$$

$$D(E_3)=\{x_{i,1},x_{i,2},x_{i,3}\},\ D(E_4)=\{x_{i,1},x_{i,2},x_{i,3}\}$$

式中 $D(E_i)$ 表示与 $V(E_i)$ 中至少一个元素随机相关的分量构成的集合。各类用水户需水权量事件 E_1、E_3、E_4 的诱导约束为 $\{x_{1,1}+x_{2,1}+x_{3,1}+x_{4,1}\leqslant W_s;\ x_{1,2}+x_{2,2}+x_{3,2}+x_{4,2}\leqslant W_k;\ x_{1,3}+x_{3,3}+x_{4,3}\leqslant W_w\}$。

事件 E_2 的诱导约束为 $\{x_{1,1}+x_{2,1}+x_{3,1}+x_{4,1}\leqslant W_s;\ x_{1,2}+x_{2,2}+x_{3,2}+x_{4,2}\leqslant W_k\}$，所以，对 $X\in E_1\cap E_2\cap E_3\cap E_4$，有

$$\begin{cases} f_1(X)=P_r\{x_{1,1}+x_{2,1}+x_{3,1}+x_{4,1}\leqslant W_s;\ x_{1,2}+x_{2,2}+x_{3,2}+x_{4,2}\leqslant W_g; \\ \qquad x_{1,3}+x_{3,3}+x_{4,3}\leqslant W_w\} \\ f_2(X)=P_r\{x_{1,1}+x_{2,1}+x_{3,1}+x_{4,1}\leqslant W_s;\ x_{1,2}+x_{2,2}+x_{3,2}+x_{4,2}\leqslant W_g\} \\ f_3(X)=P_r\{x_{1,1}+x_{2,1}+x_{3,1}+x_{4,1}\leqslant W_s;\ x_{1,2}+x_{2,2}+x_{3,2}+x_{4,2}\leqslant W_g; \\ \qquad x_{1,3}+x_{3,3}+x_{4,3}\leqslant W_w\} \\ f_4(X)=P_r\{x_{1,1}+x_{2,1}+x_{3,1}+x_{4,1}\leqslant W_s;\ x_{1,2}+x_{2,2}+x_{3,2}+x_{4,2}\leqslant W_g; \\ \qquad x_{1,3}+x_{3,3}+x_{4,3}\leqslant W_w\} \end{cases} \tag{5.7}$$

考虑城市水权初始配置的优先结构和目标值：

优先级一。满足进一步改善生活质量需水权数（满足居民生活基本、生态环境需水应从一般经济性用水水权配置中相对分离，优先保障，以利水权市场化运作）的机会尽可能地达到 P_1，即

$$P_r\{x_{1,1}+x_{1,2}+x_{1,3}=q_{生活}\}+d_1^- - d_1^+ = P_1$$

其中 d_1^- 将被极小化。

优先级二。满足第一产业需水权数的机会尽可能地达到 P_2，即

$$P_r\{x_{1,2}+x_{2,2}=q_{一产}\}+d_2^- - d_2^+ = P_2$$

其中 d_2^- 将被极小化。

优先级三。满足第二产业、第三产业需水权数的机会尽可能地达到 P_3、P_4，即

$$P_r\{x_{3,1}+x_{3,2}+x_{3,3}=q_{二产}\}+d_3^- - d_3^+ = P_3$$

其中 d_3^- 将被极小化。

$$P_r\{x_{4,1}+x_{4,2}+x_{4,3}=q_{三产}\}+d_4^- - d_4^+ = P_4$$

其中 d_4^- 将被极小化。

优先级四。尽可能少地从外地购买水权，即

$$x_{1,3}+x_{3,3}+x_{4,3}+d_5^- - d_5^+ = 0$$

其中 d_5^+ 将被极小化。

因此，上述问题的相关机会目标规划模型为

$$\begin{cases} lex\min\{d_1^-,d_2^-,d_3^-,d_4^-,d_5^+\} & x_{1,3}+x_{3,3}+x_{4,3}+d_5^- - d_5^+ = 0 \\ P_r\{x_{1,1}+x_{1,2}+x_{1,3}=q_{生活}\}+d_1^- - d_1^+ = P_1 & x_{1,1}+x_{1,2}+x_{3,1}+x_{4,1}\leqslant W_s \\ P_r\{x_{1,2}+x_{2,2}=q_{一产}\}+d_2^- - d_2^+ = P_2 & x_{1,2}+x_{2,2}+x_{3,2}+x_{4,2}\leqslant W_g \\ P_r\{x_{3,1}+x_{3,2}+x_{3,3}=q_{二产}\}+d_3^- - d_3^+ = P_3 & x_{1,3}+x_{3,3}+x_{4,3}\leqslant W_w \\ P_r\{x_{4,1}+x_{4,2}+x_{4,3}=q_{三产}\}+d_4^- - d_4^+ = P_4 & x_{i,j}\geqslant 0, i=1,2,3,4; j=1,2,3; \\ & d_k^-, d_5^+\geqslant 0, k=1,2,3,4 \end{cases} \tag{5.8}$$

注：lex min 表示按字典序极小化目标向量。

5.4.4.2　模型求解

(1) 拟定水资源总权量和各类用户需水权量。由确定城市的水资源可开发利用量（如多年平均量、某规划期平均量等）确定 W_s，W_g，W_w；并确定各类用户的总需水权量 $q_{生活}$、$q_{一产}$、$q_{二产}$、$q_{三产}$。

(2) 设置水资源量的随机分布函数和率定分布参数。按照水资源变化规律设置 W_s，W_g，W_w 符合的概率函数（如我国水资源拟变量一般符合皮尔逊Ⅲ型分布），并根据历年资料率定其分布参数。

(3) 初步确定满足各类用户需水要求的机会。组织专家、政府官员、用水户代表采取"专家打分法（Delphi 法）"，确定保证率 P_1、P_2、P_3、P_4 值。

(4) 基于随机模拟的遗传算法。一种基于随机模拟的遗传算法为求解相关机会目标规划模型提供了有效的手段，即上述(1)、(2)、(3)内容拟定后，根据对式(5.8)的随机模拟，遗传算法就可给出城市水权初始配置的最优解，满足各类用户需水权量要求的机会（概率）。其步骤如下：

1) 选定种群规模 pop _ size、交叉概率 P_L、变异概率 P_M 以及基于序的评价函数参数 $a=0.05$，进化过程中每次随机模拟执行 3000 次循环。

2) 初始产生 pop _ size 个染色体。

3) 交叉和变异操作，并使用随机模拟技术来检验其后代的可行性。

4) 使用随机模拟技术计算各染色体的目标值。

5) 根据目标值，使用基于序的评价函数计算每个染色体的适应度。

6) 旋转赌轮，选择染色体，获得新的种群。

7) 重复步骤 3) ～6)，直到完成给定的循环次数。

8) 选择最好的染色体作为最优解。

如在计算中出现某种需水的满足机会或实际保证率不合适，某种需水的破坏深度太大时，应重新组织有关专家、政府官员、用水户代表参加的专家打分法（Delphi 法），确定保证率 P_1、P_2、P_3、P_4 值；或者调整用水户的需水权量，并进行上述模拟计算，求得满意解。以此作为水权分配依据，为水权管理奠定基础。

【例 5.1】 某市市区总面积为 67km²，总人口 63.8 万，其中城区面积 41.0km²，城区人口 41.1 万人，近郊区人口 22.7 万人。根据该市水资源开发利用规划知：地表水 $W_s=1095$ 万 m³，$C_v=0.75$、$C_s=2C_v$；地下水 $W_g=5293$ 万 m³、$C_1=0.42$、$C_s=2C_1$；外调水（该市从城区外调水）$W_s=1825$ 万 m³、$C_1=0.56$、$C_s=2C_1$；年需水量 $q_{生活}=1040$ 万 m³、$q_{一产}=1140$ 万 m³、$q_{二产}=4728$ 万 m³、$q_{三产}=1305$ 万 m³、采取“专家打分法（Delphi 法）”拟定保证率 $P_1=0.95$、$P_2=0.50$、$P_3=0.95$、$P_4=0.85$ 值。

基于随机模拟遗传算法得出的该市初始水权分配最优解为 $x_{1,1}=96$ 万 m³，$x_{1,2}=698$ 万 m³，$x_{1,3}=246$ 万 m³，$x_{2,1}=757$ 万 m³，$x_{2,2}=383$ 万 m³，$x_{3,1}=133$ 万 m³，$x_{3,2}=3219$ 万 m³，$x_{3,3}=1376$ 万 m³，$x_{4,1}=109$ 万 m³，$x_{4,2}=993$ 万 m³，$x_{4,3}=203$ 万 m³；其中满足生活、第一产业、第二产业、第三产业需水权要求的机会或实际保证率分别为 97%、48%、96%、86%，基本达到了比较合理配置水资源的目的。

在实际工作中，可以上述初始水权分配数为依据，按比例分配实际水量，并作为水权管理的定量依据。

5.4.5 水权的取得与管理

水权的取得与管理需要依据相应的管理体制和管理制度性安排来实现，以保障水权的安全。取水许可管理程序框图如图 5.2 所示。

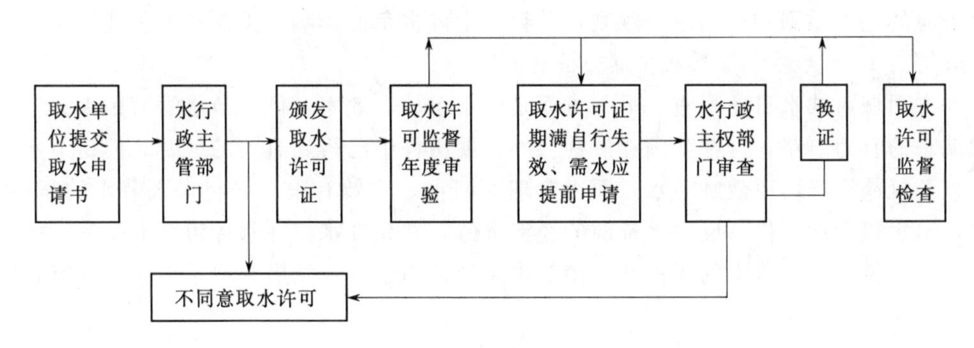

图 5.2 取水许可管理基本程序框图

从 1993 年开始，我国取水许可制度的实施取得了阶段性的成果。各级水行政主管部门已对全国 160 余万处取水工程进行了登记、审核，受理了 3 万多个新建、改建、扩建项目的取水申请，共发放《中华人民共和国取水许可证》70 余万套。经水行政主管部门审批的水量已经占全社会用水量的 85%以上。

5.5 水权市场化运作

建立城市水务市场，使水权在水务市场上进行合理的交易，运用市场经济规律调整水权配置与关系，调节水资源供需关系，以达到提高用水效率和节约保护水资源的目的。在通过水资源配置确认初始水权之后，应通过水务市场实现水权在所有者之间的交易。这是水务管理适应社会主义市场经济体制建设的重要措施。

5.5.1 水权交易的动因

水资源使用权的交易主要受以下动因的驱使。

1. 借助“市场之手”配置水资源

水资源是生活、生产的重要自然资源，是创造物质财富的基础性经济资源，是稀缺资源和经济社会建设发展的战略性资源，具有巨大的经济价值。对水资源的分配应按价值规律进行，即在政府宏观管理下，运用市场经济规律进行调节，以解决单纯靠行政管理配置水资源所出现的“市场失效”、“市场失灵”和“外部性”等问题，使政府宏观调控这只“看得见之手”和市场调节这只“看不见之手”有机结合起来，发挥市场配置水资源的积极作用。

2. 城市缺水的巨大压力呼唤水权交易

城市缺水、城市经济建设与发展需要提供更多的水资源保障，已成为我国经济社会建设与发展中亟待解决的问题。但是城市水源极其有限，新增水源只有依靠从城外或更远区域去发展调水，或者通过节水、水处理、产业结构调整等提高用水效率的措施来增加供水能力，若无有效的水权交易，将富裕的水转让出来，使水权拥有者可以通过将水转让给具有更高效益的用途方而获得收益，这些调水、节水等措施将难以实现。若单纯运用行政管理手段，而不与经济措施相结合来达到调水、节水等目的，势必会违背公平分配、公平交易水资源的基本原则和市场运行规则，并会产生许多负面影响，抑制水务事业正常发展。

3. 节水的巨大潜力需要水权市场机制的激励

一方面城市缺水日益严重，另一方面是用水粗放、效率较低、节水潜力很大。节水是解决缺水的有力道路，这在我国经济社会的发展历程中已得到有力的证明。但是节水需要投入，若仅靠道德约束鼓励节水，而无合理的回报，收效有限，必将失去节水的积极性。所以，给水权合理定价，反映水资源的经济价值，并允许水权在水务市场上交易，必将推动地区、单位和个人节水的积极性，使节水无论是用于自身发展，或是出让，都有相应的回报。

5.5.2 水权交易的制度性障碍及出路分析

水权交易必须以水资源统一管理为前提，《中华人民共和国宪法》、《中华人民共和国民法通则》、《中华人民共和国水法》都规定了水资源归国家所有，并确立了“国家对水资源实行流域管理与行政区域管理相结合的管理体制，国务院水行政主管部门负责全国水资源的统一管理和监督工作”。只在管理体制上解决了水权实行统一管理问题，而没有明确解决水权市场化问题。

从《中华人民共和国民法通则》第八十一条可知，“水面”可依法使用，可依法承包，其使用、收益权利和承包经营权利，受法律保护。《中华人民共和国水法》第七条规定国家对水资源依法实行取水许可制和有偿使用制度；第六条规定国家鼓励单位和个人依法开发、利用水资源，并保护其合法权益。这都说明国家将水资源所有权与使用权分离，允许实现水资源的使用权由国家向单位和个人转让，即实行有偿交易。《中华人民共和国民法通则》第八十一条规定国家所有的水流不得买卖、出租、抵押或者以其他形式非法转让，对此有的研究者认为水资源也受其规制，实际上这是把水流与水资源两个概念完全等同起来了，试想若真是这样，生活、生产如何依法实现有偿用水，只有无偿用水才是合法的了，供水公司也将无水可供。水流应是包括水资源、河岸等，是一个整体概念，水资源应仅是水流之水量、水质和水能。水流不能买卖，不能说水流之水不能买卖，这就好比水流如奶牛，水资源如牛奶，奶牛不卖，牛奶是可以卖的。单位或个人“取得取水权”即获得了水资源所有权人向水资源取水许可证持有人转让了国有水资源使用权。所以从法律、法规看，国家与单位、个人之间进行水资源使用权交易是可行的、合法的。

但是地区之间、地区与单位和个人之间、单位和个人与单位和个人之间能否进行水权交易呢？按《取水许可制度实施办法》第二十六条规定：“取水许可证不得转让。”第二十八条第一款“未依照规定取水的”吊销其取水许可证。这些都明确限制了取水许可证持证人，即取得水资源使用权人不得发生水权的转让、交易等行为，并只能按规定用途用水。这些制度性约束已成为建立水权流转、交易制度的法律法规障碍，限制了水权市场的建立。

《中华人民共和国宪法》、《中华人民共和国民法通则》规定了国家所有权、使用权限制的土地、森林资源，随着我国社会主义市场经济体制的逐步建立，在产权制度改革方面已向市场化前进了一大步，不仅允许国家向用户转让使用权，而且允许使用权在用户间流转、交易。例如，《中华人民共和国宪法》第十条关于“土地的使用权可以依照法律的规定转让”的规定，《中华人民共和国土地管理法（1986 年制定，1998 年修订）第二条规定“土地使用权可以依法转让”，以及《中华人民共和国房地产法》（1994 年制定）和《城镇国有土地使用权出让和转让暂行条例》规定了土地使用权转让。土地使用权的转让盘活了国有资产，节约了土地，有利于经济建设与发展，同时为经济建设，尤其是为城市基础设施建设筹集了大量资金（这里应将非法哄抬土地价格、非法圈地牟利、非法出售土地等违法行为除外）。《中华人民共和国森林法》（1998 年修订）第十五条规定：下列森林、林木、林地使用权可以依法转让，也可以依法作价入股或者作为合资、合作造林、经营林木的出资、合作条件，但不得将林地改为非林地：①用材林、经济林、薪炭林；②用材林、经济林、薪炭林的林地使用权；③用材林、经济林、薪炭林的采伐迹地、火烧迹地的林地使用权；④国务院规定的其他森林、林木和其他林地使用权。依照规定转让、作价入股或者作为合资、合作造林、经营林木的出资、合作条件的，已经取得的林木采伐许可证可以同时转让，同时转让双方都必须遵守本法关于森林、林木采伐和更新造林的规定。

所以，应根据我国社会主义市场经济体制建设与发展的需要，根据《水法》水资源管理与开发利用产业管理相分离，水资源所有权与使用权相分离的法理和原则，通过修订《取水许可制度实施办法》等相关法律法规，建立适应经济社会发展的供需水产权制度，允许水资源使用权在地区、单位和个人之间转让和交易，让市场机制在促进水资源优化配置、促进节约用水中发挥积极作用。

5.5.3 水权交易的范围

城市水资源使用权在地区、单位和个人之间进行交易，其交易物来源于两类：①原已分配给地区、单位和个人的水权，称为原水权；②新开发的水权。通过在水务市场上的水权交易使两类水权在用水户之间流动起来。

1. 原水权

能够参与原水权的交易，就表示原水权所在的地区、单位或个人有富裕的水资源，或是参与这种交易比直接使用水资源更有利可图。前者可能是通过节约用水、提高水利用效率而节约的水，或是通过产业结构调整而节约的水，如一般工业向电子、信息产业调整，也可能是因各种原因而不再需要使用水了，如破产原因，这样水权所有者只要认为卖出水权是经济的，就可通过水务市场的法定规则和程序卖出水权。后者发生的可能原因是某用户因使用城市污水处理厂的再生水或使用其他单位的排水后，减少和不再使用新水而节省的取水指标，并投入水务市场进行水权交易。

2. 新水权

城市新开发的水源包括当地水资源、城郊水资源和外区域、流域远距离输送来的水源，这些新水源投入经济社会使用，可采取拍卖、招标、共同出资兴建水工程等形式让用水户获得水权，而不再采取按常规取水许可程序直接分配初始水权给用水户的办法。

5.5.4　水权定价

水权交易的关键是给水权合理定价。土地、水、矿产、森林等自然资源的开发利用要纳入市场经济的运行轨道，就应使这些资源商品化，使它们具有一定的价格形态，以反映其价值。水资源开发利用效率低、经济社会节水不力的重要原因之一，就是水价偏低，尤其是资源水价严重扭曲，低价、甚至无价现象还比较普遍，背离价值规律的问题非常突出，所以必须给水资源合理定价。

征收资源水费和制定合理价位应代表国家水资源所有权的实现形式和管理力度，反映了水资源的价值，这是管理和开发利用水资源时，运用价格调节水资源供需关系的指导思想和基本依据。

无论是原水权的市场交易，还是新水权的竞价拍卖等，都应注重水资源的属性和特征，不能走随行就市定价的路子，其定价的原则、方式等与一般商品定价有别，应是政府宏观调控与市场经济调节相结合。

5.5.5　水权交易程序

具有水资源使用权的所有权人要通过水务市场实现水权的交易，一般通过以下途径。

1. 申报

水权持有人应向城市水行政主管部门申报愿意出让水权的数量、价格，以及是临时性出让的期限，或是永久性出让。并缴纳规定的费用。

2. 审核

城市水行政主管部门应对出卖水权的所有人进行资格审查和组织中介机构对其出卖水权对第三方的可能影响和合理可行性进行评价。对生活、生态环境用水应严格限制向其他经济行为用水转移，农业用水向其他经济行为用水转移，应建立在农业节水设施等节余水量的基础上，其他行业间、用户间的水权转让买卖行为应由市场决定。

3. 公示

城市水务市场应定期发布自然水情和社会需水情况、水权分布情况、水价等信息公告。并对愿意参与买卖水权的信息进行公示。并要求对交易有异议的第三方尽早提出书面意见。

4. 价格

水权交易的价格应在政府监管指导下由市场来决定，必要时可举行听证会。并防止水权向高耗水型、污染型行业转移。

5. 签约

水权的交易实际上是水资源取水许可证的转让，买卖双方经谈判正式确认交易后，应向水行政主管部门申请取水许可证的转让。水行政主管部门依据相关法律法规和水权交易管理制度及办法，经审查认定其交易合法可行后，办理取水许可证转让手续及向买方颁发取水许可证，并按规定缴纳费用，买方即获得水权。

5.5.6 国外水权市场化经验

水资源危机已成为全球性问题。目前世界水市场发展比较迅速，除欧洲水市场比较成熟外，其他地区的水市场交易额以年平均5%～8%的速度增长。

1. 水市场分类

国外水权市场大体可以分为两类：一是非正式的水权市场；二是正式水权市场。两者的根本区别在于交易方式的差异，非正式市场的运行完全靠用户自己，不借助法律法规或行政手段，依靠用户个人的信誉或名声，常用于水权不很明确或记录不很清楚，或者交易影响第三方，建立正式市场交易成本过高的情况，但交易双方往往对水量的转移是比较清楚的。正式水权市场则靠法律规定运作。

2. 非正式水市场

非正式的水权市场通常是由地方自发形成，没有政府干预。典型情况是农民向邻近农民销售某一季节或一定时期、一定数量的水资源量；或一组农民向邻近城乡销售某一部分水资源量，向高效益用途用水转移，而又不影响原有水权持有人的利益，并能促进合理用水和节约用水是其主要特点。非正式水权市场只局限于同一地区，范围较小。

在南亚的灌溉区域，地下水市场对于农业生产和水量分配起着重要作用。印度142万个泵站中约有20%参与水权交易。在巴基斯坦，大约有21%的打井用户售水，而不是自己使用。墨西哥在引入正式水市场制度之前，非正式水市场很普遍。

3. 正式水市场

可以通过法律建立可交易的水的财产权，保留和扩大非正式水市场的优点，同时减少因不合法交易和没有管制交易带来的负面作用。对于长期或永久的水权交易必须有法律的保障才会安全，对跨区的水权交易也是如此。因此，建立正式的水市场是水权交易的客观需要。

4. 基本经验

水权作为私有财产，在美国可以转让，但在转让程序上类似于不动产的转让，一般需要一个公告期，同时水权的转让必须由州一级的水管理机构或法院批准。近年来，为了更为有效地利用水资源，美国西部出现了水银行形式的水权交易体系，将每年来水量按照水权分成若干份，以股份制形式对水权进行管理，方便了水权交易程序，使水资源的经济价值得以充分体现。

美国有不少调水工程，例如亚利桑那调水工程是由美国垦务局建设的开发与管理工程；加利福尼亚州水工程现有29个长期用水合同户（水管单位），其中1/3是农业用户，2/3是市政和工业用水户。这些调水工程的用水户所获得的水权一般允许有偿转让，节约用水者能够得到合理补偿，以把省出的水去满足其他用水户的需要。在美国的得克萨斯州，99%的水的交易是从农业用水转向非农业用水。在得克萨斯州的里格兰峡谷，该市自1990年确立的水权中，有45%从1970年起就被买走了。

澳大利亚的水权法采用河岸权法，规定河岸或湖岸土地占有者拥有水权。农民用水必须向政府主管部门申请用水权，由于可开发的水资源已基本开发完，现在原则上不批准新的用水权申请。为了节约用水，州政府规定，允许老的用水户把自己节省下来的水的使用权有偿的转让给新用水户。澳大利亚《水法规》中规定，水权证拥有者除交纳水权证应付的费用外，还要交纳从河内、湖内和河段内取水的水权费。《水法规》第141条第8节还规定：要从租借土地开始从一个地区的工程中获取按水权规定的供水日起，开始缴纳水的地方税或捐税。在确定税率时，对于灌溉供水，每公顷土地的税，可考虑到租借土地的水权数目，对任何租借土地都可征收最低定额，或按每块租借土地的水权确定和征收捐税。

智利是在水资源管理中鼓励使用水市场的几个发展中国家之一。智利1981年颁布的新《水法》规定，水是公共使用的国家资源，但根据法律可向个人授予永久和可转让的水使用权，智利成立了水管理总董事会，负责水市场的运作和管理。在各地具体的用水者协会负责实施。

5.5.7 我国水权转让的实践

在我国，比较成功的水权交易不多，引起关注的东阳—义乌水权交易争论很大，多数认为它走出了我国水权制度改革的重要一步，也有的认为其交易缺乏法律法规依据和对交易水权的界定。虽然东阳—义乌水权交易确实在水权界定和交易合法性方面存在一些问题，但可以认为，该水权交易确实在一定程度上打破了我国水权管理制度的限制，为水权改革进行了有益的探索。通过水权转让，东阳市把无偿弃水和农业节水变为有偿收入，获得2亿元资金用于水利建设，获得每年约500万元的供水收入，获得每年新增发电量的售电收入，获得5000万 m^3 水权节余，只需3800万元的产权增量，提高了灌区与库区的产权效益。

东阳、义乌两市水权转让实践表明了投资节水形成新增产权是获得可供转让水权的重要途径，水权转让是实现资金补偿、产权生长和水权生长的关键环节，水权节余、水权转让和水权生长是实现资源水利、可持续发展水利和现代水利的基础。

第6章　排水权与水务市场

水环境污染已严重地影响和制约经济社会的发展潜力，成为人类社会实现可持续发展的障碍。本章通过对我国水环境状况和管理法律法规、基本制度的分析，结合排污总量控制目标和水环境功能区划、水环境最大允许排污能力等问题及其相关关系的探讨，提出运用政府监管与市场经济调节相结合控制水环境污染恶化的理论方法。

6.1　我国水环境基本状况与管理思路

6.1.1　水环境基本状况

水环境是人类社会建设与发展所依赖的、与淡水资源有直接关系的江河、湖泊、水库、河口、天然地下水库等的总称。水环境问题则是由于自然或人为的原因，使水环境的水文特征或条件（主要是其水质和水量）朝着不利于人类社会发展的方向演变的结果。

据近年对全国江河湖库水质监测评价，只有60.20%的河段水质达到或优于国家地表水环境质量标准Ⅲ类水质标准，另有16.80%的河段水质处于超Ⅴ类水质标准。各大淡水湖泊均受到不同程度污染，一些湖泊呈富营养化状态。水库水质状况亦不容乐观，营养化程度加剧。沿河地区和城市附近海域污染发生频次增加，面积扩大，20世纪60年代前，在我国海域很少见到赤潮，现在赤潮的发生不仅次数频繁、面积辽阔，而且时间拉长。

6.1.2　水环境管理现状

为了加强水污染防治，强化水质管理，我国确立了相应的水功能区划、控制排污总量、饮用水水源保护区、排污口管理环境影响评价、建设项目环境影响评价、排污申报与排污收费、淘汰制度、“三同时”制度等法律制度。

按照污染者必须承担削减污染措施费用的“污染者付费”原则，对向环境排放污染物的污染者，按其排放污染物的种类、数量和浓度征收费用，是国际上普遍实行的防污治污经济措施。

《中华人民共和国水污染防治法》规定，企业事业单位向水体排放污染物的，按照国家规定缴纳排污费；超过国家或者地方规定的污染物排放标准的，按照国家规定缴纳超标准排污费。按照国家《排污费征收使用管理条例》规定，排污者向城市污水集中处理设施排放污水，缴纳污水处理费用的，不再缴纳排污费。并依据《国家计委办公厅、建设部办公厅、国家环保总局办公厅关于污水处理费有关问题的复函》（计办价格〔2001〕343号）的说明，企业的污水排入城市排水管网及污水集中处理设施，无论是否经过处理和是否达到国家规定的排污标准，均应交纳污水处理费。其中企业自建污水处理设施，其污水经处理后达到国家《污水综合排放标准》规定的一级或二级标准的，污水处理费应该适当核减，核减后的收费标准按补偿城市排水管网运行维护费用的原则核定，具体收费标准按水价格管理权限审批。全国城市污水处理厂历年增长情况见表6.1。

表6.1 全国城市污水处理厂历年增长情况

年度 \ 概况	污水处理厂数量/座	处理能力/万 m^3	污水处理率/%
1991	87	317	14.86
1992	100	366	17.29
1993	108	449	20.02
1994	139	540	17.10
1995	141	714	19.69
1996	309	1153	23.62
1997	307	1292	25.84
1998	398	1583	29.56
1999	402	1767	31.93
2000	427	2158	34.25
2001	452	3106	36.43
2002	537	3578	39.97
2003	612	4254	42.39
2004	708	4912	45.67
2005	792	5725	51.95

通过调整产业结构，解决结构性污染，我国依法淘汰了一批技术落后、浪费资源、污染严重、没有市场、治理无望的生产工艺、设备和企业，减轻了工业污染负荷，缓解了结构性污染。同时颁布了《中华人民共和国清洁生产促进法》，推行将污染尽量消灭于生产过程中的生产方式和技术，以将工业企业污染的末端治理向生产全过程控制转变，即治标又治本。开展企业环境审计，鼓励和引导企业实行ISO14000环境管理体系认证。

6.1.3 水环境治理思路

保护水环境，防治水污染，应明确水资源环境的产权，理顺管理机构，将现行条块分割式的管理逐步过渡到集开发、利用和保护于一体的管理体制。根据水体功能，制定合理的水质目标和相应的水环境质量标准、污染物排放标准，推行总量控制和排污许可制度，有偿使用环境容量。坚持执行“污染者付费、利用者补偿、开发者保护、破坏者恢复”的原则。使用市场机制，实行有偿使用，制定合理的水资源环境价格政策、排放交易政策、配套法规和标准。此外，保护环境和防治水污染，既要投入环保技术和实行环保产业化，又要投入大量资金和人力，增加科技含量和提高管理水平，并加强水资源环境持续利用的理论和技术研究。

1. 水污染防治工作必须和国民经济和社会发展紧密结合起来

水污染防治工作涉及产业布局、经济结构调整等问题，又涉及治理污染的经济承受能力和社会需求等问题，必须和国民经济和社会发展紧密结合起来，统筹规划，综合治理。

2. 坚持预防为主、防治结合的发展方向

主要内容包括：①防止出现先污染、后治理的情况；②防止出现边发展、边治理的情况；③坚持“预防为主、防治结合”的发展之路。

3. 要建立和完善水污染治理的机制

水污染治理最大最难的问题是资金不足。水污染防治需要大量的资金投入，仅仅依靠政府的投入是很不够的，必须建立和完善防治水污染的良性运作机制，并与生产活动、经济活动及生活方式联系起来，调动全社会的积极性，依靠全社会的力量，加强水污染防治工作。

4. 完善排污权制度和建立排污权市场

在一定的条件下，水体可以容纳的污染物总量有一定的限度，超过这一限度，水体将遭到破坏，功能将丧失。为了对排污总量进行有效的控制，应该逐步建立和完善排污权制度和排污权市场。根据水体的容纳能力、人口规模、经济发展状况，将排污权分解到排污者和排污对象，并允许排污权在一定条件下可以转让。这样对排污者而言，通过减少排污而出售剩余排污权，出售排污权获得的经济回报实质上是市场对有利于环境的外部经济性措施的补偿。若排污不付出相应的代价，对排污者来说，尤其是新增排污者，他们会加大排污，而减少治污，其排污应支出的费用（实质上是外部不经济性的代价）由环境、由社会承担了，其代价在一定时间内由环境承担，但终究会造成由人来承担的恶果。所以，加强排污管理的可行途径是采取行之有效的制度，并通过排污权的交易，提高企业排污者的治污积极性，促使排污总量控制目标的实现。

5. 加强法制、严格监督

政府要充分发挥执法者、监督者、管理者的责任。防治水污染，保护水环境是各级政府义不容辞的责任。

6.2 水环境纳污能力评价

依据科学合理的水环境质量标准和指标体系所确定的水环境纳污能力既是管理水环境质量状况的依据，也是人类生产生活等行为充分利用环境资源的自净能力，是服务于人类社会的需要。

6.2.1 影响水环境纳污能力的因素

水环境纳污能力是指满足水功能区水环境质量标准要求的污染物最大允许负荷量。广义来讲是指在人类生产、生存和自然生态环境不致受损害的前提下，水环境所能容纳污染物的最大负荷量，或是指依靠水环境自净能力，将人类生产、生活中排入水环境的污染物能够稀释净化到水功能区水环境质量标准要求的限度以内的能力。所以，纳污能力的大小是水环境在一定功能目标下水体自净能力的反映，是协调经济社会建设利用水环境资源的阶段性目标值。

由上可知，影响某一水功能区域水环境纳污能力的因素主要是：①水环境质量背景值（本底水质）；②水体自净能力；③污染物；④水量；⑤水质标准；⑥水功能区类型。

6.2.1.1　水体纳污能力

水体纳污能力的变化取决于水体自净能力。水体自净能力是指水域纳污之后，因其物理的、化学的、生物的各种特性，使污染物能被迁移、扩散出水域，或者在本区域内迁移转换，使该水域的水质得到部分甚至完全恢复的能力。所以，水体自净能力的强弱必然影响纳污能力的大小。而水体的自净能力受到诸多因素直接和间接的影响，其过程也十分复杂，如其具有不同物理形态、不同的水环境背景值状况、水流及其水动力特性等的水体，其自净能力必然不同。

6.2.1.2　水质标准

水质标准是对水体中的污染物质及其排放源提出的限量阈值（即最高容许浓度）的技术规范。水质标准包括的水质指标种类和大小反映了人类对环境质量变化的认识程度和水平，反映了人类保护环境的愿望，反映了一定时期经济社会保护环境的能力。水质标准是随着社会的进步而不断提高的。水环境纳污能力会随着水质标准的提高而相应降低。

6.2.1.3　水功能区类型

水功能区类型是按照水体各部分的环境状况、使用状祝和经济社会发展的需要，将水体划分为水质能满足不同要求的区域。各水功能区域是按照水质标准、水量及水体自净能力来划分的，因而其纳污能力各异。所以，应根据水环境状况和水质要求来测算不同水功能区水体的纳污能力。

6.2.2　水功能区分类

水功能区分类既是科学合理开发利用和保护水资源的依据，也是评价水体纳污能力的依据。

6.2.2.1　水功能区划原则

1. 可持续发展原则

水功能区划必须结合经济社会发展规划、水资源开发利用规划及国家水资源环境保护方针政策，根据水资源可持续利用和水资源环境的承受能力，在使社会、经济和环境效益协调的基础上划分水体功能区。

2. 饮用水源地优先保护原则

任何时候保障城乡人民生活用水都必须优先考虑水资源开发利用和环境保护目标，在水功能区划时应将优先保护集中式饮用水源地作为应遵守的首要原则。

3. 统筹兼顾，突出重点的原则

在进行水体功能区划时，应当兼顾上下游、干支流、左右岸和远近期的经济社会发展目标和布局。在系统开发利用水资源的基础上，功能区划应充分考虑自然水体的承受能力，并进行合理组合。

4. 以主导使用功能为主的原则

同一水域有多种功能要求，功能的确定以主导功能为主，并不降低现有使用功能，兼顾规划功能；有两项以上主要功能时，功能区划应就高弃低。

5. 合理利用水体自净能力和环境容量的原则

在确定水域功能时，应考虑水域环境的水动力特性，合理利用水体的自然净化能力和环境容量。

6. 规划目标不低于现状水质标准的原则

规划中确定水域的功能，其水质标准不得低于现状水质所达到的标准。

6.2.2.2 水功能区划的分级分类

水功能区划采用两级体系，即一级区划（流域级）和二级区划（地方级）。一级区划是宏观上解决水资源开发利用与保护的问题，主要协调地区间用水关系以及长远考虑可持续发展的需要；二级区划主要协调用水部门之间的关系。一级功能区的划分对二级功能区的划分具有宏观指导作用。应对各级各类水功能区给予明确界线，规定各级各类水功能区的功能、水质标准。水功能区划分级分类如图 6.1 所示。

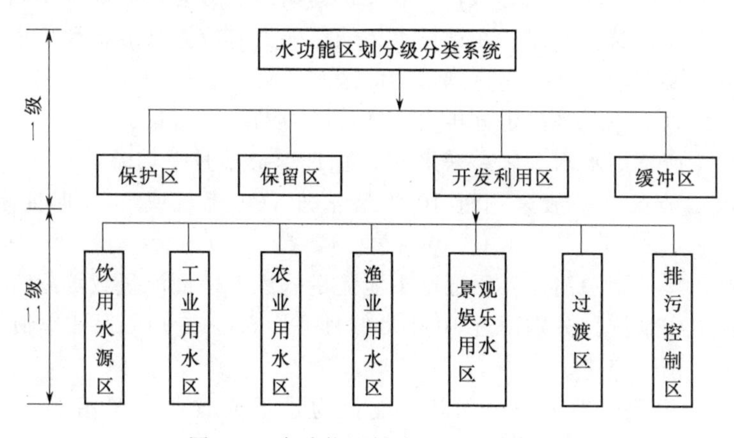

图 6.1　水功能区划分级分类系统图

从图 6.1 知，一级功能区分为：①对水资源保护、自然生态保护及珍稀濒危物种的保护有重要意义的水域保护区；②对目前开发利用程度不高，为今后开发利用和保护水资源而预留的水域保留区；③水量开发利用和纳污能力利用的开发利用区；④为缓和省际边界水域水污染矛盾而划定的具有缓冲作用的水域缓冲区。二级功能区分为：①集中饮用水源区；②工业用水区；③农业用水区；④渔业用水区；⑤景观娱乐用水区；⑥过渡区（指在水质类别显著差异的两个功能区之间存在的区域）；⑦排污控制区（在有入河排污口排污的水域，划定出排污对水域影响的限制范围，使相邻功能区水质目标得到保护的排污控制区）。

6.2.2.3 水功能区划程序

水功能区划的工作程序可分为资料收集、资料的分析评价、功能区的划分和区划成果评审报批四个阶段。区划工作安排是先进行一级区划，即流域区划，在流域水功能区划的基础上，对其开发利用区进行区划，主要是城市和工业集中的江（河）段，以省级水行政主管部门为主，在一级区划的指导下，主要解决各用水部门之间的要求。

6.2.3 水环境纳污能力计算方法

水体纳污能力可按恒定流河段，感潮河段和湖、库不同类型水域分别进行计算。恒定流河段水体纳污能力计算可采用一维或二维恒定流水质模型；感潮河段可采用一维非恒定流水量水质模拟模型，对每一个计算单元，在水功能区水质目标要求下，逐个计算单元进行纳污能力计算；湖、库水体纳污能力则依据均匀混合流模型进行计算。

某一水体所能容纳某种污染物的最大负荷量是由水体环境水质标准、水环境背景值和水体稀释自净变化规律为依据来确定的。

水体纳污能力的计算应根据江（河）段水体功能要求，用水质目标作为控制依据，以主要污染物为指标，运用水质数学模型，求得各功能区污染物的最大允许负荷量。

从水体纳污能力计算可知，水体纳污能力在确定水域、一定水功能目标要求下，与水体水量有密切关系，水体水量越大其稀释自净能力越强，反之亦然。

对季节性河流来讲，仅汛期有水，一般在计算纳污能力时仅考虑稀释因素，污染物的衰减自净作用常不作计算。所以，在计算水体纳污能力时应详细分析评价水体水量及其时空变化特征，并以要求的水量作为达到水功能区水质目标管理的保障。例如，在制定水功能区划时，可以用以下原则来确定分析水体纳污能力的设计流量：

（1）集中式生产饮用水水源区。采用95%保证率最枯月平均流量。

（2）其他水功能区。一般采用近10年最枯月平均流量或90%保证率最枯月平均流量。

（3）有水利工程控制的河流。用最小下泄流量（坝下保证流量或渗漏流量）。

（4）一般湖泊或水体。分别用近10年最低月平均水位或90%保证率最低月平均水位相应的蓄水量确定设计流量。

（5）经常断流的季节性河道。如其功能仅为景观或农业灌溉用水：设计流量采用50%最枯月平均流量。

（6）无水文资料的河段。设计流量可按三个原则确定：①距水文站较近，区间无较大支流加入或大的取水口，可直接借用邻近水文站的资料推求设计流量；②距水文站较远，区间有较大支流加入或大的取水口，可通过水量平衡计算，确定设计流量；③无水文站的河段，可采用类比法或根据现状旱枯水期实测流量资料确定设计流量。

按照确定的水环境水体纳污能力，根据污染物排放总量控制原则，可确定污染物排放总量和污染物排放时空分配方案，为排污权管理奠定基础，为水环境质量管理提供科学依据。

6.3 初始排污权的合理配置与定价方法

6.3.1 合理配置的动因

水环境纳污能力取决于一定时期水体自净能力，水体自净能力是有限度的，若不将排污控制在其自净能力之内，必然导致水环境恶化、破坏等一系列危害。

因而，如何科学合理地确定城市和企（事）业单位、个人的排污种类、排污量、排污时空分布是有效利用环境自然净化能力资源的关键问题。前述分析了我国现存排污管理基本法律制度，它们对排污管理和水环境治理发挥了重要作用，在一定程度上维护了水环境安全。但不容置疑的是，由于缺乏有效的运作机制，尤其是权、责、利不清，使得这些基本法律制度在运作过程中常常失效，如实行排污总量控制但不明确其排污权，削减排污但无合理回报，超额排污的代价低于治污的投入，对有能力多治污和少排或不排污的缺乏有效的经济激励等问题，使得排污管理基本法律制度在执行中带给排污者压力，但是排污费很不到位，而这个费用许多地方由于管理上的原因被大打折扣。所以，在现存排污管理中应大力引入市场经济的刺激因素，建立环境资源价值观，使用环境资源者付费、污染者赔偿、排污者罚款，让排污者自己选择出路，并让守法者、治污者获得应得的效益。

6.3.2 排污收费、排污许可证与排污权的关系

从目前排污费征收对象、征收目的、征收标准的制定和使用来看，主要根据“污染者负担”原则，运用价值规律的理论和体现经济利益的运行机制，促使排污者加强生产经营管理和污染治理。同样，排污许可证仅是对合法排污的确认，这样就将排污者与保护环境的关系用缴费和许可证的形式分开了，参与运作的是环境管理者——政府，事实上成了排污者缴费，政府负责治理环境，环境治理的责任落在了监管者的身上，淡化了排污与治污之间的关系。有人认为：“只要污染者缴了费，承担了责任，他就会去追究收费者的责任，监督收费者用好这笔钱。付费者与收费者之间形成了一种经济关系，运行效率才会提高，才能从根本上推动产业化的进程。”这种想法只能是理想主义者的想法，治污可以实施产业化，但让排污者付了费就能实现监督治污，就能达到治污，让政府减少监管治污，难免有替政府免责之嫌，让政府减轻监管之责，排污者怎么能监督收费者治理污染呢？排污者有如此觉悟还会排那么多污水吗？排污者若有如此权力，排污者与治污者串通怎么办？所以，让排污者通过缴费就与治污脱节不行，让政府直接治污而离开监管地位也不行，让排污者缴费后承担监管治污责任更不行。

这里应摆正排污者、收费者、治污者及监管者的关系和位置。首先排污者必须缴费。收费者应是环境资源的产权所有者代表，即管理者——政府。治污者是拿钱干活的。排污、治污的监管者也只能是政府。广泛意义的人民（包括排污缴费者）是最终的监督者，他们只根据环境具体情况监督政府履行职责情况，这样形成排污者缴费，治污者负责治污，政府对排污收费，治污花钱，并监管排污、治污，人民成为最终意义的监管者。应将污染治理引入产业化道路，实现产业化经营；将环境管理纳入政府资源管理范围；排污行为作为对环境资源的使用，是使用国民财富，应当付费。付费不仅是治污需要，而且是对使用国民环境资源的补偿。若排污行为是自然环境和人工治污能力可以承受的，则排污行为经法定程序许可和付费就能取得排污权。

引入排污权管理，对于排污区域、单位和个人就明确了排污权利和责任，将排污种类和数量、排污地点和时间与水环境纳污能力直接联系起来，使排污者通过对生产和经营的管理获得剩余排污权。同样，一个区域、一个城市通过产业结构调整、治污能力的提高、

环保管理的加强，也可获得剩余排污权。这些排污权反映的是可贵的水环境资源潜力，可用于支撑和保障更多的经济社会发展的潜力。

在排污权的管理上，明确其使用者拥有在一定时期内占有、使用、交易的权力，以及相应的收益权利，他们会如经营财产一样经营排污权，利用其为经济社会发展服务，同时利用自己的能力维护和创造剩余排污权，若条件允许，尤其是价格合适，他们会愿意将其投入水务市场进行交易，为其他因建设和发展需要增加使用排污的单位和个人所利用，并获得相应的收益。排污权的市场交易可让有能力的治污者出力治污，并获利，激活治污积极性。治污能力低的会花更多的钱排污，以保障生产，从而达到利用排污权的限制和激励作用，实现排污总量的控制目标，也完善了排污收费制度。排污收费、超标排污加倍收费，克服了少排污或不排污无利的、刺激较弱的被动管理局面。并且，排污权市场化以后，排污、治污、水环境管理等行为将会引起公众在更大程度上的关心和重视，比单纯依靠行政管理将会更有效，而且能节约管理成本。

6.3.3　初始排污权配置原则

1. 污染物总量控制原则

城市出口排污量和水质应遵守城市所在流域或区域分配的排污权指标。城市应根据污染源构成的特点，结合城市水体功能和水质等级，确定污染物的允许负荷和主要污染物的总量控制目标，并编制污染物总量控制方案，城市分配排水权数不得超过污染物排放总量控制指标。

2. 生活排污优先原则

城市人口集中，排放生活污水是基本的用水权利，但必须按照国家节约用水和水污染防治的方针，加强生活污水的处理与回用。在分配生活污水排放权时，应在综合分析评价生活污水的来源、数量、水质等特点基础上，编制生活节水和污水处理回用方案，核定生活排水量，并优于其他排水分配排水权。

3. 原有排水优先原则

拥有《排污许可证》的，只要在排污活动中没有违反上述法律法规的监督与管理规定，应享有优先获得排污权的权力。按照水环境管理目标和排污总量控制方案要求其削减排污，或限制其排污的情况，是对排污的合理调整，应当遵守。

4. 区别对待，保障重点的原则

对排污实行总量控制，应根据污染物的性质以及对环境和人体健康的影响程度区别对待。对重金属、有机毒物、难以生物降解的有害污染物应从严控制；对可生物降解的、毒性不大的有机污染物，可适当放宽限制；对关系国计民生的产业和地区经济发展的主导产业，应在加强管理的基础上，在安排排污权指标时，按排污总量控制方案要求，保障其基本排污权指标。

5. 留有余地原则

我们应维护地区水环境安全和建设美好环境，环境的纳污能力总是有限的，而纳污能力又与地区经济社会建设与发展关系密切，若将排污权分配完毕，会发生经济社会建设因排污不成而受到抑制，并且人们对排污标准、纳污能力、排污总量控制及排污权等的认识不仅有一个深化提高的问题，还包括对原有认识不到位的地方的修正、反省，因此是发展的。所以，不宜将当前所评估的水环境纳污能力以排污权的形式全部分配出去，应留有一定的排污权指标。

6. 时限原则

对原有领取的排污许可证因主观、客观原因不能使用的，应予取缔，并对新分配的排污权规定出最长使用时限。若无时限，就成了长期的事实上的占有，这种占有实质是对所有权的替代。所以，对反映使用国有环境资源的排污权，必须有时限。

6.3.4 排污权定价指导思想与方法

建立排污权市场和管理制度，运用水务市场经济规律管理排污，应对排污权进行合理定价。从以下对我国排污收费基本政策的分析可以看出，我国排污收费制度是在借鉴国外“污染者负担”的基本思想后，根据我国的现实特点，形成的排污收费制度，主要反映对环境损害的补偿，没能反映对环境资源利用的社会价值回报。

6.3.4.1 我国排污收费的基本政策原则

1. 排污费强制征收原则

《中华人民共和国水污染防治法》第十五条、第四十六条，《水污染防治法实施细则》第三十八条，《排污费征收使用管理条例》第二条、第十二条、第二十一条都有具体规定。

2. 排污费和超标排污费同时征费原则

参见《中华人民共和国水污染防治法》第十五条、《水污染防法实施细则》第三十八条、《排污费征收使用管理条例》第十二条。

3. 排污费与污水处理费二者取一原则

见《排污费征收使用管理条例》第二条。

4. 排污费实行“收支两条线，专款专用”的原则

见《中华人民共和国水污染防治法》第十五条、《排污费征收使用管理条例》第五条、第十八条、第二十三条。排污费实行“收支两条线，专款专用”的财政政策的原则，排污费必须纳入财政预算，列入环境保护专项资金进行管理，主要用于下列项目的拨款补助或者贷款贴息：

(1) 重点污染源防治。

(2) 区域性污染防治。

(3) 污染防治新技术、新工艺的开发、示范和应用。

(4) 国务院规定的其他污染防治项目。

5. 排污费减、免、缓原则

因不可抗力、特殊困难的原因，依据《排污费使用管理条例》第十五至第十七条的规定，经批准后对排污费实行减缴、免缴、缓缴的政策。

6.3.4.2 排污征费标准与计算方法

1. 征费标准沿革

我国排污收费在20世纪80年代实行的是污水排放超标准收费，排放标准执行GBJ

4—73《工业“三废”排放标准》，征费标准是1982年国务院颁布实施的《征收排污费暂行办法》附表之收费标准，共计20项收费因子，分为四类。

1988年国家颁发了GB 8978—1988《污水综合排放标准》，为加强该标准的执法力度，改变原收费标准远低于水处理设施运行费用的状况，以及原收费标准差别划分过于简单（如COD超标21倍与超标50倍）对环境造成的损害程度相差很大而收费标准却没有区别等问题，我国于1991年6月24日颁发实施了《污水超标排放费征费标准》，该收费标准采用比超标浓度倍数粗略分级更合理的征费方法，使收费额与污染物排放量之间具有吻合性和连续性，征收因子增加到31种。

2. 现行征费标准

依据《中华人民共和国水污染防治法》、GB 8978—1996《污水综合排放标准》和《排污费征收使用管理条例》（2003年7月1日执行）规定的排污费征收标准为：

（1）按污染当量计征排污费。按排污者排放污染物的种类、数量以污染当量计征，每一污染当量征收标准为0.7元。

（2）排污费和超标排污费同时征收。对每一排放口征收污水排污费的污染物种类数，以污染当量数从多到少的顺序，最多不超过三项。其中超过国家或地方规定的污染物排放标准的，按照排放污染物的种类、数量和规定的收费标准计征污水排放费的收费额并加一倍征收超标准排污费。对于冷却水、矿坑水等排放污染物的污染当量数，应扣除进水的本底值。

3. 水污染物污染当量数的计算

（1）一般污染物的污染当量数计算式如下

$$M_1(t,i)=\frac{W_1(t,i)}{M_{1,0}(i)} \tag{6.1}$$

式中 $M_1(t,i)$——t时段第i种污染物的污染当量数；

$W_1(t,i)$——t时段第i种污染物的排放量，kg；

$M_{1,0}(i)$——第i种污染物的污染当量值，kg。

一般污染物的污染因子按《污水综合排放标准》分成第一类水污染物10项，第二类水污染物61项，共计71项，并标定了每项污染物的污染当量值。

（2）pH值、大肠菌群数、余氯量的污染当量数计算式如下

$$M_2(t,i)=\frac{W_2(t)}{M_{2,0}(i)} \tag{6.2}$$

式中 $M_2(t,i)$——t时段，第i种污染物的污染当量数；

$W_2(t)$——t时段污水排放量，t；

$M_{2,0}(i)$——第i种污染物的污染当量值，t。

（3）色度的污染当量数计算式如下

$$M_3(t)=\frac{W_3(t)\cdot S}{M_{3,0}} \tag{6.3}$$

式中 $M_3(t)$——t时段色度的污染当量数；

$W_3(t)$——t时段污水排放量，t；

S——色度超标倍数；

$M_{3,0}$——色度的污染当量值，t。

pH值、色度、大肠杆菌群数、余氯量四项因子，以吨污水标定污染当量值，其中pH值细划为6级，这四项因子不加倍收费。

（4）禽畜养殖业、小型企业和第三产业的污染当量按养殖头数、小型企业和饮食娱乐服务按吨污水数、医院按床位数和吨污水数标定污染当量值，计算式如下

$$M_4(t)=\frac{W_4(t)}{M_{4,0}} \tag{6.4}$$

式中 $M_4(t)$——t时段禽畜养殖业、小型企业和第三产业的污染当量数；

$W_4(t)$——t时段禽畜养殖业、小型企业和第三产业的污染排放特征值；

$M_{4,0}$——禽畜养殖业、小型企业和第三产业的污染当量值。

按照污染要素的不同，将原来的超标收费改为排污即收费和超标收费并行，可对同一排污口中的三种污染因子叠加征收；征收标准提高，征收户数增加，征收因子增多；根据收费体制的变化，明确排污费必须纳入财政预算，列入环境保护专项资金进行管理，规定排污费必须用于重点污染源防治、区域性污染防治、污染防治新技术和新工艺的开发示范与应用；对逾期不缴者处罚严厉，原“办法”对逾期不缴者，每天增收1%的滞纳金，现规定滞纳金是2%。原“办法”只规定了对催缴无效者给予经济处罚，现规定对逾期未缴、拒缴者给予经济处罚的同时，还可报经政府责令停产停业整改；征收对象增加，规定直接向环境排放污染物的所有单位和个体工商户都应缴纳排污费。

6.3.4.3 初始排污权价格构成要素分析

排放污水不仅会损害公共环境，影响水环境的再生能力和可持续利用潜力，排污者更是为实现其效益而利用水资源功能，具有将水环境资源价值转向内生效益的特征，水环境资源价值与经济社会建设与发展活动发生着十分密切的关系。若由于人类活动，特别是排污活动、水资源开发利用活动等超过了水环境承载能力，水环境将遭受破坏，将降低水环境资源价值，并削减支撑和保障经济社会发展的能力；同时，为保持水环境功能，维护水环境资源价值，人类会采取各种措施，加大人力、物力、财力的投入，增加水环境支撑和保障经济社会发展的能力。例如1998～2002年，我国用于环境保护的投入达到5800亿元，相当于1950～1997年环境保护投入总和的1.7倍；安徽省淮河、巢湖流域“十五”期间水污染治理总投资将达113.5亿元，比“九五”期间增加一倍多。

排污权价格是水环境资源价值的体现。由于水环境功能具有服务经济社会的发展、生产、娱乐和服务生态环境等的多功能性和多目标性，以及时空变化的复杂性，水环境资源价值与经济社会和生态环境不是单一的、直接的价值对应关系，而是多维的复杂的关系，不确定影响因素众多，已成为当今国际社会环境经济学界研究的新课题。虽然给其定价十分困难，但其定价构成要素应包括以下内容。

1. 环境资源使用价格

水资源环境是一种公共物品和财产，其所有权属于国家，属于全民。排污者利用水环境排污是一种使用水环境资源为生产、生活和其他活动服务的行为，尤其是为从事各类经济活动服务，是利用大家共有的物品去创造财富的行为，而水环境资源已成为日渐稀缺、市场不可或缺、经济社会与发展严重依赖的资源。从公平性考虑，应根据排污者利用环境资源的量和质，交纳环境资源使用费（或缴纳环境资源使用税），以反映环境资源的全民

所有权属性和对公共物品的使用价值。排水权包括的环境资源使用价格实质上是国家环境政策的重要体现，利用经济政策的刺激作用激发环境资源价值理念，克服经济生活中环境资源无价或低价所导致的环境资源高消费，甚至破坏行为。

2. 环境资源损害补偿价格

水环境的脆弱性、易损性，使得水资源环境遭受严重破坏已成为当今社会的现实，已对经济社会的建设与发展，乃至人类的生存构成了极大的威胁。水污染是排污者对社会施加的外部不经济性。排污者把本来应该由其自身承担的防治污染成本“节省”下来，由社会承担污染造成的后果，或由社会支付为抵消这种有害后果所必须支付的费用。这种“外部不经济性”一方面违反了社会公正原则，造成“受害者负担”的不合理现象；另一方面使排污者失去资源约束，造成对环境的滥用；生产者或消费者在用水决策时，通常没有考虑经济活动的全部成本，其产出对于全社会而言是次优的。

在对排污后果的认识中，人们首先看到的是超标排污对环境的危害，随着经济社会发展，排污越来越多，人们逐渐认识到达标排污的累积效应，同样对环境产生严重危害，并由于认识的迟缓，治理力度的不到位，普遍达标的排污产生的危害有时也会一样的严重。为了治理排污对环境造成的现存损害和潜在危害，国家投入了大量的人力、物力和财力（此处不包括排污者内部治污的投入），这些投入理应由排污者负担，即应通过环境经济政策将排污者的排污行为所产生的外部性效应内部化。同时，刺激排污者进行内部治污和减少排污的积极性。排污者负担环境损害费用是世界各国的普遍做法，也是我国建立排污收费制度和排污收费标准的主要依据，它理应成为排污权价格的构成要素之一。

3. 环境资源管理成本价格

为维护和修复良好水环境资源，需要对水环境建立监测、化验、补源和政策法规，以及全方位的管理网络，这些都需要大量的投入，本着“使用者负担”的原则，理应由使用者根据其利用程度分担相应的费用，才能建立起有力的、持续的、积极的管理制度和机制，并利用环境经济政策将水环境资源使用者和管理保护者紧密联系起来。

从上述分析知，排污权价格应由环境资源使用价格、环境资源损害补偿价格、环境资源管理成本价格构成。其中环境资源损害补偿价格可利用污水处理达标成本加合理盈利来测算，相当于通常讲的污水处理费，而对其他两次的测算是很困难的。但是，清楚了初期制定的排污权价格应高于污水处理费，即高于污染物的平均治理成本加合理盈利，否则排污者宁愿排污缴费也不治污，而且不能建立起排污权市场，也就难以利用市场手段激励治污和管理排污。排污权的最终价格，可利用排污权管理的一套机制，让水务市场去调整确定。

6.3.5 初始排污权的合理配置方法

6.3.5.1 查清家底，严格削减排污量

在计算区域最大允许排污能力时，已考虑区域内和进入区域的含污能力（即本底值），所以，确定的区域最大允许排污能力就是一定时期、一定水情条件下的最大排污权指标总量。进一步的工作是通过水环境质量评价和水环境保护规划，查清现状水污染来源和时空分布状况，水污染类型、污染物构成和数量，并与区域最大允许排污能力进行比较，若现状排污超过了最大允许排污能力，则应制定相应水污染治理方案，削减现状排污量，使其

达到最大允许排污能力的限制，满足区域确定的水环境质量管理目标。若现状排污没有超过最大允许排污能力，则应根据确定的区域水环境质量管理目标，维持现状水环境质量或允许发放新的排污权指标。

按照我国目前的水环境管理方针和水环境现状，对现状排污没有超过最大允许排污能力的，应以维持现状排污，不降低现有水环境质量为宜，这不仅是对水环境状况受不确定性影响因素多而复杂的考虑，更是水环境质量易受损、易破坏、难治理、难恢复的特性所决定的。

6.3.5.2 核定现状排污指标分配状况

城市区域排污现状的调查、核实是分配初始排污权的重要基础性工作之一。通过对排污许可证、临时排污许可证的审查，现状排污的呈报和实地监测，弄清楚排污者的排污行为和排污类型、污染物种类和数量，确定其现状排污指标的合理性程度。

6.3.5.3 严格执行“限期淘汰制度”

在核定、审查现状排污许可证时，以排水权分配为契机，通过执行国家水环境保护的相关政策法规，促进产业结构调整，解决结构性污染，依法淘汰技术落后、浪费资源、污染严重的生产工艺、设备和企业，采取暂缓或取消分配排污权的办法，使严重污染环境者无生存经营权力，从源头治理、减轻工业污染负荷，也为企业创造公平竞争的市场环境。

6.3.5.4 编制排污总量控制方案

排污总量控制方案包括上述污染物削减方案、产生污染的工艺、设备和企业的长期治理和淘汰方案，以及排污权指标分配方案和水环境管理方案。

在制定排污权指标分配方案时，应依据城市区域最大允许排污能力，按照初始排污权配置原则，遵循公开、公平、公正的原则，采取科学、统一的标准和程序分配排污权指标。并将分配到每一排污单位的污染物种类和数量、排放地点、时间分配、排放权价格等内容向社会公布，接受社会监督，并为建立高效、透明的排污权市场奠定基础。

6.4 排污权市场化运作

排污权交易是指在一定区域，根据水环境质量控制标准预先确定污染物最大允许排放水平（接纳能力），按此上限发放排污权许可指标，并按相应的管理制度允许其在水务市场上买卖交易，形成排污权产品的稀缺性交易市场。

6.4.1 排污权交易原理

排污权能否进行交易取决于国家环境资源和水污染防治管理方针政策，以及相关法律法规的规定。若要实施积极的管理政策，鼓励采用有效的治理和防止水污染的技术措施，就很有必要利用市场经济的调节作用和激励作用，促进国家有关政策和法律法规的实施，排污权交易是比较有力的途径之一。

6.4.1.1 边际外部成本曲线

某一城市，政府为了达到水环境质量保护目标，根据测算的一定时期不同量级最大允

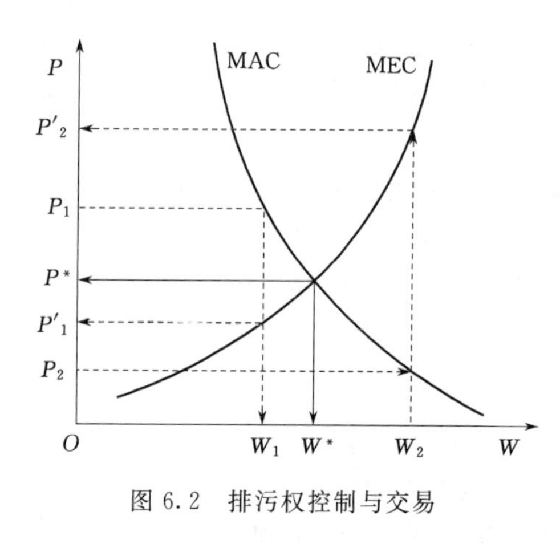

图 6.2　排污权控制与交易

许排污能力造成的水环境损害总成本，即污水排放的边际外部成本（用 MEC 表示）与排污量的关系，是随着水污染物排放量增加而增大的。用 P 表示边际外部成本（用 P 代替 MEC 只是出于图示方便），W 表示排污量，随着排污量的增加，造成的水环境危害会越来越严重，并随着排污量的继续增加，水环境将呈现出急剧恶化的变化趋势，若排污得不到控制，还将引发水环境灾难，所以污水排放的边际外部成本是随着污水排放量的增加而增大，即 $W_2 > W_1$ 时，$P(W=W_2) > P(W=W_1)$，$\partial P/\partial W > 0$，则 $P(W)$ 是上升的；随着 W 的继续增加，会出现 $\partial P/\partial W|_{W=W_2} > \partial P/\partial W|_{W=W_1}$ 的现象，表示水环境向更严重危害方向发展；并且在 P 随着 W 的变化关系上有 $\partial^2 P/\partial^2 W > 0$，反映 $P(W)$ 曲线是上凹的；所以边际外部成本与排污量的关系曲线 $P(W)$ 是向上翘的，如图 6.2 所示。

6.4.1.2　边际控制成本曲线

相应水环境治理的边际控制成本（用 MAC 表示），它是随着水污染物被控制量增加，排污量减少而增大的。水务市场上的排污权价格应反映水环境治理的边际控制成本大小，同样用 P 表示其大小，W 表示排污权指标（在严格管制下其值代表了排污量），水务市场上排污权价格越低，排污者会越倾向于多排污，而减少治污；并且还会引起原来没有能力购买排污权的也会去购买排污权，而加入排污者行业，所以随着排污权价格降低，水务市场上排污权需求量会增加，排污量将增多，即 $W_2>W_1$时，$\partial P/\partial W < 0$，则 $P(W)$ 是下降的。

随着 W 的继续增加，出现 $\partial P/\partial W|_{W=W_2} > \partial P/\partial W|_{W=W_1}$ 的现象，在这种情况下，将会发生水环境灾难，水环境治理的边际控制成本已难以反映排污对环境的危害了。

同样有，$\partial^2 P/\partial^2 W > 0$，则 $P(W)$ 曲线上凹；排污权价格（水环境治理的边际控制成本）与排污权（排污量）的关系曲线 $P(W)$ 是向下倾斜的，如图 6.2 所示。

6.4.1.3　排污权控制与交易关系

水环境损害成本（污水排放的边际外部成本）、水环境治理的边际控制成本与排污权（排污量）的关系曲线，构成图 6.2。两条曲线相交于均衡的价格（成本）和数量，该点为达到排污的“帕累托”最优状态，既边际水污染物所造成的边际外部损失等于避免这些损失的边际成本。它是排污管制的经济点，可接受点，该点会随污染治理技术水平、能力和人们对环境质量标准的要求发生变化，但在一定时期内它是相对稳定的。

从经济效益、社会效益、环境效益综合平衡考虑，在一定时期内政府可发放的最佳控制排污量的排污权指标应为：相应的排污权价格也是该排污量状态下的水环境治理边际控制成本。

图 6.2 所示的水污染边际控制曲线 MAC，无论是对一个城市或是对一个具体排污者

都是适用的，他们通常是自己采取生产工艺技术改造、增加水污染治理技术与设备、减少产量等方法控制水污染的投入成本与从市场上购买排污权进行选择。若自己控制水污染的成本高于当期市场的排污权价格，他们会选择购买排污权，而不会自己治理水污染，反之他们会选择自己治理水污染。在这样的选择中，排污者是将自己控制水污染的成本与购买排污权价格进行比较，可将 MAC 线直接当做排污权需求曲线。

6.4.2 排污权交易能激励实现水环境质量保护目标

假设某一时期（当期或预测期）水务市场上排水权价格为 P_2，由图 6.2 可知，P_2代表了水污染控制量 W_2的平均成本，此时对应的平均外部成本为 P^*，因为 $P_2<P^*$、$W_2>W^*$，排污权价格低于最优排污控制边际成本，排污者选择购买排污权，减少采取控制污染的投入，会导致排污量超过最佳控制排污量 W^*，外部污染损害加重，边际外部成本 $P_2'>P^*$。既然采取控制污染措施不如购买排污权经济，排污者都趋向于购买排污权而不治污，但是，市场上排污权资源是有限度的，其结果是市场上的排污权价格上涨，控制污染成本较低的排污者会首先具有选择治污的愿望，并逐渐采取治污措施，一直随着排污权价格的上扬，排污者会加强治污，减少排污，减少外部损害，并趋向于（W^*，P^*）点，达到治污投入与外部损害相抵消点，保障实现水环境质量保护目标。

若排污权价格上涨到 P_1，由图 6.2 知，$P_1>P^*$，$W_1<W^*$，排污得到控制，治污措施取得的成效使排污小于水环境最大允许排污量，水环境边际外部成本减少，$P_1'<P^*$；但排污权价格偏高，控制污染成本高者会首先加入治污的行列，参与交易和潜在交易排污权的会减少，而市场上排污权限额在一定时期是比较稳定的，随着治污者增多，排污权价格会逐渐下降，购买排污权的会增加，治污者会减少，污水排放量增大，边际外部成本增加，并趋近于（W^*，P^*）点。

所以，水务市场上排污权的数量、价格在一个完全竞争的市场中，可以起到调节排污者行为的作用，使排污者的决策趋向于水环境质量保护目标。

6.4.3 排污权交易可促进政府管制与市场调节

人类对水环境质量的追求是随着社会进步而不断提高的，在各个历史时期政府会根据水环境状况和经济社会发展水平，以及前瞻性发展预测对水环境质量目标提出要求。在利用排污权管理水环境时，政府运用投入水务市场的排污权份额，影响排污权价格，运用市场的调节作用刺激排污者在治理污染与买或卖排污权之间进行选择，从而达到有效控制水环境质量保护目标的目的。这一调节过程可用图 6.3 表示。

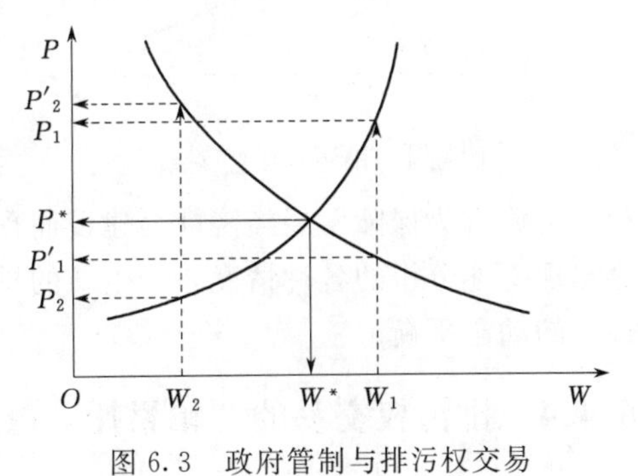

图 6.3 政府管制与排污权交易

从图 6.3 可知，政府根据制定的水环境质量保护目标，向水务市场投放一定量的排污权，由于受各种非确定性因素的影响，对控制最优排污量 W^* 把握不会十分准确，或是制定的水环境保护目标具有阶段性操作策略等，都可能发生投放到水务市场的排污权大于或小于 W^* 的情况。

若政府投放的排污权份额是 W_1，由于 $W_1>W^*$，导致 $P_1'<P^*$，排污者会选择购买排污权排污，而不会选择采取控制水污染的治理措施，相应 $P_1>P^*$，造成水污染边际外部成本增大，水环境恶化，保护水环境质量的要求不能实现。这时，政府会如采取购买排污权的办法，从市场上收回一定量的排污权，减少水务市场上的排污权量，这样会引起排污权价格上涨，排污者为保障生产经营活动正常进行，可能愿意承担更高排污权价格，或是采取控制污染的治理措施，但是，随着政府对排污权的进一步控制，从 W_1 逐步趋近于 W^*，排污权价格也会进一步上升，这样会促使更多排污者采取控制污染的治理措施，并直到 W^* 时，达到这一调整状况的平衡点，取得政府满意的水环境质量和排污者接受的排污权价格。

若政府投放的排污权份额是 W_2，由于 $W_2<W^*$，导致 $P_2'>P^*$，水务市场上排污权价格高于平均控制污染治理措施成本，排污者会趋向于采取措施治污，而不愿购买排污权，排污权价格会逐渐降低，并逐步趋近于 P^*，即（W_2，P_2）点趋近于（W^*，P^*）点；同时，应注意到 $W_2<W^*$，发生 $P_2<P^*$，实际情况是水环境自净能力资源没得到完全利用，外部环境损害成本较低（此类情况可理解为对水环境资源的浪费），政府会向市场加大投放排污权份额，而利用水环境自净能力资源为经济建设服务，从而使（W_2，P_2'）点也同样趋近于（W^*，P^*）点。这一过程是必然会发生的，因为政府在管理排污权时，也希望充分利用水环境资源，尽量减少采取高成本治污措施，以维护经济社会的投入产出效益，所以，只要水环境边际外部成本在可接受的程度，就不会提高水环境质量保护目标。可见政府可以通过水务市场采取管制与市场调节相结合的办法来控制排污权的供给量和价格，达到实现排污总量控制目标，实现水环境质量保护目的。如若政府投入水务市场的排污权份额为 W，并希望保持 W 所确定的总排水量 W^*，假如有新的排污者（如新的排污者、原排污者增加排污量）进入该市场，就会出现图 6.4 的情况。

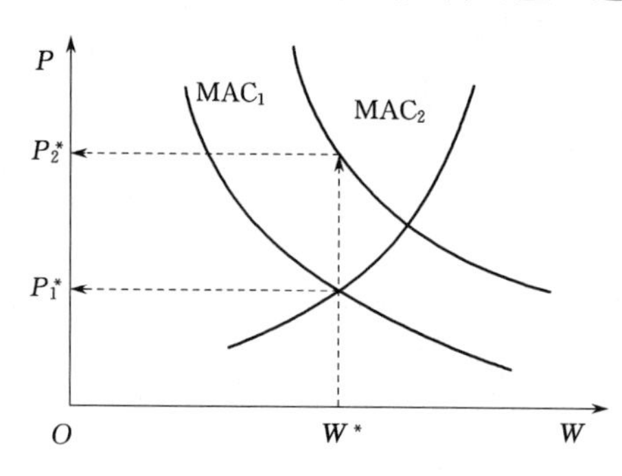

图 6.4　排污权供需关系

图 6.4 可知，由于新排污者的加入将使排污权总需求曲线由 MAC_1，变到 MAC_2，若 W 不变，排污权价格会从 P_1^* 升到 P_2^*，打破了原排污者对购买排污权或是采取控制污染治理措施的动态平衡。排污者会转而采取治污措施，或是接受新的排污权价格。也许会发生因采取治污措施或购买排污权导致生产经营成本上升，出现亏损的情况，这应进一步通过技术进步降低成本。

当然，政府也可根据变化了的排污权需求情况，将原有为保障发展经济社会建设而预留的排污权投放到水务市场。这样排污权交易将会出现上述分析的各种情况，产生新的排污权价格、治理污染的边际控制成本和边际外部成本的动态平衡。

6.4.4　排污权交易的"帕累托"改进

排污权交易的最大好处就是充分合理地利用水环境资源的纳污、治污能力和激发社会资源治污的积极性及潜力。当一个城市经济社会需要发展时，只要可行，他可以以各种补偿的形式或采取交换条件，向城市上游购买排污权，使其少排污，以增强自己城市的纳污自净能力，或是向下游城市购买排污权，以多排污，增强自己城市的最大允许排污能力。这样来实现因经济社会建设所需要的排污要求，上下游城市也会因参与排污权交易获得益处，从而实现“帕累托”改进（至少一方变好，其他人没有变坏），从而达到多赢的效果。

同样在城市范围内，通过排污权交易的刺激作用，一些技术和管理水平较高的生产经营者，尤其是掌握核心治污技术和先进生产技术者，会积极采取控制污染的措施和少排污的生产工艺，而获得富裕排污权，并通过水务市场交易得到回报（当然，也可留着扩大再生产所用）；治污能力不足者，就只有到水务市场购买排污权，以维持生产，若承受不了，就只能被所从事的生产领域淘汰，从而达到卖排污权者和买排污权者的共同“帕累托”改进，此时最大的赢家是社会。

从上述分析可知，运用市场化的手段，加上政府的管制，实现排污权的交易会有力地促使城市防污治污水平提高，有利于促进水环境质量保护目标的实现。同时，利用水务市场进行排污权交易，可以调节治理污染的边际控制成本和水环境损害的边际外部成本之间的关系，激发治污积极性，减少对水环境的危害；排污权交易还有利于促进水务市场，乃至生产经营市场的公平竞争，以及对水环境资源的合理、公平利用；排污权交易还有利于克服制定水环境质量标准和排污收费标准动态性、不确定性、复杂性等因素影响所造成的标准制定的困难性；排污权交易有利于促进治污成本，以致生产经营成本实现最小化。所以，实现排污权的市场化运作和排污的政府监管是水环境保护的有力途径。

第7章　水价政策与水价格制定模式对水务市场的影响

价格是商品价值的货币表现，是调节市场供求关系和资源配置的重要手段。水的价值是水价格的基础，水价格反映水的价值。在市场经济中，水价格应起到优化配置水资源及环境资源，调节经济社会中水资源及环境资源供求关系的作用。但是，由于水资源及环境资源的自然资源属性和经济属性，及其在人民生活和经济建设中的基础性地位，决定了它与一般商品属性的差别，成为一种比较特殊的商品。运用政府宏观管理和市场经济机制调节相结合的力量，发挥水价格的职能和作用是解决水资源及环境资源短缺、优化配置水资源及环境资源、促进节约用水和管理保护水资源及环境的重要途径。

本章在前述各章分析内容基础上，结合当前水价政策和水价格水平的分析，研究合理水价的结构要素、结构模型和形成机制与制度，使市场机制在水价的形成中更多地发挥能动作用。

7.1　水价政策与水价改革进展

7.1.1　我国水价实施沿革

新中国成立后的水价沿革，水利工程供水大体经历了水资源无偿使用、供水不收费、无水价而言的无偿供水阶段。1965年，国务院批准了水利电力部制定的《水利工程水费征收、使用和管理试行办法》，改变了水利工程无偿供水的状况，逐步推行了供水收费制度，但未考虑供水成本，属低水价供水阶段；直到改革开放以后，我国的水价改革才逐步进入正轨，改变了长期以来供水不讲效益、水价呆滞的局面。1982年，国务院1号文件指出“城市、工农业用水应重新核定收费制度”。1985年，国务院颁布了94号文件——《水利工程水费核定、计收和管理办法》，规定农业水费标准按成本核定，工业水费及城镇生活用水水费标准按成本略加盈余核定，从而使我国水利工程供水由不收费、低收费步入了有偿供水，核算成本，按量收费，按工程成本核定水价的供水阶段。但是这些均未涉及资源价值问题。1982年实行的排污超标准收费只能理解为对环境破坏者的惩罚性处罚。

1988年颁布的《中华人民共和国水法》规定：“使用供水工程供应的水，应当按照规定向供水单位缴纳水费”，并规定了水资源实行有偿使用制度。1991年，我国对排污收费进行了一定程度的改革，加大了超标准排污收费的经济管理力度。

受水价格改革和资源利用价值观念的影响，城市供水（自来水）水价的变动情况与水利工程供水相似，长期处于低水价、少波动状况，近年来才逐步过渡到补偿供水生产成本费用，而水价很少计入对水资源及环境价值的利用。这种情况可由表7.1反映出来。

表 7.1 济南市水价调整情况 单位：元/m^3

水价 年份 / 用水分类	1948～1964	1965～1967	1967～1984	1984～1986	1987～1990	1990～1993
生活用水	0.088	0.088	0.088	0.088	0.132	0.242
生产用水	0.176	0.154	0.132	0.198	0.330	0.550
经营用水						
水价 年份 / 用水分类	1993～1996	1996① ～1998	1998～1999	1999② ～2001	2001～2003.8	2003.8～
生活用水	0.44	0.66	1.14	1.55	1.75	2.60
生产用水	0.66	1.10	1.70	1.30	2.10	2.90
经营用水	0.99	1.65	2.60	3.00	3.20	③

① 1996 年 12 月，济南市政府决定征收污水处理费，生活污水 0.18 元/m^3，经营用水 0.45 元/m^3。

② 工业用水实行阶梯式水价，表中数据为基数内水价，用水量超过基数 5%的部分，水价加价 0.50 元/m^3；超过基数 50%至 100%的部分，水价加价 1.00 元/m^3；超过基数 100%的部分，水价加价 0.50 元/m^3；取消超过计划的加价水费。

③ 经营服务业 4.3 元/m^3；特种行业 16.0 元/m^3；宾馆饭店 3.6 元/m^3。

7.1.2 现行水价政策

7.1.2.1 产业政策

水利工程供水自国务院颁布《水利工程水费核定、计收和管理办法》开始实行有偿供水以来，截至目前，全国各地都进行了 3～6 次水价调整工作。特别是 1997 年国务院出台了 35 号文件——《水利产业政策》，要求“合理确定水价、水电及其他水利产品与服务的价格，促进水利产业化。新建水利工程的供水价格，要按照满足运行成本和费用，缴纳税金、归还贷款和获得合理利润的原则制定。原有水利工程的供水价格，要根据国家的水价政策和成本补偿、合理收益的原则，区别不同用途，在三年内逐步调整到位，以后要根据供水成本的变化情况适时调整。县级以上人民政府物价主管部门会同水行政主管部门制定和调整水价。”

7.1.2.2 城市供水价格改革政策

1. 定价原则

制定城市供水价格应遵循补偿成本、合理收益、节约用水、公平负担的原则。

2. 分类定价

城市供水价格是指城市供水企业通过一定的工程设施，将地表水、地下水进行必要的净化、消毒处理，使水质符合国家规定的标准后供给用户使用的商品水价格。

城市供水实行分类水价，根据性质可分为居民生活用水、工业用水、行政事业用水、经营服务用水、特种用水等五类。

3. 价格构成

城市供水价格由供水成本、费用、税金、利润构成。城市供水成本是指供水生产过程中发生的源水费、电费、原材料、资产折旧、修理费、直接工程、水质检测和监测费以及其他应计入供水成本的直接费用；费用是指组织和管理供水生产经营所发生的销售费用、管理费用和财务费用；税金是指供水企业应缴纳的税金；城市供水价格中的利润，按净资产利润率核定；输水、配水等环节中的水量损失可合理的计入成本；污水处理成本按管理体制单独核算。

4．计价方式

城市供水应逐步实行容量水价和计量水价相结合的两部制水价或阶梯式计量水价。容量水价用于补偿供水的固定资产成本；计量水价用于补偿供水的运营成本。

7.1.2.3　水价改革指导思想

1．基本原则

（1）发挥价格杠杆作用，促进节约用水，保护和合理利用水资源。

（2）充分体现供水的商品价值，使水价达到合理水平。

（3）将水价改革与改革水资源管理体制、改造供水设施、推行科学节水制度结合实施。

（4）综合考虑水利工程供水、城市供排水和污水处理的需要，兼顾社会各方面的承受能力，统筹规划，分步实施。

2．基本思路

（1）建立适合我国国情的水利工程供水价格形成机制。

（2）规范水费的使用管理。

（3）改革城市供水管理体制，理顺城市供水价格和污水处理费标准。

（4）改革农村供水管理体制，改造供水体系和计量设施，加强农业水价的管理和监督。

（5）强化水资源的分配和管理，实行有利于节约用水的科学水价制度。

（6）建立健全水资源费征收政策和办法。

3．具体目标

（1）实行居民生活用水阶梯式计量水价。

（2）开征污水处理费，建成相应规模的污水处理厂并投入运营。

（3）应根据城市水资源状况实行季节性水价，并逐步提高水资源费标准，理顺水资源费与自来水价格的比价关系。

4．主要内容

（1）要建立以节约用水为核心的合理的水价形成机制。

（2）改革供水企业和污水处理企业经营管理体制，努力引入市场机制，促进企业加强内部管理，建立符合社会主义市场经济体制要求的经营管理体制。

（3）完善相关节水措施。实行水资源有偿使用制度，使用水工程供应的水，应当按照国家规定向供水单位交纳水费。重申供水价格应当按照补偿成本、合理收益、优质优价、公平负担的原则制定。

7.1.3　水价改革进展与成效

改革开放以来，各级政府及有关部门在城市供水价格改革方面做了大量工作，各地水价调整幅度增大，逐渐将固定资产折旧计入水价，部分地区还通过水价调整解决供水工程还贷资金，基本上完成了城市供水由福利型向商品型转化的过程。

1．制定相关规章，依法推进了水价改革

国家发布的一系列指导城市水价改革的文件有力地推进了城市水价依法改革的步伐，

打破了城市水价与成本倒挂，长期呆滞的被动局面。

2. 较大幅度提高了城市供水价格

自2001年以来，全国大中型城市居民生活用水价格年均涨幅18.5%，水价偏低的状况有了明显改善，多数城市供水价格已基本达到保本水平。

3. 水资源有偿使用制度得到全面贯彻实行

20世纪80年代初期，我国北方一些地区开始对直接从地下和江河湖泊取水的工矿企业和事业单位征收水资源费。山西省、山东省较早出台了水资源管理条例，实施取水许可制度和水资源有偿使用制度。1988年颁布的《中华人民共和国水法》将水资源有偿使用制度、征收水资源费纳入了依法管理的范畴。1995年国务院印发的《国务院办公厅关于征收水资源费有关问题的通知》（国办发〔1995〕27号）、1997年国务院颁发的《水利产业政策》等都规定了国家实施水资源有偿使用制度，征收水资源费。2002年修订颁布的《中华人民共和国水法》进一步明确了实行水资源有偿使用制度。

在对水资源费进行测算时，一般要求水资源费按有偿使用费和使用补偿费两部分进行测算比较合理：①水资源有偿使用费是由用于水资源调查、评价、监测、规划、保护、管理、科研等工作而产生的费用构成；②水资源使用补偿费分两种：一是水量补偿费，由可用来进行水量补偿的工程设施所需要的多年平均单位水量补偿成本构成；二是水质补偿费，是为了恢复开发利用水资源而造成的水质恶化所需要的费用。

【例7.1】 山东省政府发布了《山东省水资源费征收使用管理办法》，对水资源费的管理规定了五条原则：

（1）分区实行不同的水资源费最低限制标准，把全省按经济发展水平，结合水资源紧缺程度划分为三类地区，分别规定了最低征费限制标准，最高地区与最低地区征费标准相比，地表水相差1.75倍，地下水相差1.78倍。

（2）经批准在地下水超采区开采地下水的，按当地地下水征收标准的两倍征费。

（3）矿坑生产和建设工程施工抽排地下水的，按当地地下水征收标准的20%征收。

（4）自备水源的征收标准高于公共供水的征收标准，如济南市地表水自备水源征收标准是公共供水的1.71倍，地下水是2.25倍。

（5）优质水的征收标准高于微咸水等劣质水的征收标准，如济南市自备水源取于优质地下水的征收标准是劣质水的3.00倍。

此外，山东省全省地下水的最低征费标准是地表水的2.17～2.29倍。据测算，2003年山东省全省实现全额征收水资源费达到290亿元左右。

目前全国除上海市、西藏自治区和宁夏回族自治区外，大部分省（自治区、直辖市）都已由省级人民政府或水利厅（局）、物价厅（局）、财政厅（局）联合发布了有关水资源费征收使用管理办法（或相关法规）。全国水资源费的征收总额呈逐年增加趋势。

水资源有偿使用制度的贯彻实施，初步扭转了水资源无偿使用和无序取水的局面，促进了节约用水，为水资源管理和涵养水源等措施提供了有益的经济保障。

4. 建立了排污收费和污水处理收费制度

全国已有90%城市开征了污水处理费，其中山东、河北、内蒙古、辽宁、江苏、广东、四川、新疆等省（自治区）规定了所有城市开征污水处理费。这些制度的建立和贯彻执行，必将对一城市水环境的治理与保护起到了十分重要的积极作用。

7.1.4　现行水价存在的主要问题

从目前城市供水价格看，仍然存在水价偏低、水价构成不尽合理、定价机制有待完善、计价方式和管理制度亟待改革等问题。

1. 城市供水价格仍然普遍偏低，背离价值规律

近年来各城市虽然加大了水价格调整力度，但由于历史的欠账原因、认识原因，特别是水价调整后对产业结构、商品生产原材料的消耗和对商品生产价格的关系等认识不到位，或相关措施跟不上，普遍感觉不调整水价不行，但又担心调整水价引起连锁反应，所以，多数城市在水价调整时，采取“小步快跑”的调价方式，希望即实现调价目的，又能将价格控制在人们的心理承受能力之内。从目前各城市调价结果看，水价格偏低的问题仍没能得到有效的改变。实际上从全国平均情况看，水费在居民生活费用中仅占不足 0.5%，在工业产品成本中约占 0.1%～0.4%（一般工业生产中原材料费用约占产品成本的 70%）。水费支出对家庭消费和企事业单位的运营影响较小。

据国外经验，水费支出占居民生活费用的 2%～3%，占工业生产成本的 3%～4%，是可以接受的，并能在用水管理中发挥较好的作用，尤其有利于节水管理。

我国城市过低的水价使宝贵的水资源失去了应有的价值和地位，违背“物以稀为贵”的基本市场原则，不仅使供水企业失去维护正常生产和扩大再生产的能力，制约城市供水设施、排水设施、水处理设施以及各种水源保护措施的建设、管理能力建设，难以发挥经济杠杆在节约用水、节水设施能力建设中的调节作用，同时导致公众节水意识淡漠，节水无利，并在一定程度上助长了水的浪费，造成了缺水和浪费水现象相互激励的恶性局面。

2. 水价构成不合理，影响水资源可持续开发利用

在《城市供水价格管理办法》中，虽然明确了城市供水价格由供水成本、费用、税金等构成，也单独规定污水处理费计入城市供水价格，但从执行情况来看，还存在很多问题，而且这些项目也难以反映合理的用水价格。

（1）水价构成比例不合理。据对山东省 16 城市供水成本分析（表 7.2），水价主要由供水工程成本构成，其中以动力费所占比例最高，达 26.73%，其余依次为源水费、税金、管理费、工资福利费、折旧大修费等，各城市还根据用户性质，另征收 0.10～0.30 元/m^3 的污水处理费，反映用水外部成本的水资源费和水环境费仅占较少比例，难以反映对水资源及水环境的消耗、使用和可能带来的外部经济性问题。

表 7.2　　山东省 16 城市供水成本平均费用构成表

费用名称	水资源费	电费	折旧大修费	药剂费	工资福利费	经常维修费	税金和管理费	利息和其他费	单位总成本
费用/(元・m^{-3})	0.17	0.27	0.14	0.01	0.15	0.02	0.17	0.08	1.01
比例/%	16.83	26.73	13.86	0.99	14.85	1.98	16.83	7.92	100

（2）到户水价存在搭车加价和乱收费现象。城市供水的到户水价存在在供水价格上的附加费、基金、建设费等政策性收费较多，个别地方还存在乱收费搭车加价的现象。

（3）现有水价构成对用水的外部经济性及价值反映不够。按现行水价政策规定的用水价格构成中，水资源费、污水处理费是对使用水资源及环境的外部性经济及价值的收费，但从目前的收费情况来看，主要采用政府行政定价，补助管理费用，而对水资源稀缺性、水环境使用价值等均难以在现存水价构成中得到反映，更无从谈及对水资源及环境的治理维护费了。

（4）水价定价机制的改革力度不够。按《城市供水价格管理办法》水价申报与审批规定："按国家法律、法规合法经营，价格不足以补偿简单再生产的；政府给予补贴后有亏损的；合理补偿扩大再生产投资的……"供水企业可以提出调价申请。这样的调价依据仍是将水价当做供水工程水价，没有注重水资源及其环境价值，以及水资源及其环境价值的变动和压力，更没考虑随着经济社会发展水资源及其环境的保价增值问题。

从当前许多城市的调价实行情况看，虽然多数城市能按照有关规定依法调整水价，但是多缺乏科学有力的调价测算依据，一般将其他城市的调价数据罗列起来就成了自己的调价依据，缺乏独立、公正的中介机构和专家的有利论证。尤其是绝大多数城市的供水企业都是事实上的隶属政府的企业，即国有自然垄断企业，强调供水的公共属性，弱化供水的商品属性，企业缺乏严格成本管制和加强管理的内在动力，具有导致成本盲目扩张的倾向，特别是管理成本和人员直接工资增多，让政府在水价决策时，公众在接受水价时，常对隐藏在水价中的不合理部分，被缺水压力和节水的紧迫性，以及调价对节水的刺激作用所蒙蔽，而难以对供水企业应加强管理、提高生产效率、节能降耗等方面进行有效监督。城市调整水价格应在全成本计价的基础上，走出调价就是（即）涨价的误区。

（5）应改进水价计价方式。城市供水逐步实行容量水价和计量水价相结合的两部制水价或阶梯式计量水价是比较合理的，阶梯式计量水价是目前国际上比较通行的计价方式，它有利于促进节约用水，保护低收入者的利益，反映"使用者付费，多用者多付费"的公平原则。但是，有些城市将各级计价用水定额定得偏高，达不到阶梯式计量水价制定的初衷。如个别城市将最小级用水定额定为用水量 25L/(d·户)，按目前我国国情，多数为三口之家，这样用水定额将高达 270L/(d·人）以上，显然就很不合理了。所以，应将水价计价方式与合理用水定额紧密联系起来，由用水定额与计价方式共同指导合理供水价格的制定。

（6）水价改革应与供水企业改制结合起来，并起到促进作用。改变诸如供水等企业的"官督官办"性质，利用市场经济规律调节供需关系的力量，促进企业管理模式和经营机制的转变，是提高供用水效率，改变福利型供用水的需要。长期以来，一些供水企业管理粗放，人员超编，运营成本偏高，公共用水不计量，管网漏失严重，其原因就是过度的成本和造成的损失主要不是由供水企业负担，而是由用户负担，亏损由政府补贴。

供水企业通过改制，必将加大经营管理力度，降低运营成本，提升服务质量，提高供水效率和效益，给用户一个合理的水价，以全面提高竞争能力。如普遍存在的供水管网漏失率偏高、公共用水不计量、管理成本降不下来等被用户多承受的，这其中包括由政府代受的，都将通过市场的力量算清楚，并会由企业自己解决，而不是由他人"买单"，这样才能促使和激发供水企业提高效率和效益。所以，水价改革还应与供水企业改制结合起来。

7.2　可持续利用水价格模式

水价既是水价值的反映，也是调节水供需关系的杠杆，是最重要的市场信号和资源配置手段，更是水务市场建设与发展的重要因素，是管理与保护水资源和环境的促进力量。水价格应能反映水资源的稀缺性、消费者的支付意愿和供水成本等重要信息，并能够直接影响到消费者的消费水平和企业的利润，能够引导消费者和生产者调整消费和生产的行为，从而引导水资源的重新配置。给水定价，不仅涉及供水效益，更关系到水资源和环境的可持续开发利用，涉及社会和环境效益，从而影响到保障经济社会可持续发展的能力。

7.2.1　水价改革应遵循的原则

水价改革涉及广大用水户的利益，关系到他们的承受能力，关系到经济社会的建设与发展，关系到水资源的开发利用和管理及水环境保护的战略思想，关系到国家资源管理和资源开发利用产业管理政策，因此采取什么样的定价策略和应遵循什么样的基本原则，是影响水资源可持续开发利用与经济社会可持续发展相结合程度的思想和行为动因。水价的制定应遵循价值规律，水价要反映用水的全部价值，反映水资源的供求关系，并随供求关系变化而调整。

所以，在水价改革中应遵循的主要原则为：①有利于促进水资源的节约与保护；②有利于促进水资源的合理配置和综合利用；③有利于促进水资源管理政策、法规制度的有力执行；④有利于促进水管理体制和供水企业现代化制度改革；⑤水价改革必须按照政府宏观管理与市场经济调节相结合的道路进行；⑥水价改革必须使水价达到合理的水平，使国家资源利用和供水企业得到合理回报；⑦水价改革必须符合国家经济政策，能激励水务市场融资能力和回报能力的增长；⑧水价改革必须增强水资源保障经济社会实现可持续发展的能力；⑨水价改革应坚持公平性原则，使用相同水量、排放相同污水缴纳相同费用，并注重保护弱势群体利益；⑩水价改革应坚持适当区别性原则，不同用途、不同标准、不同地区用水实行不同水价结构和标准。

7.2.2　水价构成要素

水价是指通过一定的工程措施和非工程措施将水资源转变为符合规定用水水质要求的商品水的价格。

7.2.2.1　国外水价构成要素分析

1. 法国

城市水价一般包括水资源费、污水费、污染防治费、水表租金、饮水费、引水工程费、增值税，并根据实际情况每五年调整一次。

2. 美国

从美国许多城市水价构成看应由两部分组成，即水费和税收。水费由水资源费、偿还建设投资（即还本费，对分摊给居民住宅及工、商业用水方面的投资，计入利息，并采用浮动价格）、运行管理费（不论水做何用途，都同样收费）构成；税收包括能源附加税、公用事业税、下水道费、卫生设备费。

3. 日本

日本许多城市的水价是按营业费和资本费构成。营业费包括水资源费、人员工资、药剂费、维修费、折旧费、资产耗损费以及其他管理费；资本费包括利息、资本维持费等。

4. 英国

英国的水价由水资源费和供水系统的服务费构成。

(1) 水资源费包括水资源保护和开发费用，其收费原则是：收取的费用应能满足提供供水和开发水资源的费用要求；除喷灌取水外，所有取水均根据许可取水量而非实际取水量收费；不同水源、不同季节、不同用途确定不同的收费标准。

(2) 供水系统服务费包括供水水费、排放污水费（根据用水量的计量数并扣除10%未返回下水道的水量收取的费用）、地面排水费（一般根据产业性质、用水量和排水面积收取的费用）、环境服务费（按产业可计价值收取的防止污染和水质控制的费用）。

7.2.2.2 我国水价构成要素研究

由前述内容可知，我国水利产业政策、城市供水价格管理办法，以及相关的法律法规和政策，都明确水价格应由供水成本（其中包括水资源费）、费用、税金和污水处理费构成。

7.2.3 可持续利用水价格模式

现代社会面临的日益严重的水问题，不仅表现在水资源短缺，还表现在对水资源和环境的破坏，这是由于用水必然产生外部性，而更多的是产生外部不经济性所致。所以，在分析水价构成要素时，关键问题是将这些外部性影响因素内部化，以达到“使用者付费”、“破坏者受罚”、“损害者赔偿”的目的，力求以公平合理的方式解决水问题，并刺激、警示人们正确处理用水行为与水资源环境的关系。因而，城市水价构成要素可用下式表达，并形成可持续利用水价格模式

$$P = F[K, P_1(P_{11}, P_{12}, P_{13}), P_2(P_{21}, P_{22}, P_{23}, P_{24}), P_3(P_{31}, P_{32}), P_4(P_{41}, P_{42}, P_{43}, P_{44})] \tag{7.1}$$

式中 P——城市商品水价，元/m^3；

P_1——资源水价，包括对水资源消耗的补偿费 P_{11}、管理维护费 P_{12}、水权转让费 P_{13}，元/m^3；

P_2——供水工程水价，包括供水成本直接费用 P_{21}（电费、原材料费、资产折旧费、修理费、直接工资、水质检测和折旧费，以及其他记入供水成本的直接费用）、费用 P_{22}（销售费用、管理费用、财务费用）、税金 P_{23}、利润 P_{24}，元/m^3；

P_3——排水工程水价，包括排水管网使用成本 P_{31}、管理费用 P_{32}，元/m^3；

P_4——环境水价，包括排水对使用公益性环境资源的补偿费 P_{41}、损害的补偿费 P_{42}、环境资源的管理费 P_{43}、排污权转让费 P_{44}，其中排水对环境资源损害的补偿费相当于现存的污水处理费加上污水处理企业的合理利润，元/m^3；

K——社会平均物价波动影响系数。

城市供水系统主要存在集中供水系统（自来水）和分散供水系统（用户自备水源工程

从水源取水），或两种供水系统并存于同一供水对象的混合供水系统，在测算水价构成要素时应是相同的，但在测算工程水价时，分散供水系统的费用、税金、利润与集中供水系统差别较大。常常在内部隐含掉了，而不直接反映出来，常给人采用分散供水系统比集中供水系统经济的假象。所以，在分析水价构成时，不宜区别上述两类系统的差别，只是在定价时应注意其计价方式的差异。

排水工程水价应实行同区、同期、同价。即无论是直接排入环境，还是利用公共排水管网排水，应在同一时期按排水量征收相同的排水设施有偿使用费，以减少分散排水行为，鼓励集中规划排放，以利城市“雨污分流排水制”的建设与发展。若有必要，应对分散排污征收相对高的费用。

从目前排污收费制度实施方案分析，排污者污水未经城市排水管网及污水集中处理设施直接排入水体的，均不交纳污水处理费，但要按照国家规定交纳排污费，所以污水处理费与排污费具有等效关系，相当于排污者对水环境损害具有等效关系，相当于排污者对水环境损害的补偿费（即式中 P_{42}）。排污超过国家或地方规定的污染物排放标准的，按国家规定交纳超标排污费，这属惩罚性收费，排污必须达到国家或地方规定的标准，超过规定时限达不到标准的，应停业排污，这种惩罚性收费对象的存在不是长期的，只能是暂时的。排污者有自建污水处理设施的，其污水经处理后达到国家《污水综合排放标准》规定的一级或二级标准，污水排入城市排水管网及污水集中处理设施的，污水处理费应该适当核减。如南京市（2002年8月1日起），使用自备水源，有污水处理设施并进行处理后，排入城市排水设施的单位，污水处理费为0.35元/m^3；使用自备水源，无污水处理设施，排入城市排水设施的单位，污水处理费为1.05元/m^3。

综上所述，在我国城市水价构成中，应加入取水、用水、排水对水资源及环境外部性因素的考虑，应对资源的利用和资源的稀缺性、公益性、公平性、补偿性和对水资源与环境有益作为（如节水、污水处理与回用等）的回报，反映水价所能代表的功能，让水价在资源水、商品水、排水及污水处理回用的运行过程中，起到调节并与之发生关系的经济社会行为的积极作用。

7.2.4　可持续利用水价定价方法

实行政府宏观管理与市场经济调节相结合的水务管理体制与运作机制下的水价定价模式，应区分水价构成要素中哪些应由政府定价，哪些应由市场调节定价，哪些应由政府加市场来共同定价，使水价的定价模式与方法适合水的资源性、基础性和商品性特征。

7.2.4.1　政府定价部分

式（7.1）资源水价中的 P_{11}、P_{12}，相当于现行水资源费；环境水价中的 P_{41}、P_{42}、P_{43}，应由政府根据水资源状况和水环境变化情况，所需要投入的管理保护费用来确定，相当于现行排污费。用户通过缴纳水资源费、排污费，获得取用水资源的使用权和排放污水的排污权[这里的排污不仅含排水对水环境损害的补偿费（以下称污水处理费），还含排水利用公益性环境资源的使用费和管理费]。当然 P_{42} 可以通过人工措施使排水不致造成对环境的损害（如城市污水集中处理设施的运用），而这一人工措施的建设运营权是可以进入市场的。

P_3反映的排水工程建设与管理费用，属纯公共设施，据国内外的实践经验，应由政府投资实施，所以，由主管部门按政府定价管理办法定价。

7.2.4.2 市场定价部分式

式（7.1）资源水价中的P_{13}和环境水价中的P_{44}（它是水资源使用者和排污者通过管理和技术措施的投入，所获得的富裕水资源使用权和排污权，通过市场交易获得的利益）应由市场调节定价。

7.2.4.3 政府与市场共同参与定价的部分

式（7.1）供水工程水价P_2、环境水价中的污水处理费P_{42}和K应由政府与市场调节共同定价。政府通过特许经营等方式，允许社会资金、外国资本采取独资、合资、合作等多种形式，参与城市供水设施、污水处理设施的建设与经营管理，其定价应遵守《中华人民共和国价格法》和《政府价格决策听证暂行办法》，由供水、污水处理企业与政府、消费者三方依据科学的价格测算方法，在民主协商的基础上确定供水工程水价和污水处理价。K应依据市场物价变动情况，由政府、涉水企业、消费者三方科学论证、民主协商确定。一般可以3～5年修订一次。

7.2.4.4 商品水价与管理城市商品水水价结合水资源使用权、排污权的市场化交易

商品水价应由下式确定

$$\begin{cases} P = K[P_W + P_2(P_{21},P_{22},P_{23},P_{24}) + P_3(P_{31},P_{32}) + P_P] \\ P_W = P_{10} + P_{13};P_P = P_{40} + P_{44} \end{cases} \tag{7.2}$$

其中

$$P_{10}=P_{11}+P_{12}$$

$$P_{40}=P_{41}+P_{42}+P_{43}$$

式中 P_W——水权价，元/m^3；

P_{10}——水资源费；

P_P——排污权价，元/m^3；

P_{40}——排污费；

其余符号意义同前。

在城市水务市场中，某一水源地的水资源和某一区域水环境的纳污能力，无论其水权和排污权主体如何变化，其中含有的水资源费和排污费都应在确定权力后交给城市水务主管部门，交易双方交易价格变化的空间在水权转让费和排污权转让费，其利润空间也在此范围内。排污费中的污水处理费部分应按协商的价格和方式会商，划拨给城市污水处理企业。

排水工程水费征收后应作为城市排水管网维护和管理的专项资金。供水工程水价扣除向国家缴纳税金外的部分应归城市供水企业。

为便于征收和管理，调动用户节水和保护水环境的积极性，应不分取水类型、供水方式，让所有用户参与水权和排污权交易。对集中供水系统的用户，在水务市场参与水权和排水权交易获得用水指标和排水指标，经城市水务管理部门确权后，可统一将指标下达给供水、排水企业。用户按公示的价格向城市水务管理部门缴纳水资源费、排污费和排水工程使用费，向供水企业交纳供水工程水费。也可采用“一票制”的方式，由城市水务管理

部门设置水务统一收费管理处，再由其将相应费用划拨给有关企业和单位。

分散供水的用户（自备水源工程取水用户）通过城市水务市场交易购得水权和排水权，向城市水务管理部门缴纳水资源费、排污费和排水工程使用费，即获得水权和排污权。

7.2.4.5　商品水价格体系

由于水是一种特殊的商品，为保障基本生活和基础产业用水，限制高耗水行业的用水，并根据“利益共享”的原则，国家为高利润行业提供水源，供水企业在特许经营的要求下，供水价格又受到限制，其用水理应给以合理回报，因此应对不同行业征收差别水权价和供水工程水价，来反映用水的公平性、利益共享性及用水政策走向，并由此来构成城市商品水价格体系。

前述将商品水分为居民生活用水、工业用水、行政事业单位用水、经营服务用水、特种行业用水五类，同样水资源费按水源类型分为地表水、地下水、矿泉水和地热水等；按用水部门分为生活用水、工业用水、农业灌溉用水、水力发电用水、水产养殖用水等。

受水价政策和排水污染物含量对污水处理、水环境等的影响，在我国城市中也普遍对污水处理费按用水性质实行差别价格。

综上所述，在城市商业水价中，应根据水资源价格体系、工程供水价格体系、污水处理价格体系相结合来构成商品水价格体系。例如，对山东省16座城市商品水价格调查，其平均比价关系为：居民生活用水∶工业用水∶行政事业单位用水∶经营服务用水∶建筑及特种用水＝1∶1.38∶1.26∶1.78∶2.16。

7.3　合理的水价形成机制研究

价格连接了生产和消费，是市场经济体制的核心标志。在中国城市水业推进市场化改革的背景下，原先立足于社会福利的“水费”，正逐步转型为立足于市场供需的“水价”。对于城市水业来讲，其产品既有商品特性，又有公共必需品特性，更与水资源的制约和环境保护紧密关联，同时自然垄断特性限制了竞争机制的引入。因此，制定出合理的水价形成机制以及监管方式已成为当前加强城市水务管理工作中的一个重要手段。

7.3.1　城市水价的合理构成

水价构成的沿革在一定程度表征了城市水业成本体系逐步完善的过程。当城市化的初期，水价的内容仅限于城市从自然中取水、净化、输送和排放的成本与收益，也就是传统意义上的城市水价格；当城市污水的排放对自然的影响超出了自然水体的自净能力，水价中加入了污水处理和环境补偿费用，也就是传统意义上的城市污水处理费和排污费；当城市就近水源不能满足城市发展的总量需求时，需将远距离调水甚至跨流域调水的成本进入水价，形成“水利工程供水价格”；当水资源总量稀缺，不能满足“以需定供”的水资源配给方式，资源成本进入水价，形成“水资源费”。因此，从决定水价的政治、经济、社会等综合因素出发，水价可按属性分为资源水价、环境水价和工程水价。我们将对应于水资源稀缺而产生的水价称为资源水价；将对应于环境修复和补偿而产生的水价称为环境水价；将对应于各种工程投资和服务提供的水价称为工程水价。

1. 资源水价的合理形式是水资源税

资源水价是流域和国家水资源稀缺程度的体现。资源水价类似于土地出让金和石油的资源价格，与成本不直接关联，是政府用以调节水资源总量供需的手段。

资源水价收取的前提是以流域为单元的水资源呈现总量稀缺。资源水价的收取和使用主体应该是在流域层次，甚至是国家层次。同一流域根据流域水资源总体稀缺程度来确定资源水价的高低，并且应该以城市为用水单元统一标准的资源水价，以体现流域上下游的水资源优化与共享。

资源水价是体现水资源价值的价格，它包括对水资源耗费的补偿；对水生态（如取水或调水引起的生态变化）影响的补偿；为加强对短缺水资源的保护、促进技术开发、促进节水、海水淡化技术的投入等内容。考虑对促进节水、保护水资源和海水淡化技术进步的投入是必要的，因为对水资源耗费的补偿能力和对水生态改变的补偿能力都取决于技术，这项费用实际上是少取于民，而大益于民。基于资源水价的定位，其收取形式应该是水资源税，使其成为国家在流域水治理方面的主要经济来源。资源水价因为不是基于成本的价格，因此不应该纳入价格听证的范围。

2. 环境水价是政府治理环境的重要资金来源

环境水价是使用者对一定区域内水环境损失的价格补偿。环境水价的尺度决定于城市排污总量与环境自净能力的差值，也决定于地方政府财政与用水者环境支付之间的责任分摊比例。越是城市化程度高、人口密集的地区，环境自净能力越差，需要支付的环境水价会越高；地方政府财政选择性承担的环境责任越小，公众支付的环境水价会越高。环境水价的事业性收费性质和政府财政支付环境补偿特性，并不排斥“污染者负担原则”和“受益者负担原则”，以及国际上倡导的污水处理收费覆盖处理全成本的原则。中国正处于污水处理设施建设的高峰期，地方政府财政支付能力有限，用水者所支付的环境水价的比重会较大。

因此，环境水价（包括污水处理费和排污费）不是一般意义上的商品价格，不需要执行价格听证，而需要由对地方政府的监督机构予以约束；环境水价收取的前提是地方政府用于环境修复的财政不足，当然大量污水处理厂的修建和运营会加剧这种财政不足；即便是没有收取环境水价，并不应该成为在污水处理厂建设运营单元推进市场化，引入社会企业建设运营的障碍；但是环境水价过低，将影响地方政府在环境领域的财政能力，从而会加大政府对污水处理设施运营商进行商业支付的违约风险；环境水价的收取主体是城市政府，环境修复的责任也是城市政府，两者需要统一。

3. 科学水价形成机制的前提是工程水价的完整分离

建立科学的水价形成机制的前提，就是将工程水价从整个水价体系中完整地分离出来，而这种分离是执行全成本核算的基础。可持续开发和效率提高是城市水务改革的两个原则，也是对水价进行监管的根本出发点。全成本核算最能够体现水的商品性，在工程水价单元推行全成本核算，有利于保障水业设施的投资、运营和服务质量可持续性，有利于促进水业运营效率的提高。但是全成本核算需要以清晰的成本界定为前提。资源水价体现的是机会成本，环境水价体现的是外部成本，在目前的监管体制下，难以对它们实现清晰的成本核算。

因此这里强调，全成本核算的定价原则目前仅适用于工程水价，不能无限延伸。全成本核算的关键在于清晰、准确、合理地识别成本。城市水业在经营形式上的自然垄断性使成本核算的科学性成为监管的难题。绩效平台是目前国际通行的适用于自然垄断行业的成本管理方式，其理论基础源于区域比较竞争理论，在城市水业领域中的应用始于20世纪末。该系统的核心是向监管部门提供同业的成本比较数据，作为核定全成本合理性的基础。政府监管部门可以借此把握企业的真实成本，通过比较统计数据向企业施加压力促进其提高效率，避免企业以成本为计价基础维持较高成本定价的缺陷。目前绩效管理已经成为国际水业经济监管的发展方向。虽然全成本核算是城市水业的发展方向，是工程水价的定价基础，但是全成本核算的内容并不一定全部进入公众支付的"价格"中。全成本核算并不排斥政府对低收入居民的水价补贴，甚至不排斥在消费者支付能力不足的初期阶段，政府对整个城市进行的政策性水价补贴。但是各种补贴的共同前提都是清晰的全成本核算。全成本核算是社会资本进入水业的根本前提。

7.3.2 我国城市供水价格管制构想

政府、消费者和企业对于水价的定价目标，有着不同的期望。对于政府而言，水价的改革目标是"建立充分体现水资源紧缺状况，以节水和合理配置水资源、提高用水效率、促进水资源可持续利用为核心的水价机制"。对于消费者而言，水价就是最终支付的关联于用水量的全部价格，消费者期望的是保证服务、安全以及水质条件下的低水价。对于理性的战略性投资人而言，水价的目标是保障持续、稳定、长期、合理的投资收益。水价的形成过程实际上就是上述三方利益目标在一种博弈中寻求均衡的过程。由于城市供水作为满足城市居民正常生活需要的基本性商品和服务，其价格不能任由市场自由决定，政府必须对其实行价格管制。

价格管制是政府管制的核心，促进社会分配效率、刺激企业生产效率和维护企业发展潜力共同构成自然垄断产业价格管制的三维政策目标体系。当前对城市水价的管制政策主要包括两部分，即价格水平管制和价格结构管制。

1. 我国城市供水价格水平管制构想

贯彻执行国务院对水价体系的设定，即从决定水价的政治、经济、社会等综合因素出发，水价可按属性分为资源水价、环境水价和工程水价（$P=P_1+P_2+P_3$）。其中各个构成部分均应该有一个合理的权重，尤其是长期被忽视的资源水价和环境水价应提高其权重。合理的水价形成必然改变以往水资源长期被低价使用的状况，但另一方面由于水务产业具有的公益性特征，水价的提升只能是在合理适度的范围内。因此在保证水质的前提下，努力降低供水成本势在必行，为达到这一目的，必须在水务行业引入竞争机制以提高经营效率。

（1）资源水价 P_1。

$$P_1 = RPI(P_{11}+P_{12}+P_{13}) \tag{7.3}$$

式中 RPI——通货膨胀率；

P_{11}——对水资源耗费的补偿；

P_{12}——对水生态改变的补偿；

P_{13}——对促进节水、保护水资源和海水淡化技术进步的投入。

资源水价是体现水资源价值的价格，它属于国家强制征收的部分，因为不是基于成本的价格，因此不应该纳入价格听证的范围。但资源水价也应随着社会经济中的零售商品价格指数进行适当调整以适应经济发展需要。只是这一调整周期可以设为3到5年，避免频繁调整带来诸多方面的负面影响。

（2）工程水价 P_2。工程水价的制定参照英国自来水产业中 $RPI+K$ 模型，即

$$
\begin{aligned}
P_2 &= P_{t+1} = P_t(1+RPI+K)\\
K &= -P_0 - X + Q + V + S
\end{aligned}
\tag{7.4}
$$

式中　P_{t+1}——下期的工程水价管理价格；

P_t——下期的工程水价管理价格；

RPI——通货膨胀率；

P_0——从上一次价格调整至本次价格调整时企业所提高的生产效率幅度；

X——本次价格调整后到下一次价格调整前企业应取得的生产效率增长率；

Q——企业为达到国家所规定的质量标准而进行投资所发生的转移成本；

V——提高城市供水的稳定性而发生的成本；

S——改进服务水平而发生的成本。

工程水价是通过具体的或抽象的劳动把资源水变为产品水并最终进入市场成为商品所花费的代价。通过对这部分水价实行价格上限管制并制定出合理的价格调整周期，供水企业在利润最大化的动力驱使下，企业自身通过优化资本配置和劳动组合、加强技术创新等手段降低供水成本，有利于实现政府、供水企业、广大消费者的三方博弈均衡。在对 K 值设定过程中，运用标尺竞争理论为各个供水企业配以自己的影子企业，刺激供水企业降低成本，避免不合理成本的产生。

（3）环境水价 P_3。环境水价的管制价格参照美国的投资回报率模型为

$$P_3 = \frac{R}{Q}$$

$$R\left(\sum_{i=1}^{n} p_i q_i\right) = C + S(RB)$$

式中　R——治污企业的收入函数；

C——治污企业的成本费用；

S——政府规定的投资回报率；

RB——投资回报率基数（治污企业的资本投资总额）。

环境水价部分是经过使用后的水体排出用户范围后污染了他人或公共的水环境，为污染治理和水环境保护所需要付出的代价。随着污水水质的多样化倾向，污染治理越来越需要广泛运用更多高新技术来实现。通过对该部分水价实行投资收益率管制，使这些治污企业能处于保本微利的状态下生产经营，从而有利于鼓励治污企业加大资本投入的力度和技术创新。当然，对这部分的水价管制中，必须同时运用标尺竞争理论为治污企业配上具有可比性的影子企业以刺激竞争，促使这些治污企业降低成本（C）。

2. 我国城市水价的价格结构管制

按照价格水平管制模型制定出来的城市供水管制价格只是一个全年综合价格，因此，为提高制定管制价格的科学性，鼓励消费者注意节约用水，还必须采取一系列配套的定价方法。

（1）两部制水价。两部制水价由基价和数量价格构成。其中基价是生产经营城市供水所发生的固定成本由所有用户分摊的价格，使用水的容量设备越大，基价也越高，这部分水价与用户实际上用不用水和用了多少水无关；数量价格是按使用量的多少而支付的价格，反映供水中的可变成本和利润。两部制水价的作用是保证供水经营企业年度间有较为均匀的收入，以利于供水企业的设施得以及时维护和成本补偿。

（2）阶梯式水价。阶梯式水价是指用量越大，价格就越高，对于超定额用水实行阶梯加价，主要目的是为了促进节水和减少污染量，以保护稀缺水资源。以城市居民生活用水为例，阶梯式计量水价可分为三级，级差为 1∶1.5∶2。阶梯式计量水价公式如下

阶梯式计量水价＝第一级水价×第一水量基数＋第二级水价×第二级水量基数
＋第三级水价×第三级水量基数

居民生活用水计量水价第一级水量基数＝每户平均人口×每人每月计划平均消费量

具体比价关系可由所在城市政府价格主管部门会同同级供水行政主管部门结合本地实际情况确定。居民生活用水阶梯式水价的第一级水量基数根据确保居民基本生活用水的原则制定；第二级水量基数根据改善和提高居民生活质量的原则制定；第三级水量基数根据按市场价格满足特殊需要的原则制定。

（3）淡旺季水价。城市供水的生产和消费都具有季节性，城市供水的生产受江河、水库的水资源丰枯季节影响，在冬季和春季，水资源比较丰富，同时又处于用水消费淡季，为了提高城市供水生产设备的利用率，可采取低价以刺激消费；而在夏季和秋季，水资源相对枯乏，又处于用水消费旺季，为抑制消费，应采取高价。由于这种方法能减少城市用水消费旺季的最大需求量，因而也有利于减少为满足最大需求量所必需的用水投资规模，从而节省投资费用。

价格结构管制的中心任务就是监督企业如何把许多共同成本合理地分摊到各种产品和服务之中，由不同类型的顾客来承担。可以按照不同的标准对自然垄断产业的总需求进行细分，形成不同的需求结构。

总之，我国城市供水应该实行分类水价。将商品水根据使用性质可分为居民生活用水、工业用水、行政事业用水、经营服务用水、特种用水等五类，并结合各地的实际情况制定合理的比价关系。同样水资源费按水源类型分为地表水、地下水、矿泉水和地热水等；按用水部门分为生活用水、工业用水、农业灌溉用水、水力发电用水、水产养殖用水等。受水价政策和排水污染物含量对污水处理、水环境等的影响，在我国城市中也普遍对污水处理费按用水性质实行差别价格。

7.4　案例：泰安市城市水价调整规划

本案例分析的城市水价，因缺乏城市水务市场对水权转让费和排水权转让费部分对水价的影响，只有水资源费、供水工程水价、污水处理费、排水工程水价的调整测算内容，

以及仅在制定供水工程水价时考虑了随时间变化物价波动对其的作用，所以本案例的分析内容按该课题的宗旨要求是不全面的，但出于社会现实原因，只能借此案例说明城市水价有关部分的定价概念与方法。

7.4.1 水资源费调整规划

水资源费受到水资源状况、需水结构和数量、供水结构和数量、用水效率和效益等因素的影响，不断变化。根据水资源和经济社会发展变化情况，主动调整征费标准和结构，就能引导人们自觉调整用水结构和数量，乃至用水行为、用水设备设施及产业结构，实现水资源优化配置和节约用水的目的。故而认为“资源水价是水价构成中最重要、最活跃的部分。”

7.4.1.1 现状水资源费征收标准

在山东省水资源费征收标准实行在全省最低限制标准下，各地市水行政主管部门会同物价、财政部门，制定了“山东省各市水资源费征收标准”基本价格，见表7.3。

表7.3 山东省各市水资源费征收标准 单位：元/m³

水资源费 \ 水源 地市	河流、湖泊、水库		地下水				
	自备水源	公共供水	自备水源	公共供水	微咸水	超采区	疏干排水
济南市	0.60	0.35	1.80	0.80	0.60	3.60	0.36
青岛市	0.35	0.35	0.80	0.80			
淄博市	0.35	0.35	0.90	0.90	0.50		
枣庄市	0.30	0.30	0.75	0.65			0.13
东营市	0.30	0.30	0.70	0.65		1.60	
烟台市	0.35	0.35	0.80	0.80			
潍坊市	0.40	0.35	0.85	0.80			
济宁市	0.30	0.30	0.65	0.65	0.40		0.13
泰安市	0.30	0.30	0.65	0.65			
威海市	0.35	0.35	0.80	0.80	0.50	1.60	0.20
日照市	0.30	0.30	0.80	0.65			
莱芜市	0.30	0.30	0.65	0.65			
德州市	0.40	0.25	管网以外 0.55 管网以内 0.60	0.50			0.12
滨州市	0.30	0.25	0.60	0.55	0.35	1.20	0.15
临沂市	0.25（城区0.35）	0.2（城区0.4）	0.50	0.45			0.10
聊城市	0.20	0.20	0.45	0.45			
菏泽市	0.30	0.20	0.55	0.45	0.15		0.10

注 表中未标注明超采区内公共供水、自备水源水资源费征收标准的，按当地地下水响应公共供水、自备水源征收标准的两倍征收；表中未注明疏干、排水的，按当地地下水自备水资源费标准的20%征收。

7.4.1.2　逐步调整，建立合理的水资源费征收标准

水资源费按有偿使用费和使用补偿费构成。主要用于：①调水、补源、水源工程等重点水利设施建设；②水资源综合考察、调查评价、监测、规划；③节约用水技术研究、推广及节水项目的补贴；④水资源保护、管理及奖励等。可见，准确定量测定水资源费征收标准难度较大。目前全国各地水资源费征收标准差异较大，从最低0.004元/m³（吉林）到最高1.80元/m³（山东）。各地多是根据水资源条件、经济社会发展水平，采用行政定价的方式确定。

参照淄博市在调整水资源费征费标准制定中的经验，泰安市水资源费的征费标准相当于淄博市1989年时的水平。淄博市针对本市水资源严重不足，部分单位用水浪费情况严重，以后又先后数次调整水资源费标准，才达到目前水平。分析水资源费在调整过程中对用水的影响，需水弹性系数都非常小，且变动不大。可见虽然目前淄博市水资源费征费标准居全省前列，但还不足以完全达到通过征收水资源费来调节用水数量和结构的目的。但是在1993年初当淄博市的水资源费征费标准为地表水0.30元/m³，地下水0.50元/m³时，当年工业产值增长15.7%，取水量仅增长8.6%，节水量是上一年的1.85倍，同时还应注意到其取水量、重复利用率、单位产值新水量、节水量等值（参见《淄博市水资源管理工作十年回顾》）变动较大时，都与水资源费征费标准提高有关。

根据泰安市的水资源条件、供用水状况，以及国民经济与社会发展对需水的要求，拟定泰安市的水资源费征费标准，见表7.4。

做到既要适当提高征费标准，达到征费目的，还要形成较为合理的水资源费价格体系，以保障人民生活安全用水，促使耗水型和高消耗水行业节水和少用水。

表7.4　泰安市城市水资源费征费标准规划　单位：元/m³

规划年 \ 分类 \ 水源	地表水					地下水				
	居民生活	行政事业单位	商业	工业	建筑特种行业	居民生活	行政事业单位	商业	工业	建筑特种行业
2004	0.30	0.30	0.50	0.45	0.50	0.65	0.65	0.80	0.75	0.95
2005	0.50	0.60	0.70	0.60	0.80	0.85	0.95	1.05	1.00	1.15
2010	0.70	0.80	1.00	0.90	1.20	1.25	1.15	1.35	1.40	1.55

7.4.2　城市供水工程水价调整规划

7.4.2.1　供水工程或供水成本构成情况

城市供水工程水价是指供水生产过程中的电费、原材料费、资产折旧费、修理费、直接工资费、水质检测和监测费，以及其他应计入供水成本的直接费用。

据《山东省城市节水现状分析与对策》课题组对青岛、济南、威海、日照、临沂、周村、博山、聊城、泰安、德州、莱西、石岛、胶南、平度、即墨、胶州等16个城市的用水成本结构的分析，1997年城市自来水的工程水价为0.84元/m³，其中动力费所占比例最高，为32.14%，其余依次为税金、管理费、工资福利费、折旧大修费等。各项费用情况见表7.5。

表 7.5　　城市供水工程供水成本平均费用构成调查表

概况 \ 费用名称	动力费	折旧费、大修费	药剂费	工资、福利费	经常性维修费	税金、管理费	利息、其他费用	供水工程成本
全省平均费用/(元·m^{-3})	0.27	0.14	0.01	0.15	0.02	0.17	0.08	0.84
所占比例/%	32.14	16.67	1.19	17.86	2.38	20.24	9.52	100
泰安市供水集团总公司								
平均费用	0.27	0.14	0.01	0.13	0.02	0.14	0.08	0.79
所占比例/%	33.56	17.82	1.03	17.34	2.42	18.22	9.61	100

由表 7.5 可以基本掌握影响工程水价的因素，以及了解今后各因素的变动对工程水价造成的作用。同时，还应注意到在输水、配水等环节中的水量损失（常用产销差率指标反映）应合理计入成本。据对上述 16 城市的调查，各城市的产销差率差别较大，有的城市超过 20%，有的城市仅 5.33%，平均为 13.14%。节水型城市要求该指标小于 8%，所以山东省部分城市在输配水中的损失比较严重。

7.4.2.2　泰安市供水工程供水成本预测

在泰安市供水工程的供水成本预测时，选用在泰安市供水水源、供水规模、管理水平比较有代表性的泰安市供水集团公司为案例进行。预计在构成供水工程供水成本的各项费用中，从现在到 2015 年内，将会有不同程度的增长，因此单位水量的供水成本也会相应增加。

(1) 折旧大修和经常性维修费。根据以往调查、统计资料，单位供水能力占用固定资产值将与投资递增率相近的速度递增，约为 10%。

(2) 动力费。随着城市建设的快速发展，引水距离会逐渐增加，城市管网的供水压力也会随着建筑物楼层的不断提高而提高，单位电耗也会呈增长的趋势。该增长率按年均 2%计算。同时随着用电量的逐年增加，电能社会平均成本会增加，电价也会再有所上调，其平均递增率按 2%计算，则单位水量消耗电费的平均递增率为 4%。

(3) 工资福利费。随着泰安市经济发展和供水企业的经济效益日渐提高，供水企业职工的工资福利水平必将逐年提高。结合全省预测情况，取年均人均收入增长率为 7.2%。

(4) 药剂费。该项费用会随着对供水水质要求的不断提高而有所增加，取递增率为 7.3%。

据此预测泰安市 2015 年、2020 年、2025 年、2030 年城市供水工程的供水成本见表 7.6。

表 7.6　　泰安市城市供水工程供水成本预测表　　单位：元/m^3

规划年 \ 费用名称	动力费	大修、维修费	工资福利费	药剂费	其他费用	供水成本
2015	0.27	0.16	0.13	0.01	0.11	0.68
2020	0.30	0.19	0.15	0.02	0.13	0.79
2025	0.34	0.28	0.20	0.03	0.16	1.01
2030	0.42	0.46	0.28	0.04	0.23	1.43
递增率/%	4.00	10.00	7.20	7.30	6.90	6.90

7.4.2.3 泰安市城市供水工程水价预测

根据《城市供水价格管理办法》(计价格〔1998〕1810号)规定,“制定城市供水价格应遵循补偿成本、合理收益、节约用水、公平负担的原则”;“供水企业合理盈利的平均水平应当是净资产利润率8%~10%,主要靠政府投资的,企业净资产利润率不得高于6%;主要靠企业投资的,包括利用贷款、引进外资、发行债券或股票等方式筹资建设供水设施的供水价格,还贷期间净资产利润率不得高于10%”。依据泰安市供水企业的单位售水量净资产,1999年为3.62元。税金包括营业税和增值税,按营业收入的8%计算。

针对泰安市供水企业的具体情况,取净资产利润率为9%,则预测得的各规划水平年工程水价,称为理论工程水价,见表7.7。

表7.7　泰安市城市供水工程水价　单位:元/m³

年份＼水价＼项目	单位售水量净资产	成本	利润	税金	理论工程水价
2015	3.62	0.79	0.33	0.14	1.26
2020	5.84	1.01	0.53	0.19	1.73
2025	9.11	1.43	0.85	0.28	2.56

参考《山东省城市节水现状分析与对策研究报告》,对未来年份水价体系比价关系的预测,见表7.8。

表7.8　分类水价比价表　单位:元/m³

年份＼水价＼项目	居民生活	行政事业单位	商业	工业	建筑特殊行业	加权值
2015	1.00	1.20	1.75	1.25	2.10	1.20
2020	1.00	1.10	1.65	1.15	2.00	1.14
2025	1.00	1.05	1.55	1.10	1.90	1.10

根据以上确定的比价关系,计算得泰安市2015年、2020年、2025年不同年的各种用水工程水价。构成城市供水工程水价体系,见表7.9。

表7.9　泰安市供水工程水价体系表　单位:元/m³

年份＼水价＼项目	用水分类工程水价	居民生活	行政事业单位	商业	工业	建筑特殊行业
2015	理论水价	1.26				
	分类水价	1.05	1.26	1.84	1.31	2.21
2020	理论水价	1.73				
	分类水价	1.51	1.66	2.49	1.74	3.02
2025	理论水价	2.56				
	分类水价	2.33	2.45	3.61	2.56	4.43

7.4.3 城市污水处理费调整规划

1. 城市污水处理运行成本

虽然城市各类用户排水会对环境有影响，应支付不同的环境成本，但是要对每个案例都进行分析是非常困难和复杂的，考虑到城市污水处理厂综合处理污废水的能力和代表性，以泰安市城市污水处理厂为范例，计算水处理费，即环境水价。并与其他城市污水处理厂及企事业单位的污水运行成本进行比较。测算污水处理工程运行成本，主要包括动力费、药剂费、工资福利、折旧大修费及其他费用。

泰安市污水处理厂设计的指标为（2010 年）：①年污水处理量 7300 万 m^3；②年耗电量 1743.9 万 kW·h；③年药剂用量 101.11t；④工资福利每人每年 30000 元；⑤折旧费费率取 5.2%，费用为固定资产第一部分费用、预备费用和建设期利息之和；⑥无形及递延资产摊销费摊销率按 8%计算，大修费费率取 2.2%，日常检修维护费费率取 1%，费用为固定资产第二部分费用与固定资产投资方向调节税之和；⑦其他费用为：（动力费＋工资福利费＋折旧费＋无形资产、递延资产摊销费＋大修费＋日常检修维护费）×15%。本测算若考虑物价因素，可测算得各规划水平年的污水处理成本值。其测算结果见表 7.10。

表 7.10　　泰安市污水处理工程运行成本测算表

项目 / 测算值	费用/(万元·a^{-1})								运行费/(万元·a^{-1})	处理成本/(元·m^{-3})
	动力费	药剂费	工资福利	折旧费	摊销费	大修费	检修维护	其他费用		
测算值	1147	536	160	1750	489	741	336	774	5933	0.81

泰安市污水处理工程运行成本与其他污水处理厂运行成本的比较，见表 7.11。集中污水处理厂比用水户建成的单个污水处理厂，运行成本要低得多，比较经济。

表 7.11　　部分污水处理厂运行成本比较表

项目名称 \ 运行成本	工程规模/(m^3·d^{-1})	年总费用/万元	动力费		药剂费		工资福利费	
			费用/万元	比例/%	费用/万元	比例/%	费用/万元	比例/%
泰安污水处理厂	200000	5933.00	1147.000	19.33	536.000	9.03	160.00	2.70
济宁污水处理厂	50000	1478.45	640.320	43.31	51.300	3.47	84.42	5.71
济南玉泉森信大酒店	200	9.55	0.820	8.58	0.200	2.10	2.40	25.13
青岛香格里拉大酒店	240	12.32	3.000	24.38	0.520	4.19	1.68	13.64
烟台碧海大厦	240	7.98	1.916	24.00	0.876	10.97	1.44	18.03
烟台山宾馆	240	14.27	6.851	48.00	0.052	0.40	2.16	15.13

项目名称 \ 成本	折旧大修费		其他		成本/(元·m^{-3})
	费用/万元	比例/%	费用/万元	比例/%	
泰安污水处理厂	2491.000	42.00	1599.00	26.94	0.81
济宁污水处理厂	508.670	34.00	199.74	13.51	0.81
济南玉泉森信大酒店	2.618	27.41	3.51	36.78	1.31

续表

成本 项目名称	折旧大修费		其他		成本/(元·m^{-3})
	费用/万元	比例/%	费用/万元	比例/%	
青岛香格里拉大酒店	6.160	50.0	0.96	7.79	1.41
烟台碧海大厦	2.680	33.55	1.07	13.45	0.91
烟台山宾馆	3.465	24.27	1.74	12.20	1.60

按照泰安市污水处理工程测算的各年运行成本可作为污水处理费。该费用没包括企业利润和税金。也没考虑不同用水户排水水质的差别对污水处理成本的影响。

2. 城市污水处理费调整规划

根据国家有关政策，泰安市目前实际增收的污水处理费由两部分构成：一是污水费；二是排水设施使用费。制定城市污水处理费的调整规划方案时，除结合目前实际情况外，应逐渐加大征费力度，这样既有利于用水单位少排水，也就少用水，更能保障城市污水处理厂正常运营和持续发展。所以规划城市的城市污水处理应在2015年左右过渡到污水处理厂保本微利，以后能与其他企业一样在合理盈利下发展。规划的城市污水处理费调整方案，见表7.12。

表7.12　　泰安市城市污水处理费调整规划　　单位：元/m^3

规划年 项目	2010			2015			2020		
排水分类	生活	工业	经营建筑	生活	工业	经营建筑	生活	工业	经营建筑
污水费	0.25	0.4500	0.4500	0.50	0.90	1.20	0.70	1.10	1.60
排水设施费	—	0.1275	0.1275	0.10	0.18	0.30	0.10	0.20	0.40
合计	0.15	0.3275	0.4275	0.60	1.08	1.50	0.80	1.30	2.00

7.4.4　泰安市城市商品水价调整规划

结合泰安市情况，调整城市商品水价格应遵循的基本原则有：①有利于供水事业的发展，满足经济发展和人民生活需要；②有利于节水减污；③充分考虑社会承受能力，理顺城市供水价格，并分步实施；④有利于规范供水价格，健全供水企业成本约束机制。

受水价改革状况和资料条件限制，水权、排水权在水务市场中交易所引起的水价变动作用，没能得到反映，此处调整城市供水水价仅考虑由上述水资源费、工程水价和污水处理费构成，则其基本水价见表7.13。

表7.13　　泰安市城市商品水价调整规划表　　单位：元/m^3

规划 规划年	水价分类	水资源费		工程水价	污水处理费	商品水价	
		地表水	地下水			地表水	地下水
2010	居民生活	0.30	0.65	1.05	0.50	1.85	2.20
	行政事业单位	0.30	0.65	1.26	0.50	2.06	2.41
	商业	0.50	0.80	1.84	1.01	3.36	3.66

续表

规划年 \ 规划	水价分类	水资源费		工程水价	污水处理费	商品水价	
		地表水	地下水			地表水	地下水
2010	工业	0.45	0.75	1.31	0.90	2.66	2.96
	建筑特种行业	0.50	0.95	2.21	1.01	3.72	4.17
2015	居民生活	0.50	0.85	1.51	0.60	2.61	2.96
	行政事业单位	0.60	0.95	1.66	0.60	2.86	3.21
	商业	0.70	1.05	2.49	1.50	4.69	5.04
	工业	0.60	1.00	1.74	1.08	3.42	3.82
	建筑特种行业	0.80	1.15	3.02	1.50	5.32	5.67
2020	居民生活	0.70	1.25	2.33	0.80	3.83	4.38
	行政事业单位	0.80	1.15	2.45	0.80	4.05	4.40
	商业	1.00	1.35	3.61	2.00	6.61	6.96
	工业	0.90	1.40	2.56	1.30	4.76	5.26
	建筑特种行业	1.20	1.55	4.43	2.00	7.63	7.98

表7.13中出现商品水价分地表水和地下水两种水价，若城市供水工程取水水源为单一水源，则商品水价应对应取值；若城市集中供水工程取水水源为地表水和地下水两种水源，则城市商品水价应按水源构成，运用下式征收加权平均水价。

$$P = \frac{P_s V_{fs} + P_g V_{fg}}{V_f} \tag{7.5}$$

$$V_f = V_{fs} + V_{fg}$$

式中　P——向用水户征收的商品水水价，元/m³；

P_s、P_g——向某类用水户征收的以地表水、地下水为水源的商品水水价，元/m³；

V_{fs}、V_{fg}——城市供水取的地表水量、地下水量，万 m³/a。

上述确定水价的要求，与《城市供水价格管理办法》（计价格〔1998〕1810号）第二十六条“城市中有水厂独立经营或管网独立经营的，允许不同供水企业执行不同上网水价，但对同类用户，必须执行同一价格”是相一致的。

7.4.5 水价政策与法律建议

改革水管理体制，建立合理的水价形成机制，利用价格杠杆促进水资源的节约和保护，因地制宜地逐步提高水价，等等，都需要相适宜的水价政策与法律法规来保障，同时也必须用政策和法律法规的形式来规范水价的管理，使水价管理以政策法规为依据，并使其管理规范化、法制化。

（1）依法制定水价。制定水价必须贯彻《中华人民共和国水法》、《取水许可制度实施办法》、《水利产业政策》等法规政策的精神，保障水资源的可持续开发利用和经济社会的可持续发展，有利于促进计划节约用水和保护环境。

（2）制定水价应全成本核算。城市商品水价包括资源水价、工程水价、环境和排水工程水价。核定水价时应严格执行《城市供水价格管理办法》（计价格〔1998〕1810号）、《水利工程供水成本项目划分及核算范围的规定》。并根据国家经济产业政策和当地水资源条件，对各类用水分别核定。

（3）政策性亏损应由政府补贴。对于水价改革还没到位时，造成的政策性亏损，各级财政部门应予以补贴，并采取相应措施，促进水价尽快到位，以保证维护水资源环境的良性循环，水利工程及供水配套设施正常运行的经费。

（4）同一城市同类用户实行同一水价。

（5）水价应随物价上涨进行相应上调。例如深圳市东深供水工程给香港供水，规定每年水价上涨10%。

（6）水价应有利于水资源环境保护。水价中的各构成部门应做到专款专用，尤其是水资源费、污水处理费，以保证水资源环境的可持续开发利用。

（7）实行计划用水，超计划用水实行累进（累计）加价。

（8）加强水价格改革的管理。城市供水价格的调整应在城市价格主管部门的管理下，召开听证会，邀请人大、政协和有关部门及各界用水户参加，以增强水价调整的信息透明度，使水价调整更加合理，以保证顺畅执行。

水价政策与法律法规是保证建立合理水价和得以执行的依据。应通过建立和完善现有水价政策和法律法规，来保障和促使有利于水资源合理配置、水环境保护得以深化提高的水价形成机制和水价格体系。

第 8 章　城乡水务一体化管理

8.1　水务一体化管理的必要性与可行性

8.1.1　必要性

水务统一管理综合考虑水资源的自然属性和经济属性，符合水资源的开发利用规律。流域性和循环可再生性是水资源区别于其他资源的重要属性。水资源始终处在降水—径流—蒸发的水文循环之中，要求对水资源的利用形成取水—供水—用水—排水—处理回用的系统循环，对地表与地下、城市与农村水资源进行一体化管理。

水务统一管理是优化配置水资源，提高水资源利用效率的体制保证。《中华人民共和国水法》明确规定各级水行政主管部门负责行政区域内的水资源统一管理和监督工作。

水资源管理是对水资源量、质、温、能的全要素管理，对水资源治理、开发、利用、配置、节约、保护的全方位管理，对水资源供给、使用、排放的全过程管理，实现水资源统一管理必须有涉水事务统一管理的体制保证。

水务统一管理是水务行业适应城市化和工业化快速发展的必然结果。改革开放以来，我国经济社会快速发展，城市化率稳步提高，农业用水大量转向城市、工业用水，造成了城市、工业与农业用水矛盾等问题日益突出。城市化地区水资源总量少，用水集中、排污量大、处理不足，水安全保证程度不高，洪涝灾害、干旱缺水、水污染在城市相互叠加、相互影响，只有对涉水事务进行统一管理才能从根本上解决以城市为重点的水问题。

水务统一管理是更好地解决水资源开发利用中存在矛盾的重要措施。传统的地区分割、部门分割的水资源管理体制是计划经济的产物，造成涉水规划难协调，水源工程和供水、节水设施建设难同步，水力资源与水资源综合利用难统筹，水源配置和供水调度难统一，污水处理与再生水回用难一致，不能适应生产力发展对生产关系的要求，不能满足经济社会持续健康发展对水资源可持续利用的要求。只有实行水务统一管理才能有效地解决水资源开发利用中存在的主要矛盾。

水务统一管理能够更好地贯彻科学发展观和中央治水方针，是城乡供水安全和全面建设小康社会的迫切需要。统筹城乡发展，统筹区域发展，统筹经济社会发展，统筹人与自然和谐发展，统筹国内发展和对外开放是科学发展观的重要内涵。

水务统一管理是贯彻科学发展观的具体体现，是改革创新、与时俱进贯彻中央治水方针的实际行动，是水利部党组治水新思路的成功实践，是我国坚持以经济建设为中心，不断深化改革开放的迫切需要。

8.1.2　水务一体化管理的政策依据

1988 年颁布施行的《中华人民共和国水法》对规范社会的水事行为发挥了重要的法

律保障作用，但由于水资源用途和功能的多样性，导致水资源管理权分割的状态长期存在，使得一些深层次的水资源问题在原《中华人民共和国水法》颁布施行了 14 年多依然没有得到根本性解决，水资源对国民经济的制约影响越来越严重。原《中华人民共和国水法》规定“国家对水资源实行统一管理与分级、分部门管理相结合的制度”。内涵不明确，容易产生歧义。条块分割、多头管理即所谓的多头管水的问题依然存在。在贯彻实施原《中华人民共和国水法》时，首先暴露出的矛盾就是推行水资源统一管理十分艰难。从法律上解决水资源管理体制的问题十分迫切。由此，2002 年新修订施行的《中华人民共和国水法》从水资源的自身特性和我国的政治体制出发，按照资源管理和开发利用分开的原则，提出了流域管理与区域管理相结合、统一管理与分级管理相结合的水资源管理体制。新《中华人民共和国水法》对水资源管理体制主要作了以下规定：“水资源属于国家所有。水资源的所有权由国务院代表国家行使。”“国家对水资源实行流域管理与行政区域管理相结合的管理体制。”“国务院水行政主管部门负责全国水资源的统一管理和监督工作。县级以上地方人民政府水行政主管部门按照规定的权限，负责本行政区域内水资源的统一管理和监督工作。”“国务院有关部门按照职责分工，负责水资源开发、利用、节约和保护的有关工作。县级以上地方人民政府有关部门按照职责分工，负责本行政区域内水资源开发、利用、节约和保护的有关工作。”

新《中华人民共和国水法》规定的水资源统一管理主要是指对水资源的权属管理和规划、调配、立法等重要的水事活动的统一管理。它与水务一体化管理虽然不是一个完全相同的概念，但它为实施城乡水务统一管理提供了法律依据。要真正实施水资源统一管理，必须改革现有的水资源管理体制。

2000 年 10 月，中国共产党十五届五中全会指出，“改革水的管理体制”，“建立适应社会主义市场经济要求的集中统一、精干高效、依法行政、具有权威的资源管理新体制”。这是中央站在宏观和战略的高度，对水资源管理提出的新要求。在 2002 年中央人口资源环境工作座谈会上，江泽民强调：“通过改革水资源管理体制，促进水资源合理利用，提高水资源利用效率。”进一步为水务管理体制改革指明了方向。

国务院国发〔2000〕36 号《国务院关于加强城市供水节水和水污染防治工作的通知》要求：“大力提倡城市污水回用等非传统水资源的开发利用，并纳入水资源的统一管理和调配。要把有关水资源的保护、开发、利用等各个协调统一起来，统筹考虑城市防洪、排涝、供水、节水、治理水污染、污水回收利用，以及城市水环境保护等各种水的问题，妥善安排居民生活、工农业生产和生态环境等不同的用水需求，处理好各种用水矛盾。”

国务院国办发〔2004〕36 号《国务院办公厅关于推进水价改革促进节约用水保护水资源的通知》要求：“各地区要统筹考虑城市水资源的开发、利用和保护，协调供水、节水与污水再生利用工程设施建设。”这些对水资源工作的具体要求中都包含了对水务一体化管理的要求。

水务管理体制是一件新生事物，是水管理体制的重要变革。而法规是较为成熟的社会实践经验以法律形式规范化的产物，因此，现行的法规还不能完全适应建立新体制的要求。

8.2 城乡水务一体化构建

8.2.1 城乡水务一体化管理的原则

1. 水资源统一管理的原则

一龙管水，多龙治水，这是最基本的原则。必须坚持“理顺体制，一龙管水，强化国家对水资源统一管理”的原则；水资源统一管理的原则是“按流域统一管理的原则”、“水资源权属管理与开发利用的产业管理分开的原则”和“水量与水质统一管理的原则”，应“由水务局代表国家行使水资源权属管理，其职责是对水资源实行统一规划、统一调度、统一发放取水许可证、统一征收水资源费、统一管理水量水质”。

2. 政、事、企分开的原则

政府职能要确实转变到宏观调控、公共服务和监督企业、事业单位运行方面来，对所有水事活动实施统一管理、统一调度、统一规划。事业单位按政府授权进行工作，并对政府宏观调控给予技术支撑。企业单位按市场规律运作，并按现代企业制度进行自身建设。

3. 精简、统一、效能的原则

精兵简政，重点加强涉及地表水与地下水的统一管理、城乡水事活动的统一管理、水量和水质的统一管理。加快政府对人大、政协的建议以及用户意见的反应速度，扩大社会参与程度。

4. 权责一致的原则

调整各个部门的职责权限，明确划分部门之间的职能分工，相同或相近的职能交由同一部门承担，克服多头管理、政出多门的弊端。着力改善水利与环保、建设等部门交叉重叠的环节。

5. 依法治水、依法行政的原则

加强行政体系的法制建设，建立水务统一执法队伍，系统整理有关的法律法规，并根据变化的情况提请政府和有关部门进行修订。扩大各个重大决策环节的公众参与程度。

8.2.2 城乡水务一体化管理的目标

实行城乡水务一体化管理体制，实现水务管理的制度化、规范化、法制化、科学化、市场化、现代化。使管理体制适应经济社会防洪除涝、水资源利用和保护以及供排水等的基本要求。

8.2.3 城乡水务一体化管理的方向

1. 加强管理体制的条块协调

必须依据区域实情和流域特点，既要健全流域统一管理的机制，又要协调好流域管理与行政区域管理的关系，各管理部门和用水户的关系，不断完善流域水资源的管理体制和水市场体系，从全流域层面上解决水资源开发利用存在的主要问题。积极探索政府宏观调控、流域民主协调、用水户参与管理的运行模式，加强流域水资源的统一管理、统一调度和优化配置；研究建立流域管理和行政区域管理相结合、相协调的水资源管理体制和运行机制；积极促进区域涉水事务统一管理，促进行业协作互动与城乡水务一体化。从而实现流域管理与区域管理的高效结合，构建“人水和谐”的水资源调控模式。

2. 推进水务管理的社会运作

放开城市水务市场，允许外资、民间资本、企业进入供排水、污水处理等市场。在农村建立以民营为主的小型水利工程管理体制，通过转让、拍卖、租赁、承包等方式进行产权改革。

3. 加快水务管理的法治进程

我国正在步入法治社会，将一切涉水事务的管理都纳入到法制轨道，走依法治水的道路，这是实现城乡水务一体化的保障。我国现行的水法律法规与水务一体化管理体制还很不协调，虽然已经制定和出台了《中华人民共和国水法》、《中华人民共和国水土保持法》、《中华人民共和国防洪法》、《中华人民共和国水污染防治法》等一系列涉水的法律法规，初步建立起了我国的水法规体系框架。但是目前水法规体系还很不完善，既没能清晰地体现出水资源统一管理的基本精神实质，法律间又相互存在着部门职能的交叉，还与现实中的水管理体制存在着矛盾，工作上不易操作。因此，尽快修改现行的水法规，使其能适应新的资源水利管理要求，这是当务之急。同时，还应进一步完善水法规体系，早研究、早制定、早出台有关水资源管理的其他法律法规，如《中华人民共和国水资源管理法》、《中华人民共和国水资源保护法》、《中华人民共和国节水法》、《中华人民共和国供排水管理法》等。

4. 促进公众参与水务管理

组建用水者协会，实行民主管水，使广大群众对用水、管水、节水、水利工程建设增加理解，加大支持，提高公众参与水务管理的积极性；在城市推行水价听证制度，完善合理水价形成机制。

5. 加强水务管理的细则研究

健全完善市场准入制度、初始水权分配制度以及水务投融资机制，明确细则，理顺体制，促进城乡水务一体化管理。

8.2.4　城乡水务一体化管理的方式

通过打破城市与农村，地表水与地下水，水量与水质，取水、供水、排水与污水处理等的城乡之间、地区之间、部门之间的水管理界限，建立起城市和农村、水源和供水、供水和排水、用水与节水、治污和回用等管理的城乡水务一体化管理体制；还要打破“政事企不分”、“投建管养不分”等的垄断管理体制，建立现代企业集团，鼓励竞争经营，从而使水务资产不断增值，逐步建立水务现代化企业制度。

8.3　我国水务行政管理体制

水利管理体制是长期以来难以解决的一大难题。目前水资源的管理体制已经束缚生产力的发展，体制已经成为解决水资源短缺的一大障碍。水利和水电管理部门四分四合就是最好的历史见证，电力管理体制与水利管理体制相比，电力管理体制要比水利管理体制解决得好，不管是大水电还是小水电，不管是水电还是火电、核电都必须进入统一的电网供电。水资源的管理却政出多门，这种体制只能是水资源不合理的配置、低效利用和浪费。水资源统一管理体制落后于其他行业原因很多，我们对这个问题的认识很不够，体制长期不解决是关键。长期以来，我们没有从战略的高度来认识水资源的短缺及其管理体制问题。

20 世纪 70 年代末期，国务院曾议论过水资源管理体制问题，提出过建立国家水资源委员会的倡议。进入 21 世纪水管理体制问题不解决，根本谈不上资源的优化配置、节约和保护问题。因此，通过水务局的体制，加强水资源的集中统一管理是形势的需要，客观的需要，势在必行。针对我国目前实行的在地方行政区域逐步将水利局改组为水务局，合并供水、排水、城市节水、污水处理等其他部门职能的这种趋势，笔者认为，应在国家层面撤销水利部成立水务部，在超越部门利益的前提下成立新的水务部来实现水务的集成管理。新成立的水务部是以现有的水利部为主体，将建设部、环保总局、农林部门的涉水管理职能一起合并进入，彻底解决部门间的利益冲突，实现上下一致的城乡水务一体化管理体制。新成立的水行政主管部门，按照政企分开、政事分开的原则，逐步退出水资源的开发、建设、使用、经营领域的经营，其职责主要是经济调节、市场监管、社会管理和公共服务。其具体职责包括以下内容：

（1）制定水务行业的政策法规与行业政策，制定水务行业技术标准并监督实施。致力于建立公平竞争的市场环境。

（2）编制水务发展战略规划、水资源综合规划和专项规划并组织实施。要在区域水资源综合规划和城乡总体规划指导下，进行水资源总量及水资源承载能力分析，编制城乡水资源配置规划、供水水源规划、供水规划、排水规划、污水处理与回用规划、城乡水生态建设规划等专项规划。

（3）统一管理水资源，包括大气水、地表水、地下水，统一配置和调度水资源，统一发放取水许可证，统一征收水资源费。

（4）进行水权初始配置，统筹建立城乡水市场。

（5）建立科学合理的成本评估体系，协助价格主管部门制定供水、污水处理等价格政策。

（6）负责水务企业经营资质的审核认证以及特许经营权的发放与收回；严格市场准入制度，规范水务企业的经营行为，保障公众用水的合法权益和水务市场各投资主体的合法权益。

（7）监管水务企业服务质量，监察水量、水质、水压、水价等主要指标，查处违法行为；监督水务国有资产的保值增值。

8.4 建立新型的城市水资源管理体制

8.4.1 城市水资源实行统一管理的组织形式

联合国组织近年来一再强调大城市水资源是世界水资源问题中的重点，而管理又是城市水资源问题的核心。国际上普遍认为现代城市要建立统一管理的道路网、电力网、水网和信息网四大网络，水网是其中至关重要的一环。这种管理体制的科学基础是水资源以流域为基础的系统管理思想，发达国家城市大多建立这种机构管理城市水资源，取得了好的实际效果。例如，巴黎对水事务的统一管理被认为是世界上最好的，得到联合国的肯定和推荐。我国深圳市 1991 年闹水荒，直接经济损失达 12 亿元，1993 年又发涝灾，直接损失 14 亿元，自借鉴香港经验 1993 年成立水务局以来取得了很好的效果。

成立水务局的目的就是要对水资源实行统一管理，为城市可持续发展提供水资源保障，不仅包括持续的水资源供需平衡，也包括抵御突变破坏——防洪，还包括水环境与生态保护。在统一管理的前提下，要建立三个补偿机制：谁耗费水量谁补偿；谁污染水质谁补偿；谁破坏水生态环境谁补偿。同时，利用补偿建立三个恢复机制：保证水量的供需平衡；保证水质达到需求标准；保证水环境与生态达到要求。水务局就是这六个机制建设的执行者、运行的操作者和责任的承担者。其具体职责应包括以下内容：

（1）负责本地水源地的建设与保护，负责监测上游供水的水质与水量，负责提出与上游水源地优势互补共同可持续发展的方案。

（2）负责市内输水沿线的水质、水量监测与保护，保证达到水质要求的水量进入自来水厂。

（3）保证城市排涝，保证污染物达标排放进入河道或污水处理厂，毕竟排水是供水的延伸，供水与排水统一管理是现代化城市水管理的基本经验。

（4）根据污染总量合理布局建立污水处理厂，并根据水供需平衡有偿提供达标的污水回用量，提高污水利用率，同时鼓励大力开发治污技术。

（5）考虑在保护水源地的前提下，提高水库的经济利用效率。

（6）依据水功能区划分要求，保护水环境与生态，对航运、旅游、养鱼等所有改变水环境与生态的活动建立补偿恢复机制。

（7）制定行业、生活与环境用水定额，大力开发节水技术，尤其是高新技术。

（8）对市区内所有重大项目和工程进行水资源论证和水环境影响评价，据此发放取水许可证，不达标的实行一票否决；同时作为城市产业结构调整的一项重要衡量指标。

（9）适时、适度提出水价调整方案，做到优水优价、累进水价、不同用途不同价格，以水价为杠杆调控水资源优化配置。

（10）及时提出水资源的法规或管理条例草案，重点在于适度的罚则，经相关部门批准后依法行政。

8.4.2　建立流域间协调机制

流域间协调机制是建立水的流域综合管理的核心环节。城市是流域的用户节点。单一城市无法脱离对流域的依靠，无法脱离流域内其他城市对自己的影响和制约。流域管理是一项涉及多部门、多省市、多利益主体的复杂系统。国际上成功的流域管理经验告诉我们，无论其机构设置方式有何不同，城市之间以及不同利益主体之间都需要一个协调机制，对于水资源紧张、生存压力大的流域尤其如此。这种流域机制根据流域的不同，体现在国家之间、城市之间、不同行业之间。流域协调机制是集约化利用水资源，共同维护生存环境的手段。协调机制中，实现地方和不同利益的民主参与协商的机制是其成功的关键。同时，流域协调机制必须明确国家、流域和地方的责任，并合理分工。

通过流域管理机构的设定，使其成为流域水资源管理和污染控制的第一责任主体，具有在水资源和水环境领域监督、协调和检查各级地方政府的权力。流域机构应具备的责任和职能包括：流域水资源配置和污染控制协商；协商制定科学的、系统的流域规划，并对流域内各地方政府进行责任分配；对地方规划进行审核；对各地方政府的监管；负责流域内的国家资金调度；制定流域治理相关技术政策和法规等。由于环境与经济的负关联性，使环境治理规划不仅需要建立在科学的基础之上，而且需要建立在各方利益协调的基础上，否则很难具有真正的操作性。

城市的水资源管理和水污染控制都不是单个城市可以解决的问题，需要进行流域广大区域的协调统一管理，综合考虑流域的水量、水质、水工程、水处理、生态环境等诸多因素，制定具有科学性和约束性的流域规划，明确各地方政府的责任，指导各地方城市制定并执行与流域规划相符的地方发展规划。

因此，地方政府对于流域治理的态度转变是控制流域城市水污染的关键。以利益协调、统一规划为前提和依据，将流域治污业绩纳入地方政府政绩考核指标体系当中，建立针对地方政府的奖惩机制，明确和强化各级政府的治污责任，从根本上转变地方政府的发展观，调动地方政府治污的积极性。

惩罚机制主要包括：①通过绿色 GDP 等科学指标，对流域内所有城市进行污染排序，向公众公示排序结果，并在人大对污染城市政府进行通报，对污染城市及领导形成政治压力；②将污染治理与地方财政直接挂钩，对排放超标、污染事故、未达到污染控制目标的城市，直接对地方财政进行处罚。

奖励机制主要包括：①表彰治污先进城市和相关领导；②通过加大中央和流域政府投入资金，利用国债、基金向治污优秀的城市进行大额投资补贴。

此外，公众参与和社会监督是推动流域治污的原动力，在目前对政府缺乏监督和约束的体制下，公众参与是顺利开展流域治理工作的必要补充。

鉴于目前环境监管不足的现状，建议利用社会各界对河流流域污染治理广泛关注的热情，引导、鼓励和提倡公众监督。公众参与既可以降低环境执法的成本，提高环境监管的力度，也可以对各级政府形成有力的制约，同时可以缓解公众舆论对环保的压力，对我国推进民主政治制定也是有益尝试。

可以通过以下途径加强公众参与：①设立热线电话，建立流域污染投诉处理机制；②利用新闻媒体，对流域各城市的年度水环境控制目标及执行情况、污水处理设施超标排放事件、污水处理设施排放监测结果进行公示；③建立流域公共网站，对流域内各城市的排污申报与核定、污水处理设施自动在线检测结果、污水处理设施整改、热线电话投诉受理和处理情况进行公示。

8.4.3 树立城市水系统综合性集成发展的新观念

水是城市发展的基础性自然资源和战略性经济资源，而水环境则是城市发展所依托的生态基础之一。水在城市系统中具有五大主要功能角色：①水是城市生存和发展的必需品和最大的消费品；②水是污染物传输和转化的基本载体；③水是维持城市区域生态平衡的物质基础；④水是城市景观和文化的组成部分；⑤水是城市安全的风险来源。城市中与水相关的各个组成部分所构成的水物质流、水设施和水活动构成了“城市水系统”，它包括水源系统、给水系统、用水系统、排水系统、回用系统和雨水系统。随着我国人口的持续增长和城市化进程的加快发展，大规模区域水环境质量和生态系统持续恶化，超大城市和城市群的不断涌现，城市水设施在投资强度上的严重滞后，城市水系统的功能要求、技术要求和经济效益方面都面临着新的挑战。因此，城市水系统规划和设计的合理性与否将直接影响和制约城市的发展。理想的城市水系统如图 8.1 所示。

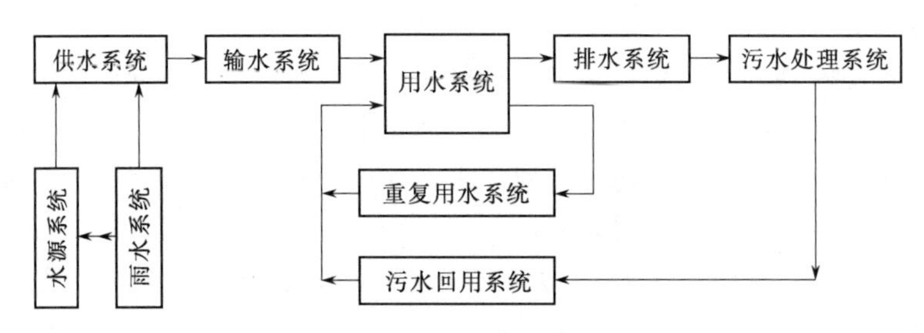

图 8.1 理想的城市水系统

一般城市水系统规划和设计所关注的宏观问题有：城市水系统的整体结构、功能和效率；城市水系统对区域（或流域）生态、环境和水文系统的动态扰动；城市水系统的安全保障水平；城市水系统的老化和水资源退化问题。城市水系统的各个子系统具有自然的关联性，其复杂性和多目标需求决定了城市水系统必须向综合集成的方向发展。对此，一方面既要强调城市水系统的整体的规划、设计和管理，又要有效协调与城市其他规划建设的关系。例如，将土地利用计划与雨水利用、径流污染控制相结合，将城市的土地利用进行分区，在城市的绿化带、植被缓冲带规划中考虑对城市水文的影响；在城市地面硬化中增加渗透铺装；在城市景观设计中，尽可能保持原来的地形地貌，使用低势绿地、渗透管渠等渗透设施，将水景观建设与人工湿地的利用与建造相结合，以及改造建筑结构形式与屋顶做法，这些措施均会对控制城市径流问题带来许多便利。另一方面，城市水系统设计的生态化要求其必须采取因地制宜的原则，与具体的自然系统相结合，与特有的城市结构相结合，从而带来城市水系统的多样化。多样化的城市水系统不仅可以更好地发挥城市水系统的各种功能，也可以更好地与自然水体相连接，成为自然水体的一部分，而不是将城市景观水体与整个城市的生态系统隔断，从而解决城市水系统目前与其他基础设施之间的冲突问题。

8.5 深化水务投融资体制改革

8.5.1 实行开放灵活的城市水务投融资体制

要从根本上改变我国城市供水环节供不应求的问题，除了要建立节约用水的机制外，根本的途径就是要放松进入管制，并通过一定的政策措施，鼓励新的投资主体进入城市水业，加大对城市水业的投资力度。由于城市水业本身基础建设投资大、周期长、具有公益性、长期性和持续性，政府必须在国家有限的资金下，善用外资及民间资金，并借助民间或外资企业的经营效率，推动城市水业的健康持续发展。

当前，在社会上BOT模式这一融资方式正逐渐在基础设施领域得以广泛运用。所谓BOT，即“建设—经营—移交”，是一种私营机构参与基础设施的开发和经营的方式，也是一种利用民营资本进行基础设施建设的项目融资方式。其实质是一种债权与股权相结合的产权形式。具体做法是：由有关单位组成的股份形式的财团，对项目的设计、咨询、供货和施工实行总承包，项目竣工后，在特许权规定的期限内进行经营，用收费回收投资、偿还债务、赚取利润，达到特许权期限后，将项目无偿交还给政府。

BOT有三个基本特征：①包括建设、拥有、经营和移交全过程，在国际上也被称BOOT，项目公司在特许期内对项目资产的所有权不是完整意义上的所有权；②政府特许经营，即项目公司必须经政府特别许可才拥有建设、经营资产的权利，政府与项目公司的关系由特许经营协议确定；③项目融资，项目融资是一种无追索权或者只有有限追索权的融资贷款，其核心是归还贷款的资金来自于项目本身。BOT这些特征使其不同于完全的私有化。在实践中，在BOT基础上演变和创新出多种衍生方式，如TOT（移交—运营—移交）、BOO（建设—拥有—运营）、ROT（修复—运营—移交）、BLT（建设—租赁—移交）、BT（建设—移交）等，都是对建设—拥有—运营—移交过程的变化，都仍然具有政府特许经营和项目融资的特征，可以统称为BOT。BOT项目是社会资本和政府的结合，其最大的优势就是在产权最终由政府获得的前提下，吸引社会资本投入到公共基础设施建设中，弥补财政资金的不足，减少政府的财政负担和债务风险；同时能够有效地引进先进技术和管理，提高经营管理效率。因为BOT针对基础设施而设计，且需要进行项目融资，其缺点也是明显的，主要有前期准备和谈判阶段就需要较大投入、咨询费用高、运作周期长、过程复杂等。

“准BOT”是针对国内近年来出现的大量号称BOT项目而实际不具有项目融资特征的项目而提出的一个概念，它与BOT的最根本的区别就是不属于项目融资。目前，这些项目资金门槛较低，大多是中小城市或者城镇的中小型项目，多为污水处理项目。准BOT项目资金门槛低是决定型因素，引起了从项目规模到操作过程的多方面都区别于BOT。首先，资金门槛较低，就不一定需要商业银行的直接参与，即使商业银行以贷款形式参与，也会采用投资人资产抵押或者信用担保取得贷款，而不是采用项目融资，于是就不是项目有限追索，银行也因此对投资人及项目规范性放松了要求。其次，缺少了银行的制约和要求，实际操作中项目结构一般都被简化，政府和投资人都简化或略去了聘请咨询公司的必要程序，以降低前期费用。再次，前期费用的降低，反过来进一步使项目降低了进入的资金门槛，引起了更多的企业参与竞争。

无论是BOT、TOT、准BOT，还是产权整体转让，都属于PPP（公共部门和私人部门合作）模式。因而在这些项目中问题的核心是政府与项目投资人的关系。在PPP项目的投资、建设、运营、服务、监管、支付等诸多方面，政府与企业都紧密而深刻地关联着，因此，项目成功与失败的关键就在于界定政府与企业的责任和权利，并以有效的形式予以约定。在具体的操作过程中，政府必须完成自身角色的转变，即由原来的行业管理转变为代表公众利益的市场监管者。政府经验和能力的不足可以通过相关咨询服务机构的协助和严格的程序来弥补完善。

为保证项目的运营有一个稳定适用的支撑体系，其根本解决途径在于市场化管理体制和投融资机制的健全，当前应从两方面开展具体工作。首先，建立对城市政府项目决策的约束机制。政府对BOT的正确认识，是政府正确利用BOT融资方式和判断选择项目投资人的基础。目前我国的水业投资中，BOT的功能被夸大和歪曲了，适用条件被忽视了。因此通过法制化程序建立对政府项目决策的约束机制至关重要。其次，健全BOT项目操作的专业服务体系。鼓励法律、财务、金融、咨询等各种专业化服务机构的发育；同时对某些专业化服务单元予以固化和标准化，从而降低专业服务的总体成本，扩大其适用范围。

总之，通过实行开放灵活的城市水务投融资机制，充分发挥社会资本的金融优势、机制优势，并协同传统水业主体的经验优势和地源优势，从而快速提升和壮大城市水业竞争主体的实力，优化产业结构。

8.5.2　区分公益性项目与经营性项目，确定不同的投资机制与运营模式

城乡水务涵盖城乡防洪、河道治理、水库灌区、水源开发、水源保护、城乡供水、排水、污水处理及回用等诸多领域。其中城乡防洪、河道治理、水库灌区、水源保护、城乡供排水管网等公益型项目，由于没有明确的产出或即使有产出也不可能完全走向市场化，因此政府作为公共利益的代表者，应该承担起建设、运行维护以及更新改造的责任，主要目标是建立稳定的投资来源和可持续的运营模式，逐步探索并实行政府投资、企业化运行的新路。对于城乡供水等经营性项目，资金来源应该市场化，主要通过非财政渠道筹集，走市场化开发、社会化投资、企业化管理、产业化发展的道路。污水处理由于不以营利为目的，且受制于污水处理费偏低，产业化程度不高，但随着污水处理费征收范围的扩大和标准的提高，也要解决多元化投入和产业化发展问题，起码要建立国家投入、依靠污水处理收费可持续运行的机制。

8.5.3　划分事权，形成分级投入机制

城乡水务基础设施建设是政府负责的建设项目，但由于资金需求巨大，单靠政府财政投入远远不够。因此，应适当划分事权，国家主要负责全局性的重点水务工程，如水源工程、骨干管网工程、防洪工程、大型河道整治工程等。地方的水务工程，则按照“谁受益，谁负担”的原则，由受益地方和部门投资，分级管理，逐步形成各级政府分级投入机制。

8.5.4　运用政策手段，加大利用信贷资金力度

为了鼓励更多的社会资金投入城乡水务行业，国家采用政策手段，如贷款贴息、长期开发性低息贷款等，使银行信贷资金向城乡水源工程、供排水管网工程、污水处理厂等兼具社会效益和经济效益，具有稳定投资回报的经营性项目倾斜。

8.5.5　拓宽筹资渠道，利用资本市场发展直接融资

在资本市场直接融资有利于提高企业筹资能力，优化企业资本债务结构，除发行股票

融资之外，应该大力发展水务企业债券，尤其对于没有改制的国有水务企业，债券应该成为银行贷款之外的一个新的筹资渠道。在美国、德国等发达市场经济国家，供排水管网、污水处理厂等水务基础设施主要依靠地方政府的市政债券、水务债券或污水公共机构债券等形式筹集建设资金，我国现行政策不允许地方政府发行债券，应该积极研究通过水务收益债券融资建设地方水务等基础设施建设。我国也曾发行过城市公用设施建设的具有收益债券性质的企业债券，当前应总结经验，推出相对规范的地方水务企业收益债券，作为水务企业融资的主要模式。

8.5.6 推进产权制度改革，增加水务投资

城乡水务市场化所依托的中国市场经济体系，其资源以及功能分属多元主体和多个层次，因此产权制度改革、产权多元化是社会资本和海外资本进入城乡水务行业的桥梁，成为解决城乡水务行业投资不足的主要手段。同时只有多元持股，才能真正明确股东会、董事会、监事会和经理层的职责，形成各负其责、协调运转、有效制衡的公司法人治理结构，有力地约束企业内部成本，提高效率。

8.6 构建统一开放的水务市场

完善法律法规，明晰水权，加快水权转让，确立规范的城乡水务市场准入与退出规则，建立完善的特许经营办法，允许相关企业及各种资本进入水务市场。对于企业，要进一步推进所有权与经营权的分离，建立产权清晰、权责明确、管理科学、监督有力、激励有效的法人治理结构。使企业成为自主经营、自负盈亏、自我约束、自我发展的法人主体和市场竞争主体，在政府的监管下合法经营，以获取经营利润为目标，建立严格的成本费用核算体系和有效的监督激励机制。在改革进程中，应该实现水务资产管理的观念转变，实现从管企业到管资产的转变，实现从静态管理到动态管理的转变，实现从实物形态的管理到价值形态管理的转变，实现从前置性审批管理向全过程监督管理的转变，实现从管理领导班子向委派产权代表的转变。

对于水务企业协会等社会中介组织，可以接受政府委托，起草技术标准，进行行业调研，组织技术交流和培训等；同时可以接受企业委托，进行项目评估与咨询，提出企业管理咨询报告，提供各种信息与技术等。中介组织要逐步发展成为联系政府主管部门与水务企业的桥梁与纽带。在界定政府与企业职责时，要特别注意将政府资产所有权与公共管理权相分离，建立起所有权、经营权、监管权相互制约的城市水务发展模式。在现有水务企业中，都存在国有股一股独大的问题，更有一大部分水务企业是国有企业，政府实际上扮演了国有企业出资人和公共管理人的双重角色。随着国有资产管理体制改革的进一步深化，各级国有资产监督管理委员会将行使国有资产出资人和监管人的职责。水行政主管部门行使行业和公共管理权。

总之，城乡水务一体化管理的基本模式就是统筹城乡水资源，建立集防洪、灌溉、供水、回水、节水、排水、污水处理及回用一体化管理的水行政主管部门，行使市场经济条件下政府对水务的宏观管理及监督职能，建立政事、政企、政资分开的水务管理体制，制

定合理的水价形成机制，完善投资主体多元化、产业发展市场化的运行体系。

8.7　提高水资源管理的技术与方法

城市水资源管理除了精心管理有限资源，周密制定和实施正确的水政策、水管理体制和制度、法律等外，还必须对管理技术、方法认真研究和对待，才可以不断提高管理水平，发挥管理的最佳功能。当前的着力点主要有两个方面：

首先，加强城市水资源信息化管理。现代城市水系统是一个包涵社会、经济、人口、水资源和水环境的复杂大系统，涉及社会、自然、经济、人口、科技等诸多因素，因此水资源水环境信息覆盖面广，数量庞大，种类众多，是一个信息密集型产业。城市水资源水环境信息化就是系统科学地应用计算机技术、微电子技术、通信技术、网络技术、光电技术、遥感技术等多项信息技术，充分开发应用与城市水资源水环境有关的信息资源，直接为城市的经济发展、人民的生活、防洪抗旱减灾、水资源的开发、利用、配置、节约、保护等综合管理及水环境保护、治理等决策服务，提高水及水工程的利用效益和科学管理水平。因此，我们必须理顺城市水资源信息化的总体思路，确定一个明确的建设目标，然后进行全局的统筹规划，各部门有序地开展行动，避免低水平重复开发和条块分割，同时加强与高校、科技院校、国际之间的合作，迅速弥补自身技术力量；必须坚持以社会需求和实际应用为导向，建立具有全局性和通用性的基础数据库；重视城市水资源信息技术和管理人才的培养，积极探索城市水资源信息系统的管理体制和运行机制。

其次，建立城市水资源管理决策支持系统。水资源管理决策支持系统依托于“3S”技术及其他技术，借助于宽带网、微波、卫星等现代化传输方式，构建水资源、生态环境和社会经济一体化的信息采集、传输、储存、处理及分析系统，形成信息化、可视化的水资源管理综合服务平台，对水资源的开发和管理提供决策支持，为水资源的合理分配及生态环境保护提供科学决策依据。城市水资源管理决策支持系统建设的目的在于，充分利用空间信息系统技术的数据库管理、数据查询与统计、数据输出功能，实现水资源管理行业信息的有效管理利用，为管理部门提供快捷方便的信息服务。同时利用空间分析、模拟技术，并与有关水资源预测模型相结合，为管理人员提供详细必需的决策信息。

城市水资源决策支持系统涉及多学科的综合，其总体目标、结构、功能和内容设计，应当由具有相关领域知识背景的人员共同完成，包括城市水资源决策支持系统用户的参与，这对于增强系统的实用性和信息资源更新要求具有实际意义。建立一个集多功能、多目标、多层次的城市水资源决策支持系统是一项非常复杂的系统工程，而城市水资源决策支持系统本身应当是一个不断完善、不断更新的开放式系统。它的开放性不仅表现在信息、信息源的动态更新扩大上，更着重表现在结构的不断合理化完善、功能的不断增加、用户对象的不断扩充等，所以城市水资源决策支持系统的建设应该是与时俱进的。

总之，实现城市水务管理的信息化、数字化是现代水资源管理的基本要求。建立城市水务部门业务管理和具有科学决策服务功能的综合性的政务信息系统，实现城市水务信息交换的电子化，有利于促进我国城市水务管理的能力和水平的提高。

第9章 中原城市群城市水务市场化发展典型模式分析

9.1 中原城市群水务市场化发展现状

9.1.1 各城市水务产业设施现状

1. 郑州市

郑州市区面积1010.3km^2，建成区面积230.08km^2，辖六区五市一县，总人口697.7万，建成区常住人口322万，城镇人口397.6万。郑州经济总量约占河南省的1/6，地方财政收入约占该省的1/4。郑州市人均水资源年占有量不足230m^3，约为全省人均的一半。

郑州市自来水总公司（原郑州市自来水公司）成立于1953年11月28日，经过50年的发展，总公司已成为拥有固定资产原值6.79亿元，净值4.34亿元，制水厂5座，原水厂1座，综合日供水能力107万t，供水面积125km^2，管网总长度1143km，职工4074人的国有大型二类供水企业，供水量名列全国自来水生产企业第16位。郑州市饮用水主要来自黄河，以黄河水为水源每日供应市区的水量占总供水量的83%。近年黄河流量缩减，郑州已成为全国严重缺水的城市之一。郑州市行政区内已建成污水处理厂6个，在建的污水处理厂（含扩建工程）7个。目前郑州市市政管理局直属的郑州市污水净化有限公司是城区污水处理及配套项目建设、经营垄断企业。公司下设王新庄、五龙口、马头岗等城区三大污水处理厂、管道分公司及四个子公司，现有员工301人，污水处理总规模80万t/d。其中：王新庄污水处理厂是淮河流域最大的城市污水处理厂，日处理污水能力40万t。五龙口污水处理厂一期工程（10万t/d），回用水5万t，2005年底竣工。马头岗污水处理厂规模日处理污水30万t，厂外配套管网17.375km。城市生活污水集中处理率2006年6月为56%，达不到国家考核指标（70%），日排污水仍近80万t。市辖主要监控河段总长度234.84km，其中Ⅱ～Ⅲ类水质河段占36.1%，Ⅴ类水质河段占4.34%，劣Ⅴ类水质河段占59.56%。流经城市的河段污染严重，生活污水已成为影响河流水质的主要因素。马头岗污水处理厂土建工程近日刚完工，投产后全市污水处理率可达85%。除去已经合资的项目，郑州市尚未合资的存量资源还有市污水处理厂及3座制水厂、1座原水厂尚未对外合资，从改革和发展看，水务合作的潜力很大。

2. 洛阳市

洛阳市规划区地下水资源人均可开采量仅为230m^3，仅约为河南省人均水平的1/2，属严重缺水城市，近年兴建了“李楼水源”、“东郊水源”、“陆浑引水工程”，缓解了城市供水紧张局面。洛阳市自来水公司成立于1954年，国有大型二类企业。下设三个水厂，两个营业所以及水表厂、修造厂、工程处、物资供销部、生活服务部，水质监测中心、劳动服务公司等 12 个基层单位，职工 1500 人，日供水能力 72 万 m^3，深井 100 眼，供水管网总长度 755.2km，固定资产原值 5.476479 亿元，净值 4.739682 亿元。现在基本满足全市工业和居民生活用水的需求。但由于多年来资金紧张，地下水位下降、水污染、设备陈旧、城市管网改造和铺设滞后等问题，始终困扰着企业，危及自来水的安全生产和适时供应。到目前为止，已有 19 眼井处于停产、半停产状态，日供水能力下降达 10 万 t。迫使水源地由近郊向远郊发展，由地下水向地表水发展，造成了井越打越深、距离越来越远，处理工艺越来越复杂、制水成本越来越高的困难局面。

洛阳市目前有 5 个污水处理厂同时运行，2005 年底前完工的污水处理厂分别是：东污水处理厂、涧河污水处理厂以及位于新区的定鼎门污水处理厂和滨河污水处理厂。其中，东污水处理厂可日处理污水 20 万 t，总投资 3.2 亿元，主要处理西工、老城和瀍河回族区的各类污水。目前，该污水处理厂已完成采购设备合同签订工作，厂区土建工程施工量已完成 80%。涧河污水处理厂设计日处理污水量为 1 万 t，主要处理涧河上游的各类污水，目前已完成腾地、收水管道设计等工作，正在进行污水处理工艺考察。位于新区的定鼎门和滨河污水处理厂设计日处理污水量均为 1 万 t，建成后可满足目前新区各类污水处理需要。

3. 开封市

开封市市区面积 359km^2，市区人口 80 万。虽然开封境内河流众多，市区水域面积达 145hm^2，占老城区面积的 1/4，是著名的“北方水城”，但全市水资源总量仅有 12.2 亿 m^3，人均占有量 258m^3。由于工业、居民生活废水的排放量逐年加大，未经处理的污水排放量超过 80%，使大部分河道受到污染。此外，部分居民和一些洗浴、饮食行业私自乱打小浅井和通天井，造成浅层地下水交叉污染。截止到 2005 年底，市供水总公司日供水能力达 57.5 万 m^3，市区管网总长度 732km，其中 DN100 以上管网长度 450km，日均供水量 19.53 万 m^3，市区用水普及率达 95.8%。开封市西区污水处理厂地处市南郊芦花岗，占地 9.63hm^2，日处理污水能力为 8 万 t，服务面积 22km^2，总投资 1.2 亿元，采用氧化沟处理工艺，2001 年 6 月竣工运行，实现了自动化监控。但该厂因管网不配套，实际处理能力不到设计能力的 1/4，污水处理率仅 18.25%，且出水有超标现象，2005 年 9 月被国家环保总局向全国公布挂牌督办解决。2012 年 2 月招标扩建污水管网 23.17km，其中新建 6.88km，改建 16.29km，新建中途提升泵站 1 座等配套设施。

4. 平顶山

平顶山市多年平均降水量 817.6mm，全市多年平均地表水资源量 15.6 亿 m^3，地下水资源量 7.9 亿 m^3，全年多年平均水资源总量 18.3 亿 m^3，全市多年平均地表径流量 19.33 亿 m^3。

平顶山市第四水厂投产后，加上白龟山水厂、光明路水厂、周庄水厂，市自来水公司的日生产能力已经达到了 50.6 万 t，而市区日用水量一般在 30 万 t 左右，完全可以满足市区生产、生活的用水需要。但是，平顶山市老城区的管网多是 20 世纪五六十年代建造的，从管材到布局都有不合理的地方，再加上管网老化，造成了市区个别地区水压不足的现象。另外，市区整体东西狭长、南低北高，东部、北部部分地区也存在水压小的问题。

为解决市区东部水压过低的难题，市自来水公司将计划投入4700多万元架设管网将西部自来水引向市区东部，东部供水难问题有望很快得到解决。

从平顶山市环保局获悉，从2005年1月1日起，平顶山市城镇污水处理费征收标准平均每吨提高到0.8元，并按标准足额征收。2006年全市污废水排放总量为16736万t，其中工业废水排放量为6578万t，废水排放达标量为6288万t，工业废水排放达标率95.58%；生活污水排放量为10158万t。市区污废水排放总量为9166万t，工业废水排放达标率97.86%。2007年6月底前，市污水净化公司一期工程脱氮设施建成投运，处理水质达标。

5. 漯河市

漯河市区建成区面积48.6km²，常住人口由33万人增加到46万人。漯河市年降水量为786mm。境内有大小河流81条流径，均属淮河水系。漯河市自来水公司成立于1964年，主管部门为漯河市建委。公司负责市区生活、生产供水，现有职工634人，其中具有大中专以上学历人员120多人，固定资产1.04亿元，有4座制水厂，日供水能力17万t，是一国有中型企业。2000年，四水厂二期工程投产，该厂采用V型滤池工艺，出厂水浊度控制在0.3以下，超过国家生活饮用水标准。拥有供水管网总长235km（直径100mm以上），能满足该市未来年城市和经济发展需要。市污水处理厂目前日处理污水能力8万t，在建的二期扩建工程规模为日处理污水5万t，计划2006年年底建成投产，使污水处理能力提高到13万t。

市环保局所属漯河市污水净化中心位于铁东开发区漯上公路白坡段，占地120亩，已建成规模为日处理城市综合污水8万t，规划二期达到12万t，2001年8月投产，承担漯河市区浙沙河以南20km²范围的各类污水处理任务。该中心系财政全供事业单位，自达标排放以来，污水处理设施保持安全稳定运行，实际日处理污水6.8万～8.2万t，年处理污水2500万t以上，使该市65%以上的综合污水得以有效处理。

6. 焦作市

现辖两市四县四区和一个高新技术产业开发区，市区人口80.7万，城镇人口133.1万。焦作水资源丰富。流域面积在100km²以上的河流有23条，有两大人工渠和四大水库，地表水资源充裕。焦作市还是天然的地下水汇集盆地，已探明地下水储量35.4亿m³。

（1）供水方面。焦作市供水总公司成立于1956年，设计日供水能力为25.5万m³，目前实际日供水能力22.8万m³，日均供水量14.48万m³，下设六个供水厂，管网长度350km，管网覆盖面积50万km²，现有职工1510人，担负着焦作市城区60万人口生产生活用水，为中型国有供水企业。公司设备老化、人员过剩、体制落后、管理水平低、企业经营连年亏损。2001年城市供水亏损652.7万元，2002年上半年亏损300多万元。供水产销差率高达30%，老城区供水管网急需更新改造，新区管网急需敷设，企业发展困难。焦作市与深水集团于2003年合资的项目公司焦作市水务有限责任公司的注册资本仅1.03亿元，还有很大的对外合资潜力。

（2）污水处理方面。焦作市污水处理厂一期工程2001年6月竣工，项目建设总投资9427万元，日处理污水10万t。规划中的二期污水处理项目规模为日处理污水15万t，投资概算约1.9亿元，处理后水质达到国家二级排放标准。二期工程于2006年3月转让给重庆康达环保股份公司特许建设和经营，于2006年8月开工。

7. 新乡市

新乡市骆驼湾污水处理厂一期工程15万t/d资产转让项目，TOT资产转让中标投资人须组建项目公司以TOT方式收购和运营骆驼湾污水处理厂（不包括所有城市管网），特许经营期限为28年。该厂区位于卫河南岸骆驼湾地区，占地247.7亩，采用微孔曝气氧化沟处理工艺，建设时执行GB 8978—1996《污水综合排放标准》二级标准。剩余污泥经浓缩后直接进行脱水，经处理后的尾水可直接排入卫河水体。该厂2003年12月投产以来，日处理污水一直保持在7万～8万m^3。拟转让的厂区内总资产额为1.15729亿元（土地系划拨使用），资产无任何贷款、借款、担保及资产抵押合同及协议，也无任何商标、专利及非专利技术的转让或许可使用协议，但投资人承诺项目公司接收现有污水处理厂的在编职工。

8. 许昌市

许昌市城区水务全部完成特许经营。2005年7月，许昌市水务招商项目：将许昌市供水总公司生产、供应、销售等全部资产、在建的许昌市第二水厂全部资产及许昌市污水净化公司全部资产合并，招标出让其全部或大部分股权，并赋予投资者特许经营权，由投资方组建新型水务企业，从事自来水的生产、销售及污水处理及经营。合资前的许昌市供水总公司是国有中型一类企业，有日供水能力15.5万m^3、直径100mm以上管网长度200余km。许昌市第二水厂设计日供水能力14万m^3。许昌市污水净化公司设计日处理污水6万m^3，有污水管网络60km。三个单位合并后资产总额5.15亿元。2006年8月19日，许昌市瑞贝卡水业有限公司正式挂牌，公司拥有许昌市供水和污水处理两部分资产。许昌市的水务资产主要包括城市供水和污水处理，纳入本次市场化范围的资产总额为4.8亿元左右。许昌市水务项目转让，政府从供排水经营领域中完全退出，赋予投资人在水务领域完整的特许经营权：将供水和污水处理全部国有资产进行一定年限的一体化转让，将运营资产与在建工程一体化转让，厂区与管网资产一体化转让。

9.1.2 水务市场化现状

河南省的竞争比较激烈，现有合作签约的项目已达十几个，相关的公司也达到10家左右。深圳水务投资公司、重庆康达、中国水务等公司在河南省市场比较活跃，已经在河南省打下比较良好的扩张基础。

1. 中法水务投资有限公司

2001年9月6日，中法水务投资有限公司与郑州自来水公司合作成立的郑州中法供水有限公司。郑州中法供水有限公司开业，标志洋水务正式进入河南水务市场。合作期限30年，总投资3亿元，双方各占50%股份，经营郑州花园口、白庙水厂，双方出资均已到位。

2. 深圳水务（集团）公司

焦作市政府于1999年3月出资设立了焦作市城市建设投资开发有限公司，作为经营城市的主体和对外合资、合作的载体。与深圳水务（集团）公司共同出资于2002年11月签订合作合同，2003年1月注册成立了焦作市水务有限责任公司，经营城市供水，公司注册资本1.03亿元，经营期限20年。焦作市城建投以项目净资产的30%出资，深水集团以7200万现金出资，取得合作公司70%的股权。该公司主营供水，能力为22.8万t/d。该项目一直运行良好，焦作市建委用政府满意、社会满意、员工满意、企业满意“四满意”评价了三年多的合作运营情况。2006年8月2日，获得鹤壁市污水处理项目（山城污水处理厂项目）特许经营权签约。山城污水处理厂位于山城区耿寺村西、故县村东，工程概算投资约1.07亿元，设计能力为日处理6万t污水。该项目于2003年5月28日投入试运行，现日平均处理污水约4万t。在特许经营期限内，市政府将项目资产移交投资方运营，政府方按照约定的水量和价格支付污水处理费。期限届满，投资方将资产无偿移交给政府方或其指定机构。特许经营期限为30年。

3. 重庆康达环保股份公司

2003年，焦作市曾与新加坡清水环保有限公司签订市污水处理项目的特许经营权协议。但因该公司未能按期支付收购款而终止。2005年6月7日，商丘市政府与重庆康达环保公司举行了商丘市污水处理厂资产及经营权转让合同和商丘市新扩建污水处理厂工程建设合同签字仪式。商丘市政府以TOT方式将商丘市污水处理厂资产及经营权转让给重庆康达环保公司，采取BOT方式由重庆康达环保公司投资商丘新扩建污水处理厂的建设和经营。协议内容包括：采用TOT方式经营现有污水处理厂（一期项目），资产转让价1.2亿元，特许经营期限26年，处理后的水质达到国家二级排放标准，接收全部现有员工。焦作市污水处理厂一期工程2001年6月竣工，项目建设总投资9427万元，日处理污水10万t。采用BOT方式建设经营二期污水处理项目，二期污水处理项目建设规模为日处理城市污水15万t，投资额为1.9亿元，特许经营期限26年（不含建设期），处理后的水质达到国家二级排放标准，并达到环保要求。采用BT方式建设污水配套管网项目，投资额为3000万元，产权归焦作市，投资额分五年付清。

2006年3月9日，河南焦作市与重庆康达环保公司签订污水处理项目特许经营框架协议书，共盘活、引进建设资金3.62亿元。

4. 河南银龙供水集团有限公司

2006年5月23日，河南银龙供水集团有限公司在郑州裕达国贸大厦挂牌成立，成为进入河南水务系统的首家外资控股公司。河南银龙供水集团有限公司隶属于中国水务集团，中国水务集团是河南水务市场上第一家完全运营整个供水链条的外资企业，从源水到水处理，再到供水到户一体化经营。这是河南水务市场的整体供水链条向外资开放的标志。

5. 许昌瑞和泰真发有限公司与国中爱华（天津）市政环境工程有限公司组成的投资联合体

开封市城市污水处理项目投资合作协议签字仪式2006年7月4日在开封举行。开封市西区污水处理厂和东区污水处理厂特许经营权全部转让给由许昌瑞和泰真发有限公司与国中爱华（天津）市政环境工程有限公司组成的投资联合体。此两厂特许经营权的转让分两种形式：西区污水处理厂为TOT（转让—运营—移交）。东区污水处理厂为BOT（建设—运营—移交）的形式。双方合作期限为30年。

近年来，河南省本地的公司开始逐渐涉足水务领域，如白鸽（集团）股份有限公司（主业为磨具生产）置换了郑州市王家庄污水处理厂，许昌瑞贝卡水业公司的成立亦然。可以预见，随着水业市场化的发展，河南省也会像全国各地一样，出现一批涉足水业经营的本地化公司。就整个河南省水务市场来讲，河南省东北部的城市如郑州、开封、新乡、商丘等经济相对比较发达，已经签订的项目也比较集中在这些地区，整个南部地区则以农业经济为主，城市的规模也相对较小。

9.1.3　水务市场存在的问题

1. 目前城市化和经济发展水平比较低，影响支付能力，尤其是污水处理费用

河南省2005年9月，河南省政府通报批评了污水处理项目一直未开工的34个县(市)。污水处理项目进度缓慢的32个县（市）。污水处理费征收未达到省定平均0.8元/t标准的58个县（市）。对于省里已安排资金但仍未付诸实质性开工的项目，要停付并收回资金。把按标准征收污水处理费纳入各县（市）年度责任目标考核体系。2006年5月16日，河南省政府下发了《关于进一步加快全省污水处理厂建设的通知》，要求各县（市）集中财力用于污水处理工程建设，要保证资金，排出项目进度计划，由有关县（市）政府主要领导签字，并严格按计划扎实推进。在污水处理工程未建成之前，要停建或缓建所有一般性建设项目。要求2007年底所有市、县要全部建设污水处理设施。

过去，河南省内许多污水处理厂因收不足污水处理费，造成无法维持生产。例如，焦作市污水处理厂投资1.05亿元，2001年6月建成后，机器全部停开。商丘市污水处理厂投资1.88亿元，正常运行，但地方政府配套资金长期不到位。安阳市污水处理厂主要设备10多年无钱大修，设备严重老化。平顶山市污水处理厂2000年底投运后正常运转，但还不起贷款。对此，河南省政府在2005年《河南省发展和改革委员会关于调整全省城市污水处理费征收标准的通知》中作出强硬规定：将污水处理费征收率列入政府责任目标进行考核，杜绝随意减免污水处理费的行为。要求到2005年底，河南省辖市污水处理费征收率必须达到80%以上，县（市）污水处理费征收率不得低于60%。2006年7月，河南省建设厅通报批评了未征收自备井污水处理费的7个县（市）。在政府监管下，污水处理费的收缴工作已经走上了健康轨道。

2. 自备井的问题还比较严重，影响着城市供水能力的提高，服务范围的扩大

在河南省各城市中，普遍存在单位设立自备水井的情况。乱打自备井，滥采地下水给城市生态环境造成巨大破坏，许多城市地下水位下降，供水能力衰减，并因此出现“漏斗区”。例如，郑州市实际日用水量中约有1/3来自编外的自备井，地下水位已由早期的50多m下降到2005年的100多m，中层地下水“漏斗区”面积为443km^2，供水能力衰减20%～50%。新乡市北部也已形成一个大漏斗。许昌市近几年“自备井”采水量达4000万t，超采一倍，市区中层地下水“漏斗区”面积已达75km^2，远大于城区面积。“漏斗”可以改变地下水流向，造成污水向“漏斗”倒灌污染。新乡市一些地方的地下水铁、锰、氟、盐、铅和细菌等指标已远超国家有关标准，不能直接饮用。对此，河南省在2001年1月1日起施行了《河南取水许可制度和水资源费征收管理办法》（省政府59号令），实行取水许可制度。2004年又开展了在城市规划区封闭自备井工作。河南省水利厅2002年

10月发布《关于调整全省城市地下水资源费征收标准的通知》，对井深超过100m的自备井的水资源费由0.60元/m^3调整为1.00元。2003年初，国家水利部正式确定河南省为全国唯一一家地下水保护省级试点单位。中央和河南省投资达34.4亿元，启动了《河南省地下水保护行动计划》，计划到2010年城市中深层地下水超采区，封停自备井1200眼。压缩中深层地下水开采量4.5亿m^3，水位回升5～10m。河南省选取了具有代表性的新乡、鹤壁、安阳、濮阳、焦作、济源、许昌、商丘等八市作为地下水保护行动的实施区。

3. 供水设备闲置率比较高

各市的供水设备闲置率比较高，其中尤以开封、新乡等城市更为严重，设备闲置率在60%以上。

4. 供水成本将增加

随着城市规模不断扩大，对供排水设施的需求增加，此外南水北调等工程引起部分城市如郑州、洛阳、开封等城市原水费用增加，从而增加供水成本。

5. 供排水企业普遍亏损

由于中原城市群的经济发展相对还欠发达，一般水务相关部门的人员都比较多，供排水企业普遍亏损。

9.1.4 水务市场的潜在机会

(1) 中原城市群人口众多，目前为止整个地区的城市化水平相对比较低，从长远的发展角度来看，国务院已经实施了中部崛起发展战略，中原城市群在国家中部崛起战略中扮演着重要角色，随着各项政策逐步到位，地区的经济发展会逐渐加速，同时对水的需求会不断增加，因此，该区域的水务市场的发展潜力很大。

(2) 中原城市群跨黄河、长江和淮河三大流域，境内河流交织、水库众多，尤其是地下水资源比较丰富，供水基础条件好。

(3) 在水价方面，供水价格改革基本到位，污水处理价格已提高到较高的水平。

(4) 在污水处理方面，河南省近年来出台了比较多的政策，以促进加快污水处理厂的建设，以期达到国家所设定的污水处理率目标，也为中原城市地区水务市场的发展提供了很大的机遇。

9.1.5 中原城市群水务市场政策执行情况

城市供排水产业涉及给水处理厂、污水处理厂、供排水管网、城市河道等城市基础设施，是城市供排水系统最主要的组成部分。城市供排水产业运行好坏，直接涉及城市供排水工作的目标是否能够实现。城市供排水产业涉资金筹措、运行管理和效益分析等几个方面。

1. 水务市场改革进程

中原城市群的水务市场化改革和河南省的水务发展紧密相连，和国内许多地区一样，河南省水务产业的市场化改革从2004年秋起由政府推动，加快了市场主体的再造、市场的开放、引入竞争和重建政府管理体制等方面的改革。

2. 水务相关的政府文件与会议精神

2001年12月7日发布的《河南省人民政府关于进一步加快城市污水处理设施建设和加强运营管理的通知》要求：加快全省城市污水处理设施建设，切实加强运营管理，全面改善城市水环境，促进全省经济社会的可持续发展，“十五”期间全省所有设市城市都必须建设城市污水处理设施，到2005年全省城市污水处理率应达到45%以上，其中50万以上人口的城市污水处理率应达到60%以上。到2010年，所有设市城市的污水处理率不低于60%，省会城市及重点风景旅游城市，包括全省省辖淮河、海河、黄河流域内重点城市的污水处理率均不低于70%。2003年6月，河南省又在全国率先提出了“到2007年底，所有县级以上城市、县城都要建成污水处理厂”的目标。2004年9月29日，河南省人民政府办公厅转发省建设厅等部门的《关于加快全省市政公用行业改革的意见》（以下简称《意见》）提出改革的目标是：按照统一管理、分级负责、稳步推进的原则，用1～2年的时间实现市政公用行业政事分开、政企分开、事企分开，使市政公用企业真正成为符合现代企业制度要求的市场主体。全面开放市政公用行业市场，逐步建立符合社会主义市场经济体制要求的市场竞争机制和政府监管机制，培育和完善市政公用行业市场体系。《意见》中规定：在市政公用行业管理体制、投融资方式、经营模式、监管方式等方面全面放开，其中包括如下几个方面：

（1）管理体制改革。引入竞争机制，全面开放市政公用行业市场。通过事改企和企业改制，实现政府主管部门与市政公用企业在人事管理、财务、经营决策等方面彻底脱钩，使市政公用企业成为自主经营、自负盈亏、自我约束、自我发展的独立的市场竞争主体。

（2）投融资方式改革。全面开放投融资市场，鼓励民营资金、社会资金和境外资本投资市政公用行业。采取独资、合资、合作和建设—经营—转让等多种形式，实现市政公用设施建设投资主体多元化。市政公用行业主管部门从上下级领导关系，转变为贯彻、制定行业政策、规划、计划、市场规则，依法监督。

（3）经营模式改革。彻底打破计划经济体制下形成的行业垄断，引入市场竞争机制，实行经营市场化。城镇供水、供气、供热、公共交通、污水处理、垃圾处理等经营性市政公用行业，要与行业主管部门脱钩，全部改为企业。国企改革可采取整体改制、引资改制、切块改制、股权出让等形式，引入社会资本，实现产权多元化。由市政公用行业主管部门依法通过公开招标方式，选择有资格的投资者或经营者，明确其在一定时限和范围内实施经营或提供服务。鼓励和支持民营和外资企业进入国有企业持股、控股经营，逐步扩大社会资本比重。鼓励有条件的大中型市政公用企业，按照集约化、规模化发展的方向，以资产为纽带，组建市政公用企业集团，进行跨地区、跨行业经营。

《意见》还规定了改革过渡期的优惠政策，例如，对国有市政公用企事业单位从完成企业化改革年度起，在三年内，其原有财政补贴数额不变，用于弥补亏损、安置人员和行业发展。

2004年11月11日，河南省建设厅根据建设部《市政公用事业特许经营管理办法》（建设部令第126号），颁布了《河南省市政公用行业特许经营管理实施办法》，规定国有市政公用企事业单位，在完成规范性企业改制的基础上按照规定的程序提出申请的，主管部门可优先授予其特许经营权，并签订特许经营协议；在特许经营协议约定的期限和范围内，政府主管部门不得再授权其他企业、组织和个人投资建设、经营该项目。

2004 年 12 月 29 日发布的《河南省发改委关于调整全省城市污水处理费征收标准的通知》进一步调整污水处理费征收标准：从 2005 年 1 月 1 日起，将全省市、县污水处理费征收标准平均调整到 0.80 元/m^3，其中城市居民用水调整到 0.65 元/m^3，特殊行业用水和单位自建供水设施取用地下水调整到 1.00 元/m^3，其他用水调整到 0.80 元/m^3；并要求到 2005 年底，省辖市污水处理费征收率必须达到 80%以上，县（市）污水处理费征收率不得低于 60%。建立污水处理厂运营成本监审制度。切实保证污水处理费征收工作落实到位。

2006 年 1 月发布的《河南省人民政府关于加快城建投资体制改革和市政公用事业改革的通知》指出：在统一规划、统一管理的前提下，按照“谁投资、谁经营、谁受益”的原则，鼓励社会资本、私人资本、国外资本投资城市市政基础设施建设；有条件的要大胆采用 BOT、TOT 方式，逐步实现与国际市场的接轨；对已建成的城市市政基础设施的经营权、股权，经批准可以进行出让、转让。出让、转让的范围和形式由各市政府自行决定；要把利用外资的重点放在吸引外商直接投资上，鼓励外商投资、建设、经营供水、污水处理等项目；对已出台的城市污水处理费要严格按收支两条线管理，专项用于城市基础设施建设，不得挪作他用；财政部门要按计划和工程进度及时拨付。

9.1.6 中原城市群水务市场管理

9.1.6.1 水务管理体制和改革情况

河南省近年来在国家相关政策指导下，对水行业的管理体制进行了改革探索。2004 年河南省建设厅根据建设部有关文件精神出台的《关于加快全省市政公用行业改革的意见》，提出政府公共管理职能与资产出资人职能相分离，进行水务企业的产权改革。并用两年时间引入竞争机制，全面开放市政公用行业市场。

（1）在行业管理层面。过去在中央和省两级对水资源的勘探、利用、处理分别由地质矿产部、水利部、建设部管理体制下，在市县两级设归口的行政管理机构，例如，河南省水利厅负责城乡水利工程建设与管理、防汛、水土保持、取水许可审批与管理等；河南省地矿厅负责地下水的勘查管理；河南省建设厅负责城市供水、排水设施建设与管理；城市节水办负责城市节水。这种管理造成在同一区域内，水资源被水利、建设等多个政府机关分管，管水量的不管水质，管水源的不管供水，管供水的不管排水，管排水的不管治污，管治污的不管回用的分割；在市级及其以下行政主管部门，有的城市把原来的“建委”（或“公用局”、“市政局”、“城管局”）的职能重新整合，组建水务局；在县级设水务局，承担与城市给排水相关的职能，目的是改变原有几龙治水，问题不断的状况。

另外，河南省政府在水资源管理体制上进行了重大调整，于 2006 年 8 月 1 日起实施了《河南省实施〈中华人民共和国水法〉办法》，对全省水资源改变了原先“分级分部门”的管理模式，建立了流域管理与行政区域管理相结合的水资源管理体制，规定：河南省水利厅统一管理全省水资源（含空中水、地表水、地下水），原省地质矿产厅承担的地下水行政管理职能、原省建设厅承担的指导城市防洪职能、城市规划区地下水资源的管理保护职能，统一归省水利厅承担。该文件从法律层面结束了河南省长期以来水资源管理的“割据”状态，有利于统筹规划开发水资源。

（2）在企业经营层面。多数城市已经将原有的水业国营公司改制为股份制形式的水务总公司、水务集团，允许国内外其他形式所有制的资本以现金技术等方式投资参股经营，或者直接通过与省内外专业公司组建项目合资公司并授权特许经营，政府进行行政法规监督和合同约束的间接管理。

9.1.6.2　水务管理现状

1. 水务管理机构及其职能

城市供排水管理部门需要统筹考虑城市供水处理及水质保证、城市污水处理、水环境保护、城市雨洪灾害的防治、雨水资源化利用、与城市供排水相关政策标准的制定、宣传与实施等方面问题。

在地市级政府机构中，涉及城市供排水管理的有城建部门和环保部门。在不同地市级政府机构中，相同的城市供排水工作可能归不同的机构。

以郑州市政府机构设置及其职责为基准，郑州市政府机构中涉及城市供排水工作的部门有市政管理局、环保局和建委。郑州市城市管理局涉及城市供排水的单位主要有工程建设管理处、政策法规处、安全生产管理处、工程建设管理处、综合督查服务处、城区河渠管理处、郑州市市政工程管理处、郑州市自来水总公司、郑州市市政工程总公司、郑州市污水净化有限公司、郑州市市政工程勘测设计院等部门。具体内容涉及城市供水处理、给水管网、城市污水处理、城市排水管网、城市河流等相关基础设施的规划、建设、运行、监督、管理等，涉及城市供排水方面法律、法规、标准的制定、监督和实施。郑州市环保局涉及城市供排水管理的单位主要有政策法规处、科技标准处、环保技术开发中心、郑州市环保信息（宣教）中心、郑州市环境科研所、郑州市环境保护监测中心站。具体内容涉及城市污水处理及水环境保护方面相关法律、法规、标准等制定、宣传、监督实施，水环境及污水水质指标的监测、污水处理及水环境保护工作指导、培训、水环境信息的收集与发布等方面的工作。郑州市建委涉及城市供排水的有城市建设管理处，具体内容涉及城市供排水主要是城市供水、排水管网的规划。

和郑州市不同，济源市、漯河市、焦作市、许昌市和新乡市的供排水工作归建委管理。焦作市建委公用事业管理科职责是研究拟定全市城市建设和市政公用事业的中长期规划、改革措施、规章；负责中心城区和指导县市城市供水、排水、污水处理、燃气、热力、道路、桥梁等市政设施的建设工作；指导和监督实施城建行业的技术标准和市政公用等城建企业资质标准。其中下属焦作市市政工程公司担负着焦作市区排水等市政设施的新建、养护维修工作。焦作供排水有限责任公司位是由深圳水务集团与焦作市城市建设投资公司合资，下设18个职能部室，5个供水厂，5家多种经营单位，负责城市供水设施的运营管理。原焦作市污水处理厂的建设、运营由建委负责，现在通过TOT模式，与重庆康达环保股份公司合作。焦作市环保局和郑州市环保局在供排水管理方面职责相同，主要是进行法律、法规的宣传、制定、环境评价、环境监测等方面工作。洛阳市、平顶山市的供排水工作归公用事业局管理。如洛阳市公用事业局第四项职能是主管城市供水、节水和污水处理工作。负责城市供水企业的资质管理；研究拟定供水、节水、污水处理管理和城市规划区水资源的开发利用、水源水质保护办法和规定并组织实施；负责城市计划用水、节约用水、水质和二次供水管理；负责取用城市规划区内地下水（即凿井）的审批和水资源费的征收使用和管理；统一管理供水、节水市场。各市环保局在供排水管理方面职责与郑州相同，主要是进行法律、法规的宣传、制定、环境评价、环境监测等方面。各市规划局负责给水管网和排水管网的规划。

在中原城市群县级政府机构中，涉及城市供排水的部门有城建局、环保局。但对于城市供水、城市污水处理、城市供排水管网等供排水工作，在不同的县级政府机构中，归不同部门管理。

2. 城市水务管理手段

城建和环保部门主要根据城市发展规划、有关城市供排水的法律、法规、条例等对城市供排水系统、设施进行管理，根据有关的城市供排水标准对城市供排水设施运行进行监督。主要有经济、法律等手段对河南省供排水行业进行管理。

(1) 经济手段。通过拟定供排水行业的中长期规划；供排水行业年度固定资产投资计划；引进供排水行业技术、利用外资；管理供排水行业资金和国有资产。

(2) 法律手段。组织拟定供排水行业的相关政策、改革方案并指导实施；组织研究供排水行业重大的综合性政策问题，起草有关重要文稿；拟定建设立法规划和计划，组织法规和规章的起草、审查、报批；负责该行业的建设行政执法和执法监督、行政复议和行政诉讼工作；指导该行业法制工作。

(3) 技术管理手段。组织拟定供排水行业的科技发展规划和产业技术政策；组织实施供排水行业重点科技项目的研究开发；编制供排水行业技术引进计划；组织供排水行业国际科技合作项目的实施及引进项目的消化、吸收、创新工作；制定供排水行业政策法规并组织实施。

(4) 综合协调与监督手段。通过研究拟定供排水行业的中长期规划、改革措施、法规、规章；指导城市供水、节水、排水、污水处理等市政设施工作；研究拟定供排水企业资质标准并监督执行；负责指导城市管网输水、用户用水中的节约用水工作并接受水利部门的监督。

3. 设施的运营管理

城市供排水设施的建设程序是：项目建议书—可行性研究—初步设计施工图设计—项目施工—验收—审计等，不同阶段涉及不同的工作内容和管理审批部门。

城市供排水设施的运行资质管理涉及特许经营和运营企业资质管理两个方面。城市供排水设施属于市政公用设施，其经营单位应符合《市政公用事业特许经营管理办法》（建设部令第126号）要求。实施特许经营的项目由省（自治区、直辖市）通过法定形式和程序确定；国务院建设主管部门负责全国市政公用事业特许经营活动的指导和监督工作；省、自治区建设主管部门负责本行政区域内的市政公用事业特许经营活动的指导和监督工作；直辖市、市、县人民政府市政公用事业主管部门依据人民政府的授权（以下简称主管部门），负责本行政区域内的市政公用事业特许经营的具体实施。

对于城市排水企业运营资质管理，国家环保局制定了《环境污染治理设施运营资质许可管理办法》（国家环境保护总局令第23号）。资质证书由国家环境保护总局按照环境污染治理设施运营资质分级分类标准统一编号、印制。环境污染治理设施运营资质分级分类标准由国家环境保护总局制定。国家环境保护总局同时将审批决定通知省级环境保护部门。国家环境保护总局在审查过程中根据需要可对申请单位和运营设施进行现场核查。持证单位的运营活动应当遵守国家有关环境保护的规定，排放的污染物达到国家或地方规定的污染物排放标准和要求。县级以上环境保护部门通过书面核查和实地检查等方式，加强对持证单位的监督检查，并将监督检查情况和处理结果予以记录，由监督检查人员签字后存档。县级以上环境保护部门发现持证单位在经营活动中有不符合原发证条件情形的，应当责令其限期整改。持证单位在其单位所在地省级行政区域以外承接项目的，其运营活动应当接受项目所在地县级以上环境保护部门的监督检查。

城市供水水质关系到城镇居民的健康，关于城市供水产业管理的法律、法规和标准主要有《饮用水水源保护区污染防治管理规定》、《生活饮用水卫生监督管理办法》、《城市供水水质管理规定》、《河南省城市供水管理办法》、《郑州市城市供水管理条例》、《郑州市城市供水管理条例实施细则》、CJ 3020—1993《生活饮用水水源水质标准》、CJ/T 206—2005《城市供水水质标准》、GB 3838—2002《地表水环境质量标准》、GB 5749—2006《中华人民共和国生活饮用水卫生标准》等。城市供水水质管理主要涉及城市供水、卫生防疫、环境保护等部门和本单位主管部门。

城市供水水质监测体系由国家和地方两级城市供水水质监测网络组成。国家城市供水水质监测网，由建设部城市供水水质监测中心和直辖市、省会城市及计划单列市等经过国家质量技术监督部门资质认定的城市供水水质监测站（以下简称国家站）组成，业务上接受国务院建设主管部门指导。国家城市水质监测网郑州监测站的人事和经费由郑州市自来水公司负责，其资质需定期审核。地方城市供水水质监测网（以下简称地方网），由设在直辖市、省会城市、计划单列市等的国家站和其他城市经过省级以上质量技术监督部门资质认定的城市供水水质监测站（以下简称地方站）组成，业务上接受所在地省、自治区建设主管部门或者直辖市人民政府城市供水主管部门指导，人事和经费由地方自来水公司负责。

城市排水水质严重影响水环境的质量。涉及城市排水的法律法规主要有《中华人民共和国水污染防治法》、GB 8978—1996《污水综合排放标准》、GB 18918—2002《城镇污水处理厂污染物排放标准》等。为了加强城市排水管理，保障城市排水设施安全正常运行，防治城市水环境污染，根据《中华人民共和国行政许可法》、《国务院对确需保留的行政审批项目设定行政许可的决定》（国务院令第412号），制定了《城市排水许可管理办法》。排水户向城市排水管网及其附属设施排放污水，应当按照本办法的规定，申请领取城市排水许可证书。未取得城市排水许可证书，排水户不得向城市排水管网及其附属设施排放污水。排水管理部门应当委托具有计量认证资格的排水监测机构定期对排水户排放污水的水质进行检测，并向社会公开检测结果。目前，排水水质监测由国家排水监测网监测站和地方排水监测网监测站组成。国家排水监测网监测站有19个，业务上接受国务院建设主管部门指导。国家城市排水水质监测网郑州监测站的人事和经费由市污水净化公司负责，其资质需定期审核。地方城市排水水质监测网（以下简称地方网），由设在直辖市、省会城市、计划单列市等的国家站和其他城市经过省级以上质量技术监督部门资质认定的城市排水水质监测站（以下简称地方站）组成，业务上接受所在地省、自治区建设主管部门或者直辖市人民政府城市供水主管部门指导，人事和经费由地方自来水公司负责。

在中原城市群，城市排水管网的管理涉及《城市排水许可管理办法》和《河南省市政设施管理办法》。

《城市排水许可管理办法》是为了加强城市排水管理，保障城市排水设施安全正常运行，防治城市水环境污染，根据《中华人民共和国行政许可法》、《国务院对确需保留的行政审批项目设定行政许可的决定》（国务院令第412号）制定的，该办法规定：国务院建设主管部门负责全国城市排水许可的监督管理；省、自治区人民政府建设主管部门负责本行政区域内城市排水许可的监督管理；直辖市、市、县人民政府负责城市排水管理的部门（以下简称排水管理部门）负责本行政区域内城市排水许可证书的颁发和管理。

《河南省环境污染防治设施监督管理办法》是为加强对环境污染防治设施的监督管理，保障其正常、有效运行，促使污染物达标排放，根据国家有关环境保护法律、法规的规定，结合河南省实际制定的。该办法规定：河南省建设行政主管部门主管全省市政设施的管理工作；市、县（市）人民政府负责市政设施行政管理的部门（以下简称市政行政主管部门）主管本行政区域内的市政设施的管理工作；使用城市排水设施的用户（排水户）向城市排水设施排放污水，应当按规定到市政行政主管部门办理排水许可证，按规定位置及技术要求与城市排水设施连接排放，并按国家和省有关规定缴纳城市排水设施使用费。

市政行政主管部门管理的排水管道由市政设施管理机构负责日常管理和组织养护、维修。法人和公民投资建设的市政设施，由产权单位负责管理、养护和维修，其界限为小区等排水接入市政排水管检查井。

城市供水设施的维护以总水表为界，总水表前的供水设施（含总水表）由城市供水企业负责维护；总水表后的用水管道、水表井和闸门等供水设施由用户负责维护。城市供水企业和用户应按设计规范和标准对责任段内的城市供水设施定期进行养护维修。

9.1.7 中原城市群水务市场的融资

目前，中原城市群城市供排水基础设施建设相对落后，严重制约了国民经济和社会的发展。加快城市供排水基础设施建设，关键在于加大投入。中原城市群供排水产业投资主要来源于政府、债券、银行贷款、国外和民间投资等几个方面，见表9.1和表9.2。

表9.1　中原城市群部分供排水企业投资来源表　单位：万元

项目 污水处理厂名称	地方自筹	国家投资	银行贷款		其他
			国内	国外	
王新庄污水处理厂	7467	1200	20000（开行）	11398（日本）	7700国债转贷
五龙口污水处理厂	13000	—	13000		—
洛阳瀍东污水处理厂	11912	—	8000（工行）	1500（美元/瑞典）	—
焦作市污水处理厂	1756	1300	—	4130（法国）	3400（地方财政）
开封市东区污水处理厂	8500	—	12000	900（美元/加拿大）	7500（国债）
平顶山市污水处理厂	4692	—	4883		—
修武县污水处理厂	700	1830	2600		—

表 9.2 郑州市辖市（县）污水处理厂总投资及资金来源表

污水处理厂名称 \ 项目	污水处理厂规模 /(万 $m^3 \cdot d^{-1}$)	城镇引导资金 /万元	国债 /万元	其他 /万元	总投资 /万元
新郑市污水处理厂	2.5	400	2130	3454	5984
荥阳市污水处理厂	3	—	2440	3365	5805
中牟县城市污水处理厂	2	700	1240	2410	4350
巩义市污水处理厂	2	—	1300	2354	3654
登封市污水处理厂	3	400	1500	2243	4143
新密市污水处理厂	2	600	2500	1500	4600

1. 政府投资

由于城市供排水产业具有投资大、建设周期长、供水价格和污水处理费不合理、相关政策不配套等原因，利润低，长期处于亏损状态，投资不易收回，因此一般投资者不愿投资。但供排水产业对保障居民健康、促进国民经济的发展至关重要，环境效益和社会效益巨大，公益性较强，是城市建设不可或缺的基础设施。在目前投资渠道不畅的情况下，各级政府是主要投资者。

2006～2007 年，国家及河南省对河南省城市供排水企业投资见表 9.3。

表 9.3 国家及河南省对河南省城市供排水企业投资 单位：亿元

年份 \ 投资来源	国家		河南省	
	供水	排水	供水	排水
2005	—	—	1.2	1.32
2006	10.5	5.2	1.255	1.363
2007	10.05	4.97	—	—

从表 9.3 可以看出政府是城市供排水企业投资主体。如焦作市日处理 10 万 m^3 的污水处理厂总投资 1.0586 亿元，其中中央财政预算内专项资金 1300 万元，地方财政预算内专项资金 0.34 亿元，政府投资占总投资的 44.4%。平顶山市为建设新城区污水处理厂，自筹资金 4692 万元，政府投资占总投资的 49%。洛阳市瀍东污水处理厂总投资 3.2362 亿元，其中政府投资 1.1912 亿元，占 36%。郑州市马头岗污水处理厂位于中原城市群郑州市老 107 国道与贾鲁河交叉口东南角，设计规模为日处理污水 30 万 m^3。工程总投资 6.9422 亿元，资金来源为市财政拨款、自筹及贷款。从表 9.2 可以看出，县级污水处理厂投资主体也是政府机构。

目前城市供水、排水管网投资主要依靠政府，如 2005 年，郑州市雨水管网改造投资 4.9 亿元，由郑州市政府投资。

2. 债券投资

债券投资是中原城市群供排水行业另一主要来源。债券融资包括国际金融组织贷款、外国政府贷款、出口信贷、国际商业贷款、发行国际债券、国内贷款、国债等。如开封市东区污水处理厂服务面积 44.43km^2，服务人口 47.4 万。项目建设包括服务区域内污水和雨水管道36271m，改建重工路泵站、包公湖泵站、汴京桥泵站并新建南关泵站。污水处理厂一级处理规模为20万m^3/d、二级处理规模为15万m^3/d，出水水质达到国家二级污水综合排放标准。项目总投资约3.6亿元，其中利用加拿大政府贷款900万美元，申请国家开发银行贷款1.2亿元，项目资本金约1.6亿元（包括国债补助资金7500万元），债券融资占总投资50%以上。洛阳市瀍东污水处理厂处理规模为20万m^3/d，占地面积24hm^2，总投资3.2362亿元，其中利用瑞典政府贷款1500万美元，申请工商银行贷款8亿元，债券投资占总投资的63%。洛阳市涧西污水处理厂总体设计规模为日处理污水30万m^3，占地面积19.34万m^2，一期工程日处理污水20万m^3，总投资3.877亿元，其中利用加拿大政府贷款0.1030亿美元。平顶山市污水处理厂债券投资占总投资的51%。焦作市污水处厂总投资1.0586亿元人民币，其中法国政府混合贷款2490万法郎（当时折合人民币4130万元），债券融资占总投资的39.1%。2007年的暴雨之灾使郑州市拿到了7.9亿元的贷款，进行城市排水管网的改造。

3. 股票融资

股票融资模式是指供排水企业通过发行股票的方式，在资本市场上筹集供排水产业建设和经营资金的一种模式。我国通过上市融资进行股份制改革的供排水企业有原水股份、凌桥股份、南海发展、创业环保、三峡水利、武汉控股等。

郑州市中原环保股份有限公司是采用股份制的上市公司。其前身为白鸽（集团）股份有限公司（股票代码：000544）。2003年11月，郑州市热力总公司对白鸽（集团）股份有限公司进行第一步资产重组，将城市集中供热纳入公司主营业务，并随后控股白鸽（集团）股份有限公司。2006年4月，郑州市污水净化有限公司受让郑州亚能热电有限公司所持白鸽（集团）股份有限公司的股份，成为白鸽（集团）股份有限公司第二大股东。同年，根据白鸽（集团）股份有限公司股权分置改革方案，郑州市污水净化有限公司将所属的王新庄污水处理厂经营性资产与白鸽（集团）股份有限公司的磨料磨具业务相关资产和负债进行资产置换，彻底完成了对白鸽（集团）股份有限公司的资产重组，使白鸽（集团）股份有限公司成为公用事业和环保类上市公司。2007年1月26日，白鸽（集团）股份有限公司更名为“中原环保股份有限公司”；2007年1月30日，公司股票简称由“白鸽股份”变更为“中原环保”，股票代码仍为“000544”。公司注册资本2.6亿元，现有员工298人。公司主营业务为城市污水处理和集中供热。

中原环保股份有限公司下属王新庄污水处理厂是淮河流域最大的城市污水处理厂。该厂位于郑州市郑东新区107国道与七里河交叉口东200m，污水处理工艺采用传统活性污泥法，污水日处理能力40万m^3，处理深度为二级。服务范围为王新庄污水排放系统，服务面积约105km^2，服务人口100多万。2000年12月28日，该厂通水调试；2001年6月正式生产运营，2004年获得“全国十佳污水处理厂”称号。中原环保股份有限公司以城市污水处理和集中供热两个产业为依托，逐步延伸并强化产业链，实行多元化发展；充分利用上市融资平台，不断在市政公用和环保行业等领域，开拓市场，扩展服务项目，做强做大企业；为构建和谐社会发展做出更大的贡献。

4. 外资和民间投资

根据国家计委发出的《关于印发促进和引导民间投资的若干意见的通知》和《“十五”

期间加快发展服务业若干政策措施的意见》，建设部出台的《关于加快市政公用行业市场化进程的意见》和《市政公用事业特许经营管理办法》，中原城市群加强了外资向城市供排水产业的引进。

河南省许昌市宏源污水处理厂是采用 BOT 模式，由许昌市魏都区政府和许昌宏伟实业（集团）有限公司共同投资，并在许昌市区北环城路经济带兴建的基础设施项目，工程一期投资 4300 万元。该项目投入运营近两年来，使许昌市市区北环城路和魏都区高桥营乡一带造纸等 70 多家企业及部分居民的生产、生活污水实现集中处理，为改善地方环境状况做出了积极贡献。

河南省焦作市政府为加快城市公用事业体制改革，盘活存量资金，吸收外来资金，发展城市供水事业，通过考察论证，分析对比，最终选择了深圳水务集团为合资单位。公司注册资金 1.03 亿元，焦作占注册资本 30%，深圳占注册资本 70%，独家经营规划区内的城市供水和城市供水设施建设，经营期限为 30 年。

新乡市自来水公司和美国美利控股集团公司（MTI）签订框架协议，美方出资 1700 多万元，购买新乡市自来水公司 80%的国有产权，并承担公司 1.8 亿元的债务，同时租赁新乡市自来水公司 40 多 km 的水网管道，租赁费另算。经营自来水业务，经营期限是 30 年。中原城市群计划引进外资的城市供排水项目见表 9.4。

表 9.4　　中原城市群计划引进外资的城市供排水项目

概况 项目名称	合作中方	投资总额/万元	合作方式	项目简述
洛宁县城区污水处理厂项目	洛宁县政府招商办	553	合资、合作	污水处理厂厂内建设及城区排污管网改造，建设规模为日处理污水 3 万 m^3
开封市东区污水处理厂项目	开封市东区污水处理厂	4380	整体、部分出让	该项目建设规模为日处理污水 30 万 m^3，处理工艺采用策略浓缩、中温消化、机械脱水工艺。处理后的污水可做农田灌溉、城市绿化、工业冷却用水等，剩余污泥可用做农田肥料
开封市供水总公司项目	开封市供水总公司	3533	整体、部分出让	公司日供水能力达 57 万 m^3，供水干管 600km，用水户 3.8 万户，建成区内供水普及率达 98%，水质综合合格率 99.75%
开封市西区污水处理项目	开封市西区污水处理厂	1478	整体或部分出让	该项目每日处理污水 8 万 m^3，占地面积 9.63hm^2，采用三沟式氧化沟工艺。于 2001 年 10 月建成并投产运行
开封市中水回用项目	开封市公用事业局	897	合资、合作、其他	新建的火电厂冷水必须采用城市污水处理后的中水，该项目是为开封市正在建设的 3×600 万 kW 火电厂配套项目，水源为东区污水处理厂，规模为 8 万 m^3/d
民权县城市供水工程	民权县自来水公司	846	合资、合作	供水工程占地 30 亩，包括供水管网工程、配水厂工程，办公及供水配套工程等，运行投产后，五年内可达到 5 万 m^3/d 的生产规模

续表

概况 项目名称	合作中方	投资总额/万元	合作方式	项目简述
8万m^3/d工业废水集中深度处理循环利用工程项目	河南宏伟实业（集团）有限公司	951	合资、合作	该项目投资7871万元，占地面积150亩，项目实施后可解决30个就业岗位，新增销售收入1674万元
8万m^3/d工业废水集中深度处理循环利用工程合作项目	河南宏腾集团有限公司	951	合资、合作	拟投资7871万元，新建8万m^3/d工业废水集中处理循环利用工程项目，该项目占地面积150亩，新增销售收入1674万元
供水公司建设合作项目	河南宏伟实业（集团）有限公司	604	合资、合作、独资	拟投资5000万元新建许昌宏伟实业（集团）有限公司供水公司建设项目该项目占地40亩，计划供水能力为4万m^3/d
第三水厂工程项目	汝州市骑岭乡	1300	合资、合作	设计供水能力为5万m^3/d
新城区污水处理工程	平顶山新城区建设指挥部	3350	合资、合作	新增日污水处理能力为6万m^3
新城区供水工程	平顶山新城区建设指挥部	1888	合资、合作	日供水5万m^3，加压站一座

由表可见，引导民间资本和外资投入城市供排水产业是非常必要的。

9.2　中原城市群水价及发展趋势分析

9.2.1　水价现状

中原城市群部分城市的自来水基价见表9.5。

表9.5　　中原城市群部分城市自来水基价　　单位：元/m^3

类别 城市	居民生活用水	工业用水	行政事业用水	经营服务业用水	特种用水
郑州市	2.4	3.05	3.05	4.05	10.45
许昌市	1.8	2.7	2.7	3.4	8.5
平顶山市	1.18	1.45	1.45	2.6	5.0
漯河市	1.6	2.0	2.3	3.6	8.0
新乡市	1.5	2.0	2.0	2.7	8.0
焦作市	1.2	1.4	1.3	2.1	5.0
洛阳市	0.9	1.1	1.5	1.5	2.6
济源市	0.95	1.3	1.3	2.2	3.5
新密市	1.7	2.7	3.2	3.5	5.0
登封市	1.5	1.9	1.9	2.9	10.2

在各种供水量分配中，生活用水量最多，占据50%左右，其次是工业用水和行政事业用水，最后是特种用水。自来水平均价格在2.0元/m^3左右，而洛阳市自来水生产成本在2.5元/m^3以上。许昌市供水总公司2003年单位成本为1.46元/m^3。2004年售水成本为1.71元/m^3；2005年售水单位成本为2.08元/m^3。可见，供水价格还低于自来水生产成本。

郑州市自来水公司2005～2007年共亏损6670万元，其中2007年收水费3亿元，政府补贴5000万元，支出3.7亿元，亏损2000万元。漯河市第一水厂2005～2007年运行费用见表9.6。

表9.6　漯河市第一水厂2005～2007年运行费用　单位：万元

年份＼运行费用	电费	药剂费	管理及其他费用
2005	260.25	8.46	11.3
2006	272.05	7.74	11.3
2007	282.03	6.3	11.3

从表可以看出，自来水厂运行费用主要是电费，占92%以上。

中原城市群各市供水企业2005年度供水财务经济见表9.7。

表9.7　中原城市群各市供水企业2005年度供水财务经济

城市名称＼项目	固定资产		销售收入/万元	利润/万元		售水成本/(元·$\times10^{-3}$·m^{-3})	工资总额/万元	从业人员/人
	原值/万元	净值/万元		总额	净利润			
河南	418530.08	276368.19	101398.26	−9480.68	−9653.73		24254.44	22626
郑州	73720.32	44958.72	22164.04	−3368.53	−3368.53	1620.67	4831.64	3530
开封	23171.90	15030.60	4444.30	−507.30	−507.30	1105.00	1218.80	1179
洛阳	62828.30	38678.00	12232.00	1097.00	872.00	1012.66	2477.80	1570
平顶山	13483.95	7774.59	7222.44	49.02	8.54	1099.80	2315.80	1722
焦作	17057.67	11082.93	3792.49	918.92	795.75	1585.95	1473.68	1199
新乡	35212.00	20710.00	6251.65	−964.99	−964.99	1634.42	1493.48	1164
许昌	11186.00	6966.00	2815.00	−412.00	−412.00	1017.00	1028.00	844
漯河	10399.00	9166.00	1485.00	−186.00	−186.00	1670.00	550.00	538
济源	3314.00	2491.00	507.00	−179.00	−179.00	1030.00	169.00	208

城市供排水产业经济效益直接影响对投资的吸引力，也影响到产业的发展。据统计，中原城市群供水企业普遍亏损，近50%的自来水企业资不抵债。如郑州市自来水公司2004～2006年三年时间，累计亏损6699万元。改制前新乡市自来水公司的资产总额为3.9925亿元，负债总额为1.8787亿元。中原城市群供水产业普遍亏损原因主要有以下几

个方面。

1. 水源污染严重，自来水处理成本增加

我国 GB 3838—2002《地表水环境质量标准规定》规定，水质高于该标准三级的水体才能用作饮用水水源，如水质低于三级，不适宜作为生活饮用水水源。CJ 3020—1993《生活饮用水水源水质标准》规定，水质浓度超过二级标准限值的水源水，不宜作为生活饮用水的水源。若限于条件需加以利用时，应采用相应的净化工艺进行处理。处理后的水质应符合 GB 5749《生活饮用水卫生标准》规定，并取得省（自治区、直辖市）卫生厅（局）及主管部门批准。由于污染，目前，地面水体水质普遍较差。2006 年，国控网地表水监测了七大水系（含国界河流）的 197 条河流，408 个断面。其中Ⅰ～Ⅲ类水质断面占 46%，Ⅳ类、Ⅴ类占 28%，劣Ⅴ类占 26%。也就是说，我国七大水系中的水有 52%不适合作为饮用水源水。如必须用作饮用水源水，必须增加处理单元，这将导致自来水成本增加。如郑州市柿园水厂用黄河水作为水源，由于黄河水水质较差，在常规处理工艺前增加活性炭吸附单元，活性炭价格为 8100～8200 元/m^3，极大地增加了自来水生产成本。

2. 管网漏损

管网漏损增加自来水成本。中原城市群供水管网大多使用灰口铸铁管，易老化，导致管网漏损严重。2005 年上半年郑州市管网漏损率为 15%；博爱县自来水供水管道 37km，管道老化，管径小，漏失率高达 50%。襄城县由于管道老化，损坏严重，管道漏失率达 40%。

3. 供水系统建设投资贷款利息

由于城市规模逐渐增大，城市自来水厂和管网规模要不断增加，由于原有的供水行业属于公益性企业，价格制定标准是保本经营，没有盈利。因此现在的工程投资除地方政府投资外，主要靠贷款，巨额的利息又增加了自来水的成本。如洛阳市“八五”以来采取向银行贷款等办法筹措资金 5853 万元，对部分供水设备进行了更新，对部分管网进行了改造，基建贷款每年需支付本息 1100 万元。为适应经济发展和人民生活用水需要，更好地改善投资环境，加快对外开放的步伐，洛阳市建设日供水能力 24 万 m^3 陆浑引水工程，工程总投资 4.35 亿元，部分来自贷款，到时贷款利息将更高。

涉及排水系统的支出主要是污水处理厂的费用。

污水处理厂的运行费包括电费、药剂费、管理费等几个方面。中原城市群部分污水处理厂经济效益分析见表 9.8。

表 9.8　　中原城市群部分污水处理厂经济效益　　单位：万元

项目 污水处理厂	电费	药剂费	管理费及其他	总支出	总收入	盈（亏）
王新庄污水处理厂	1700	300	20000	13000	22000	+9000
五龙口污水处理厂	700	230	470	1400	1400	0
修武县污水处理厂	56.73	4.5	45.63	106.86	106.86	0

其中管理费包括职工工资、保安、厂区绿化和用水，其他还包括备品备件，技改等。

如五龙口 2007 年备品备件 60 万元，技改 40 万元。从表 9.8 可以看出，污水处理厂主要支出是电费和药剂费。如郑州市五龙口污水处理厂每年电费在 700 万元以上，王新庄污水处理厂每年电费在 1700 万元以上。

王新庄污水处理厂现在属于中原环保股份有限公司主要组成部分，是独立法人企业，自主经营、自负盈亏，从表 9.8 可以看出，2007 年盈利 9000 万元，而五龙口污水处理厂、修武县污水处理厂和其他大部分污水处理厂一样，为政府财政全供企业，按每年实际运行费用，由地方财政全额支付，不存在亏损与盈利现象。

关于城市污水处理费征收使用管理办法，目前中原城市群已经执行，但各地征收还不到位。如 2005 年，巩义市 1～9 月污水处理费征收 109 万元，登封市 1～9 月污水处理费征收 1.4 万元，新密市 1～9 月污水处理费征收 150.5 万元，新郑市 1～9 月污水处理费征收 85 万元，荥阳市 1～10 月污水处理费征收 203.7 万元，中牟县三个月污水处理费征收 41.26 万元。这些费用远远低于污水处理厂的运行费用。而政府并没有按照征收的污水处理费支付给污水处理厂，而是根据污水处理厂运营费用全额拨付。

污水管网进行清通维护等管理需要一定的费用，如 2005 年，郑州市城市污水管网维护费在 1000 万元以上，随着城市规模的增加，城市污水管网维护费用也会逐渐增加。

污水处理厂的收入主要依靠收污水处理费。根据《关于调整全省城市污水处理费征收标准的通知》要求。从 2005 年 1 月 1 日起，将河南全省市、县污水处理费征收标准平均调整到 0.80 元/m^3，其中，城市居民用水调整到 0.65 元/m^3，特殊行业用水和单位自建供水设施取用地下水调整到 1.00 元/m^3，其他用水调整到 0.80 元/m^3。污水处理费的金额与排放量相关，但污水处理费收费权在地方政府，政府必须考虑低收入群体，因此污水费征收率较低。

调查结果表明，城市污水处理率从 2000 年的 33%上升为 2007 年的 45%，城市污水处理厂数目也增长了 2/3，但一半以上的污水处理厂因经费不足，无法正常运行。

9.2.2　水价的构成

1. 水资源价格

（1）河南省统一水资源费加价征收标准。为河南省合理开发、利用、节约和保护水资源，实现水资源的可持续利用，河南省发展改革委员会、河南省财政厅于 2005 年 4 月 29 日联合下发的《关于调整全省水资源费征收标准的通知》规定：全省行政区划范围内所有用水户（不含农村中农民生活用水和农业生产用水），均应按通知要求缴纳水资源费。全省城市公共供水用水户水资源费征收标准是在原有的基础上，城市居民生活用水增加 0.15 元/m^3，其他用水增加 0.25 元/m^3。自备取用水户取用地表水水资源费征收标准为 0.25 元/m^3。疏干排水再利用的水资源费征收标准为 0.20 元/m^3。水力发电用水、循环用水水资源费征收标准为 0.002 元/m^3。征收方式为由城市公共供水企业在售水环节采用价外附加的方式代为征收。自备用水户水资源费由当地水行政主管部门在取水环节征收。还规定了《全省自备取用地下水资源费征收标准》。

（2）南水北调工程水价。据业内人士测算，于 2007 年实现供水后，还贷期沿线各地的水价分别为：河南省平均水价为 0.27 元/m^3，河北省 0.59 元/m^3，北京市 1.2 元/m^3，天津市 1.19 元/m^3。不过，这些价格相当于“批发价”，各地还要建设配套工程、供水管网，经水厂处理后，再“零售”给城市居民或企业，水价成本差别很大。水利专家估计，今后南水北调中线沿线城市居民用水户一般水价可能大致在 3.2～4.8 元/m^3，这比河南现行水价高出 1～2 倍。

另外由于南水北调中线一期工程总投资 1105 亿元，投资构成为中央预算内拨款占 30%，南水北调基金占 25%，银行贷款占 45%，贷款本息的 45%从南水北调基金中偿还。各地要通过定向提高水价出一部分建设资金。例如，濮阳市作为南水北调中线工程规划中的受水区，从 2006 年 5 月至 2011 年 5 月六年内，需要通过提高现行水价和扩大水资源费征收范围等措施，筹集资金 2.98 亿元，其中中央基金 1.67 亿元，地方配套资金 1.31 亿元。

(3) 关于黄河下游引黄渠首工程供水价格。2002 年 1 月 7 日，河南省人民政府印发《河南省水利工程供水价格管理办法》，对水利工程供水价格的核定原则、供水价格的制定和管理、社会公益性成本费用的补偿、水费的计收、使用与管理作了明确的规定。黄河下游引黄渠首工程供水价格在 2005 年 7 月起涨 0.046 元/m^3，增加了沿岸三门峡、郑州、洛阳、开封、商丘、济源、焦作、新乡、濮阳等九个用户城市的用水成本。仅郑州市自来水厂一天就取黄河水约五六十万立方米。按 50 万 m^3 计算，涨价后每天增加成本 1.15 万元，全年仅源水供应涨价，郑州市就增加支出 419.75 万元。

2. 供水价格

改革开放以来，河南省水价市场化的改革取得了一定的进展。

(1) 供水由福利型向商品化的转变。主要标志是经过“小步微调”的方式经多次调整，较大幅度地提高了水价，18 个省辖市的居民生活用水已由 1992 年的平均 0.22 元/m^3 调整到 2001 年的平均 1.07 元/m^3（综合水价），10 年价格上调了 386%。同时，政府给予供水上的政策性补贴已全部取消。

(2) 将污水处理费纳入了水价改革的范畴。

(3) 从单一水价发展到了包括居民生活用水、行政事业用水、工业用水、服务行业和特殊行业用水在内的分类水价。

(4) 在大部分城市实行了非居民生活用水超计划超定额加价办法，部分城市居民生活用水也开始实行超定额累进加价办法。

(5) 对城市供水价格调整实行了价格听证制度，逐步提高了水价调整的科学性、合理性和透明度。到 2002 年，全省城市供水加权平均价格进一步调整为 1.28 元/m^3，但是仍有 2/3 的企业亏损经营，1/3 的企业保本微利，盈亏相抵后，亏损达 3502.85 万元。

3. 污水处理费

河南省从 2001 年将污水处理费纳入了水价改革的范畴，开始征收污水处理费，2001 年的征收标准为 0.20～0.40 元/m^3。2003 年 4 月 18 日，省政府发布的《关于加大城市污水处理费征收力度促进城市污水处理产业化发展的通知》，从 2003 年 5 月 1 日起，将全省市、县污水处理费征收标准平均调整到 0.70 元/m^3。2005 年《河南省发展和改革委员会关于调整全省城市污水处理费征收标准的通知》继续调整了污水处理费征收标准，规定从 2005 年 1 月 1 日起，将全省各市、县污水处理费征收标准平均调整到 0.80 元/m^3，其中城市居民污水调整到 0.65 元/m^3。

9.2.3　水价发展趋势

2008 年上半年，河南省 18 个地市的供水企业有 16 个出现亏损，亏损面达到 88%，亏损额达到 13471.1 万元，许多供水企业经营状况恶化，资金链几近断裂，经营难以为继。虽然各供水企业的经营情况不尽相同，但导致“经营困局”的有五个方面的共性原因：

（1）自来水价格倒挂“严重”。据统计，2007 年，河南省自来水平均售水成本为 1.86 元/m^3，按不同性质用水（价格不同）占总售水比例折算，全省平均综合售水价格为 1.72 元/m^3，自来水价格明显偏离其成本和价值。以郑州为例，包括电费、原水费、净水药剂、人工成本、财务费用等在内自来水的每吨生产成本超过 2.4 元，而现行平均水价只有 1.5 元/m^3，也就是说每生产一吨自来水要亏损 0.9 元。

（2）固定资产投入大，企业不堪重负。随着城市化进程加快和城市框架的不断拉大，配套供水管网大量投资建设。然而政府的公共财政对城市供水管网建设的投资不足，转由供水企业自身承担起该方面的主要投资责任，巨额的投资压力导致供水企业陷入困境。资料显示，截至 2008 年上半年，18 个地级市供水企业总负债 42 亿元，平均负债率已达 59%，负债率在 70%以上的有七家。同时城市超期服役的供水管网改造也需要大量资金投入，目前河南省 38 个市共有 4382.88km 的铸铁材质管网需要改造，按球墨铸铁管平均 60 万元/km 计算，总共需改造投资 26 亿元。另外，新的国家生活饮用水卫生标准已于 2007 年 7 月 1 日实施，其中浊度标准由 3NTU 提高到 1NTU，加上水源水的污染日益严重，大多数水厂必须进行技术改造才能保证水质。由于长期亏损，负债率高，供水企业融资已非常困难，企业的建设债务得不到偿还，企业的扩大再生产没有钱投资，近两年供水企业的发展已受到明显的限制。

（3）自备井开采泛滥造成公共供水设施闲置，供水成本提高。多年来，各城镇供水企业多渠道筹措资金，积极努力加大供水工程的建设力度，使城镇安全供水有了保障，且水质优良、安全可靠，基本满足了城市建设和社会发展的要求。然而在加大供水建设、保障城市供水的同时，许多城市自备井仍无序开采，致使有限的地下水资源大量流失。而各方努力筹资兴建的集中供水设施、设备闲置，售水量连年下降。据统计，2007 年河南省 38 个市供水能力总和为 658.95 万 m^3/d，平均日供水总量为 270.05 万 m^3/d，仅达到供水能力的 41%。另一方面，地下水私开滥采现象日益严重，有关资料显示，郑州市的地下水最高开采量接近 40 万 t/d，占整个城市供水总量的 40%以上。

（4）实施一户一表对企业效益的影响。按国家要求“城市供水应实行装表到户、抄表到户”计量收费，推行抄收到户工作后，供水企业承担了楼内主管、户外管道改造、维护等工作，大幅度增加了运行维护成本，加大了管网漏失率。

（5）公益事业用水不收费或少收费、学校用水降低费用等增加了供水企业的负担。河南省城镇供水协会对 44 个城市的绿化、公厕、消防等公益事业用水调查发现，完全免费的有 23 家，占调查总数的 52.3%；部分收费或定额包干的有 11 家，占调查总数的 25%；完全计量收费的有 10 家，占调查总数的 22.7%。公益事业用水不收费或少收费，一定程度上增加了供水企业的负担。还有，国家发展改革委、教育部规定，2007 年 10 月 1 日起扩大对学校用电、用水、用气价格优惠范围，加上峰谷分时电价的实施（供水量的峰与谷与电的峰与谷一致，供水企业无法避峰填谷）和电价的上涨，这对本已是亏损经营的供水企业来说雪上加霜。

根据规划，“十五”期间，水务业是中国政府提出的国有资产要撤出的 100 多个行业之一。国外水消费一般占个人收入的 4%，而中国目前城区水消费占个人收入仅为 1.2%左右，上升空间很大，城市庞大的人口基数，不断加速的城市化进程，都给未来水务市场留下足够的空间。我国水务属于公用事业，一般由政府定价，因而价格始终处于低位，有的城市甚至 10 年间都没有上调过水价，因而未来会有很大的上涨空间，这也就意味着，水务这块蛋糕自己还会长大，国家发展和改革委员会、水利部、住房和城乡建设部近期分别发出信号，暗示国内水价或许将很快上调。在当前的趋势下来看，水价上升将是必然。

9.2.4 完善水价机制的措施

水价改革虽然在促进企业发展，合理资源配置中发挥了巨大的作用，但水价改革也有一定的局限性，不能解决企业生产经营中遇到的全部问题。一是城市供水涉及面广，调价需要考虑方方面面的问题，幅度较小，一般仅能补偿成本，往往使企业在调价不久即发生新的亏损，陷入亏损—调价—再亏损—再调价怪圈；二是水价结构还没有完全理顺，多层次供水价格体系需要进一步建立，阶梯水价的推行进展较为缓慢；三是作为公用事业，政府近年来在城市供水中扶持力度不够，个别地方甚至把企业合资时外方出的钱拿走，没有用在自来水企业的发展上。在这种情况下，企业的负担只能由老百姓和企业自身承担，而考虑到社会的稳定性，调价必然满足不了企业的实际需求。

针对供水企业普遍存在的几大问题，需要在几个方面进行改革和调整。

1. 尽快调整当前供水价格并建立可行的价格调整机制

尽快调整当前水价以缓解目前由于长期水价得不到调整给供水企业带来的普遍造成的政策性亏损。由建设主管部门牵头，根据国家相关政策，在河南省制定一套可行的价格调整与政府适当补贴相结合的价格管理机制。

2. 加大政府投资力度

政府应在城市供水管网建设投资中起到主导作用，并以财政等公共支付形式予以适当解决，以体现城市供水不可缺少的社会效益。建议政府制订补贴政策或建立诸如委托经营等形式供水企业经营方式以解决供水企业不堪负重的建设债务和企业扩大再生产所需的巨额投资。

3. 规范市场

由河南省政府出台文件，强制关闭各城市公共供水区域内的自备井；对绿化、公厕、消防等公益事业用水实行计量收费；对供水企业取消分峰谷时电价。

4. 进行水务行业产权改革

修订《城市供水管理办法》，进一步明确供水设施产权的划分、城市供水投资体制、供水企业和用户的权责等条款，使供水企业能够维护企业自身权益和不断得到良性发展。

9.3　中原城市群供水行业产权改革与改革措施分析

9.3.1　供水行业产权改革调查

9.3.1.1　管理体制

通过调查分析，中原城市群供排水管理体制存在以下几个问题。

1. 城市供排水等水务一体化管理体制改革进展缓慢

我国自 2000 年开始进行城市水务管理体制全面改革，其目标是变“多龙管水”为“一龙管水，多龙治水”。至 2004 年 10 月底，全国成立水务局和由水利局承担水务统一管理职责的县级以上行政区有 1251 个，占全国县级以上行政区总数的 53%，全国已成立各级水务局 950 个，占全国县级以上行政区总数的 40%；由水利局承担水务统一管理职责的单位共计 301 个，占全国县级以上行政区总数的 13%。

调查表明，中原城市群的城市水务改革进展缓慢。在中原城市群多龙管水的局面还很普遍。如在郑州市，涉及城市供排水的机构有水利局、建委、环保局、城市管理局等部门。其中水资源及防洪归水利系统管理，供水系统和污水处理系统归城建部门管理（部分县的污水处理厂由环保局管理），污水处理厂水质监测由环保局监督管理。这造成水利系统无权过问城市饮用水水源水质的保护，造成城市饮用水水源水质逐渐恶化的局面，增大了自来水生产企业的成本，降低了供水水质标准，不利于保障居民健康；同时污水处理厂考虑自身利益，有时存在不达标甚至偷排现象。更有甚者，同一城市的同一水务问题也存在多头管理现象，如郑州市的城市防洪排涝，多头管理现象就比较突出。据不完全统计，郑州市区的排水设施有五个“管家”：各开发区管理部门负责本区的防洪排涝；污水净化公司负责市内污水处理厂和中州大道的防洪排涝；郑州市城区河道管理处负责市区内的金水河、熊儿河、东风渠等的防洪排涝；各行政区负责背街小巷的防洪排涝；郑州市市政工程处负责三环以内主干道防洪排涝。与多头管理现象形成鲜明对比的是，城区内不少明沟的管理却是“空白”。这给整个城区的防洪排涝产生不利影响。如 2007 年 8 月 3 日上午，一场突如其来的暴雨袭击郑州，造成郑州市上百条道路积水严重，12 条道路和 6 座立交桥断行。荥阳市受灾 3.81 万人，倒塌房屋 2 间，损坏房屋 4 间；直接经济损失 50 万元。金水区花卉市场有 1 万多 m^2 商区出现大面积积水。高新区受灾人口 2500 人，直接经济损失 38 万元。中原区受灾人口 1200 人，直接经济损失 15 万元。灾情造成郑州市 1 市 3 区直接经济损失 103 万元。由此可见，深化城市水务一体化改革势在必行。

2. 上下不统一、左右不一致

在中原城市群政府机构设置及职责方面，城市供排水的管理存在上下不统一、左右不一致现象。以污水处理厂为例，在河南省省级政府机构中归建设厅管理，在不同的地市级机构中，就归不同部门管理，如在济源市、漯河市、焦作市、许昌市和新乡市归建委管理，在郑州市由城市管理局负责；在平顶山市又由公用事业局管理。在中原城市群的部分县，污水处理厂的运行管理又由环保局负责，如巩义市环保局下设污水处理厂筹建办公室，负责巩义市城市污水处理厂的筹建工作。孟津县环保局职责中的第 9 条规定：环保局负责协调首阳山电厂等各方面关系和污水处理站的安全生产工作。中牟县环保局还负责排污费的征收工作。

3. 政企不分，职责不明，供排水企业生产积极性不高

从原则上说，政府城市供排水主管部门应主要负责城市供排水的规划、指导、监督、协调、服务，即主要管好的问题是：制定城市供排水发展规划、审核城市供排水计划、制定并监督执行城市供水紧急预案、审查供排水企业资质、监测供水水质、监督供排水企业服务质量、监督固有资产运营、配合物价局调控水价，但不能过多干涉企业具体经营活动，不能参与企业人事管理。供排水企业的职责应是供排水企业的筹资和运行管理；上报设备运行管理情况及水质、水量等指标；通过技术改进和内部挖潜提高企业效益，达到不仅能收回投资，而且还具有扩大再生产的能力。即城市供排水企业应真正成为自我发展、自我约束、自主经营、自负盈亏的产业。

但是通过调查发现，中原城市群大部分供排水企业属于政府城建部门的下属单位，从供排水企业的筹资、筹建到设计、施工、运行管理、人事安排、经费划拨等都归政府主管部门负责。这造成政企不分，职责不明，加上供排水企业不需要经济核算，因此生产积极性不高，中原城市群大部分供排水企业处于亏损经营状态。

4. 城市供排水管理部门权力和责任有待提高

中原城市群城市供排水管理部门属于地方政府机构的组成部分，其人事、经费、工作职能全部由当地政府机构负责。当地政府所作出的决策同供排水管理部门规则冲突时，供排水部门等水务管理部门难以否决。这样，当地方政府为局部利益牺牲国家整体利益时，城市供排水管理部门（水务局）难以违抗。

9.3.1.2 供排水企业

调查表明，中原城市群供排水企业存在以下问题。

1. 投资渠道不畅，供排水产业市场多元化格局尚未形成

由于自来水价格和污水处理费不合理，相关政策（如税收）不完善，致使供排水企业大部分处于亏损状态，对国内外投资吸引力不强。因此中原城市群供排水企业的投资主要依靠政府和贷款，供排水市场投资多元化的格局尚未形成。近年来，中原城市群部分地区的污水和供水系统工程曾计划进行合资或合作经营（见表 9.4），但到目前为止，仅有新乡自来水厂、焦作自来水公司水处理厂采用了合资运行模式，许昌市的宏源污水处理厂采用 BOT 模式，郑州的中原环保股份公司上市经营，其他中原城市群城市的供排水企业均为政府财政全供的企业单位。

2. 城市供排水企业没有形成完善的自主经营、自负盈亏的法人制度

中原城市群城市供排水企业大部分属于政府财政全供的企业，从人事管理到经费划拨，全部由政府负责，没有形成自主经营、自负盈亏的法人制度，企业生产积极性不高，经营管理不善，致使中原城市群大部分处于亏损状态。

3. 城市供排水行业市场化程度低

由于城市供排水价格不合理，相关经济政策不配套，使城市供排水产业对投资吸引力不足，因此供排水产业市场发育还不完善。继续加快推进城市供排水产业市场化进程，仍然是许多地区当前的一项重要任务。

9.3.1.3 法律法规体系

在中原城市群实施的有关城市供排水的法律、法规存在以下几方面的问题。

1. 相关法规政策不统一

在中原城市群实施的城市供排水相关的政策法规由城建、环保、水利部门等不同部门制定，与供排水等水务一体化管理发展趋势不适应，使城市供排水管理部门有法难依。如关于供排水企业资质方面，建设部制定有《市政公用事业特许经营管理办法》，规定国务院建设主管部门负责全国市政公用事业特许经营活动的指导和监督工作；省、自治区建设主管部门负责本行政区域内的市政公用事业特许经营活动的指导和监督工作；直辖市、市、县人民政府市政公用事业主管部门依据人民政府的授权，负责本行政区域内的市政公用事业特许经营的具体实施。国家环保局制定有《环境污染治理设施运营资质许可管理办法》，规定资质证书由国家环保总局按照环境污染治理设施运营资质分级分类标准统一编号、印制、审批。由于这两个法律由不同部门制定，供排水产业难以执行，据调查，目前供排水企业大多没有执行。随着城市水务的统一管理，对现有的法律法规进行清理，制定统一的法律法规有助于提高水务管理部门的工作效率。

2. 法律法规可操作性差

首先，现有环境法律法规经济、技术政策偏少，实用的政策偏少，政策间缺乏协调；其次，现有环境法律法规偏软，可操作性不强，对违法企业的处罚额度过低，供排水部门缺乏强制执行权。执法监督工作薄弱，内部监督制约措施不健全，层级监督不完善，社会监督不落实。另外，地方保护主义严重干扰环境执法，最终造成有法不依、执法不严、违法不究的现象还比较普遍，一些地方监管不力的问题还很突出。

3. 相关政策法规体系亟待完善

一些过去的行政法规和政策已经不能适应现状，急需修订完善。同时新的形势还要求制定新的政策法规体系来保证改革与发展的有序进行。如新乡市自来水公司和美国美利控股集团公司（MTI）签订框架协议中，要求合资后自来水价格上涨5%等条款，而我国的供排水企业没有这样的特权。

不规范的税费体系阻碍了市场化改革进程。现行的供排水企业税费体系可以概括为“政策无依据、操作不规范、企业无保障”，各地供排水企业的税费执行随意性太强，制约城市供排水企业市场化改革的持续发展，从而阻碍了供排水企业改制的进行，加大了政府的财政压力和收费压力，导致了水业市场竞争的混乱和不公平，影响了供排水市场中社会投资资金的持续进入，削弱了政府和公众对企业的监管监督。

由于国家立法的原则性较强，难以全面兼顾各地实际，无法将实际中遇到的各种问题及时加以规范，所以各地及各流域应在国家立法的基础上，结合各自实际，不断研究制定适合自身的法律法规，以促进水务法律法规体系的完善。

部分城市供排水工作需要立法强制执行。如国内外对雨水利用非常重视，但还没有制定颁布相关的法律使雨水利用得到强制执行；关于雨水利用和污水再生回用方面税收、投资利息等方面的优惠政策还没有出台，这些都将影响供排水产业投资渠道的拓展。

随着社会经济的发展，社会剩余资金越来越多，如果对供水价格和污水处理费进行合理调整，相关制度逐步完善，会有越来越多的社会资金投入供排水产业，促进供排水事业快速发展。

9.3.2 产权改革措施分析

(1) 建立政企分开、职责明确、自主经营、自负盈亏的现代企业制度。中原城市群的供排水产业除个别外，大部分属于政府机构的下属单位，其人事、经营、经济等归政府机构管理，造成政府机构既是管理者、监督者，又是生产者、被监督者。这造成政企不分，职责不明，不利于供排水产业的科学管理，不能保证供排水产业运行效果。由于中原城市群供排水产业大多属于政府财政全供的企业单位，企业不关心经济效益，难以发展成自主经营、自负盈亏的现代企业。

(2) 改革水价和相关政策，拓展城市供排水产业投资渠道。中原城市群城市供排水产业投资主要是地方政府投资、银行贷款和国债，这不仅不利于扩大城市水务产业规模，也极大增加了政府的经济负担和水务产业的生产成本，不利于城市水务产业的发展，为此，必须拓展城市水务产业的投资来源。

最近几年，自来水的价格有一些提高，使供水企业亏损状况得到一定的缓解，但还没有从根本上得到解决。由于城市规模的急剧扩大，铺设供水管网需要大量资金，而目前中原城市群供水企业没有剩余资本，投资主要靠贷款，巨额利息极大地增加了供水成本。同时，新城区入住率低，用水量并没有随城市规模的扩大增加相应的用水量，供水企业不能通过扩大供水量降低供水成本。由于城市供排水公益性强，部分生活困难的城市居民难以支付用水费用，政府为照顾这些居民，减免其用水费用，降低供水企业的收入。目前，我国和中原城市群还没有制定回用水价，不利于中水回用产业的发展，也不利于环境保护和水资源的节约利用。在制定中水回用价格时，应充分考虑回用水处理、管道铺设、维护等方面的费用。

(3) 城市供排水法律体系是城市供排水等水务管理部门进行指导、监督、管理的法律依据，是城市供排水等水务产业生产运营必须遵守法律，也是城市水务改革的法律保障。

目前的城市供排水法律是由环保系统、城建系统、水利系统、卫生系统等几个部门根据自身职责制定的，法律之间联系不强，建议结合目前城市水务一体化改革，清理城市供排水法律体系，提出新的、统一的城市供排水法律体系。国家颁布的关于城市供排水的法律是根据整个国家的情况制定的，原则性较强，操作性较差。因此，建议中原城市群结合各地及各流域结合实际情况，制定适用于本地或本流域的水务管理法律法规，增强法律法规的可操作性。同时规范政府环境责任，加大对违法行为处罚力度，做到有法可依、有法必依、执法必严、违法必究，维护水务市场的健康运行、稳定发展。

总之，中原城市群必须改革水价及其构成，完善水务产业政策、标准，拓展城市供排水投资的多元化，促进城市供排水等水务产业市场化发展。同时，对供排水等水务产业进行改革，做到谁投资、谁运营、谁受益，提高其积极性和主动性，逐步建立产权明晰、权责明确、自主经营、自负盈亏的城市水务产业。

9.4 中原城市群供水行业经营模式

随着城市供排水管理的改革，供排水市场化进程催生了多种运行管理模式。国内供排水产业的运行管理模式有作业外包、委托运营、BT、TOT、BTO、BOT、ROT、BOO、股权转让、合资合作等。前两种模式不带融资性质，后八种模式都不同程度带有融资性质。就中原城市群来说，主要有以下几种。

1. 政府直接进行运行管理

由于供排水产业存在投资大、自来水价格和污水处理费不合理等原因，造成该行业亏损严重，投资难以回收，因此对国内外民间经济体吸引力不大。中原城市群除部分自来水厂（郑州中法水厂、焦作自来水公司、新乡自来水公司）和污水处理厂（许昌宏源污水处理厂）外，其他已建的供排水产业大多由政府投资或政府通过债券、贷款进行融资，然后由政府机构所属单位进行管理（人事、财政、运行等），如郑州市五龙口污水处理厂、马头岗污水处理厂和郑州市排水管网，其运行管理有郑州市城市管理局下属的污水净化公司运行管理；郑州市自来水厂和供水管道，由郑州市城市管理局下属的自来水总公司运行管理。这些单位都属于政府财政全供的企业单位。中原城市群其他地方的自来水公司和污水净化公司大多属于该种管理模式。城市河道的管理一般属于建委或城市公用事业局等单位管理。

2. 股权/产权转让

股权/产权转让是指政府将国有独资或国有控股的供排水企业的部分产权/股权转让给民营机构，在供排水企业建立和形成多元投资和有效公司治理结构，同时政府授予新合资公司特许权。许可其在一定范围和期限内经营特定业务。

股权/产权转让是中原城市群供排水产业主要经营方式之一。焦作市政府为加快城市公用事业体制改革，盘活存量资金，吸收外来资金，发展城市供水事业，通过考察论证，分析对比，最终选择了深圳水务集团为合资单位。公司注册资金1.03亿元，焦作占注册资本30%，深圳占注册资本70%，独家经营规划区内的城市供水和城市供水设施建设，经营期限为30年。2003年1月，焦作市供排水有限责任公司正式成立，焦作市的供水事业步入了一个全新时期。

新乡市自来水公司和美国美利控股集团公司（MTI）签订框架协议，美方出资1700多万元，购买新乡市自来水公司80%的国有产权，并承担公司1.8亿元的债务，同时租赁新乡市自来水公司40多km的水网管道，租赁费另算。经营自来水业务，经营期限是30年。

在2001年，中法水厂用3854万美元分走了郑州市白庙水厂50%的股权，成立中法水厂，进行合作经营。

3. BOT

BOT是指在政府授予的特许权下，民营机构为供排水设施项目进行融资，并负责建设、拥有和经营这些设施。许昌市宏源污水处理厂由许昌市魏都区政府和许昌宏伟实业（集团）有限公司共同投资，采用BOT模式进行经营。

9.5 中原城市群城市污水处理行业调查

以郑州市为例。随着人口增加，经济发展，郑州废污水排放量增加迅速。由于城市污水收集系统不完善，据不完全统计，2005年郑州城市污水排放量24358万m^3，年污水处理量13707万m^3，占污水排放量的56.3%。大量未经处理的废污水直接进入水体，导致水体严重污染，同时，由于污水处理工程不完善和污水处理深度不够，处理以后排放仍然对河湖、水库等地表水体造成污染，直接或间接地污染了地下水源。根据《郑州市环境质量评价书（2001～2005年度）》，2005年度郑州主要河流水质污染状况虽较往年略有减轻，但水污染仍然十分严重。所监测的5条河流、劣Ⅴ类水质断面7个，占总断面数的53.8%；Ⅲ类水质断面3个，占23.1%；Ⅱ类、Ⅳ类、Ⅴ类断面分别1个，分别占7.7%。失去供水功能劣于Ⅴ类（含Ⅴ类）的河段占总监测河段的61.5%，污染现象仍较严重。目前，流经市区的河流有贾鲁河、贾鲁支河、金水河、熊儿河、七里河、东风渠，这些河流均无天然水源，实际上已成为城市污水、农灌退水及天然降水的排水渠道。流经市区的东风渠和熊儿河均为郑州市的排污河流。金水河、东风渠近几年虽经过治理，出现过清水时段，但目前又回到了治理前的状况。

目前，郑州市可以进行污水处理回用的污水处理厂包括王新庄污水处理厂及正在扩建的五龙口污水处理厂，设计总处理能力为60万m^3/d，其中王新庄污水处理厂设计处理能力为40万m^3/d，实际运行处理量为31.5万m^3/d；五龙口污水处理厂建设规模20万m^3/d，一期工程为10万m^3/d，其中5万m^3/d处理深度为三级，可达到再生水回用标准；计划扩建为20万m^3/d。2010年前计划建设马头岗污水处理厂，设计处理能力为30万m^3/d。

郑州市污水排放量为68万～76.5万m^3/d。由于处理工艺和处理成本，以及回用管道布设等原因，实际不可能实现全部污水进行处理回用。污水处理能力50万m^3/d，城市污水处理率56.27%，高于全国平均水平值的45.6%。

（1）王新庄污水处理厂。王新庄污水处理厂位于郑州市东郊祭城镇，七里河与东风渠交汇处，占地面积496亩，是目前淮河流域最大的城市污水处理厂，主要收集桐柏路以东，金水路以南，南三环以北，107国道以西区域的污水，规划收水面积约105km^2，服务人口100多万。

该厂于2001年10月开始试运行。达到国家规定的二级污水处理排放标准后，排入贾鲁河，总投资概算7.6亿元，已正式投产运行，一期建设规模40万m^3/d（远景规划将扩大至80万m^3/d），目前王新庄污水处理厂实际污水处理量31.5万m^3/d。近期拟投资建设20万m^3/d回用水处理工艺，拟向郑东电厂和新郑绿化工程供水。

（2）五龙口污水处理厂。五龙口污水处理厂已于2004年12月通水试运行，承担着郑州市西北部陇海路以北，五龙口以南，嵩山路、沙口路以西，西环路以东高新技术开发区及中原区部分地区的污水处理，服务面积约27km^2，服务人口37万，总投资2.7亿元，一期建设规模10万m^3/d，深度处理中水5万m^3/d，回用水沿桐柏路地下管道排入金水河，五龙口远景规划规模20万m^3/d，今后拟向熊儿河及燃气电厂供水。

（3）马头岗污水处理厂。马头岗污水处理厂位于马头岗军用机场西侧、贾鲁河南岸，主要收集金水路以北、连霍高速公路以南、南阳路以东、郑东新区龙湖以西区域，服务面积92.3km^2。一期建设规模为日处理污水30万m^3，计划投资6.8亿元，预计2008年6月竣工，远景规划65.7万m^3/d。经过净化后的中水再排入贾鲁河。

（4）薛岗污水处理厂。规划中的高新区污水由玉兰街第一出口、翠竹街第二出口向东排入贾鲁河，这两个出口和近期将建的池北路第三出口一样，由垂柳路规划污水干管收集后向北送往薛岗污水处理厂，服务范围为整个需水组团，控制面积 125km^2，规划处理规模为 40 万 m^3/d，其中三级处理量为 5.0 万 m^3/d，一期规划达到 25 万 m^3/d。

（5）其他污水处理厂。郑东新区规划中的龙湖污水处理厂，一期建设规模达 10 万 m^3/d。预期将在航空港（总体规划面积约 120km^2）、经济开发区（总体规划范围 12.5km^2）、加州工业城（总规划面积 46km^2）增加三个小而深的污水处理厂，预期在 2010 年污水处理能力达到 10 万 m^3/d，2015 年污水处理能力达到 15 万 m^3/d。

结合 2020 年城市工业、生活等需水和自来水管网 179 万 m^3/d 的供水能力分析，2010 年的污水处理能力 110 万 m^3/d 左右，2015 年污水处理能力在 150 万 m^3/d 左右。

9.6　水务市场化过程中的主要经济指标分析

供水行业作为社会公用事业，其自身具有通常意义的企业所不具有的特殊性——自然垄断性及社会公益性。在过去的很长时期内作为国家所有的企业，其建设及运营费用由政府财政拨款支付，经营管理受到计划经济体制很深的影响，企业及职工节约成本的积极性不高，致使运营成本过高，运营资金使用不合理，普遍存在着生产效率低、经营成本高、经济效益差等问题。

近年来，尽管水价不断上升上调，但大多数供水企业仍然难以扭亏为盈。2005 年《中共中央关于制定国民经济和社会发展第十一个五年规划的建议》明确指出，“十一五”时期要加快推进垄断和自然垄断行业的改革。改革的核心是通过推进政企分开、引入竞争机制、创新企业制度、建立和逐步完善企业科学管理系统，达到提高这类行业经营和运行效率，适应经济、社会整体发展需要的目的。供水企业销售量稳定，提高企业效益的有效途径是提高水价和控制成本，供水企业的成本大多是固定成本，需要提前控制。现国内外都没有建立供水行业完善的成本效益分析体系，成本效益分析多是利用财务报表分析的通用指标进行分析，鉴于供水行业的特殊性，这些指标不能满足供水企业成本效益分析的要求，不能对供水企业的长远发展提供有效的依据，不能满足供水企业管理层做出重大管理决策的要求。为了满足供水企业长远发展的需要，使供水企业真正进入市场经济，并改变长期亏损的经营状况，必须建立一套完善的供水行业自己的成本效益指标体系。通过行业内各类似企业的对比，制定自身的成本效益指标标准，使落后企业了解自身差距，通过对自身成本效益指标的修正，提高企业的经济效益，使企业走上良性发展的道路。

9.6.1　主要经济指标

水务市场化进程中，经济指标的建立，需要从成本和效益分析的角度，结合供水行业自身财务状况的特点，并通过对财务管理以前财务分析体系的研究，在对行业内各企业目前的情况加以分析的基础上，提出合理的指标体系，来分析企业的生产效率、经营成本和经济效益状况。通过对相关水务企业的调查及资料分析，当前水务企业主要应用的经济指标体系由生产效率、经营成本、经济效益三个子指标体系构成。

9.6.1.1 生产效率指标体系

生产效率指标体系由水厂利用效率、原水利用效率、管网输水效率、电力生产效率、劳动生产效率五个指标组成。

1. 水厂利用效率

水厂利用效率为最高日供水量和日综合供水能力的比值。该指标用于分析水厂的供水量与供水能力是否相适应，有无可利用的生产能力或是否存在着浪费。生活用水和工业用水占总用水量的70%以上，水厂生产能力应与城市人口规模及工业化程度相匹配。不同城市的供水能力利用率有较大差异。同等生产规模而供水能力利用率较低的城市，一方面，存在超前建设的问题，供水能力闲置，增加了供水企业在固定资产折旧、贷款还本付息、设备设施维护等方面的负担；另一方面，有可利用的生产能力，在自身的经营管理上仍有发展的空间。

供水能力规模过小，不能适应城市规划发展的需要，供水安全受到威胁，城市的经济发展受到影响，供水能力规模过大，建设工程不能发挥作用，不仅浪费工程投资和增加制水成本，并对供水系统的运营管理带来困难。相关统计分析表明，供水能力利用率保持在85%～90%最佳。

2. 原水利用效率

原水利用率是原水产量与原水能力的比值。该指标用于分析不同地区、不同规模的水厂原水利用的程度，查找导致利用效率不同的原因，是否存在浪费。

原水费占制水成本较大的比例。由于我国水资源总量不足，而且在时间与地域分布上又很不均匀，一些地区存在严重水资源匮乏，这使得供水企业制水成本中，原水费所占比例呈现较大差异。在北方某些缺水城市，地下水的开采量高达总水量的80%以上，原水费主要是水资源费。主要使用地表水的城市，由于所在地理位置不同，其购买原水量有很大差异。

通过水厂利用效率、原水利用效率的分析，保证供水企业供水能力得到最佳的利用状态，使企业超前建设率保持在合理范围以内，避免企业供水规模的盲目扩大，使企业背上沉重的债务负担。

3. 管网输水效率

管网漏损率是损失的水量和供水总量的比值。该指标用于分析管网漏损的变化趋势，是否有因不合理原因导致漏损率过高的情况，以及如何确定合理的管网漏损率。

管网漏损是导致供水成本上升的原因之一。在现有的供水企业中，管网使用年限在10年以下的，管网漏损率可控制在10%以下，管网使用年限在15年以下、10年以上的，管网漏损率可控制在13%以下。通过对管网输水效率的分析，使企业通过改善管材等方法降低管网漏失，使产销差率保证在国家规定的水平以内，并向世界先进水平靠拢，间接降低企业单位售水成本。

4. 电力生产效率

一般用千立方米供水耗电量来衡量，是耗电量与供水量的比值。该指标用于分析净水和输水中的耗电量，分析是否存在电力浪费，有无进一步节约、降低成本的潜力。

电力是供水成本的一部分。通过对电力生产效率的分析，应用水泵调速设施、提高水泵效率和节能软件的应用等方法，尽量降低电力消耗。

5. 劳动生产效率

可以由人均供水量或者人均售水量来表示。该指标用于分析不同规模、不同效益水厂人均供水、售水情况，变化趋势，分析有无人员过多造成劳动效率低下问题，分析供水企业生产工人、管理与技术人员和服务人员结构是否合理，有无非生产人员所占比重过大的问题。

职工人数是影响劳动生产效率指标的主要因素，合理定岗定编是加强用人管理的基础，也是节约活劳动、降低人工成本的基础工作。冗员太多，必然造成人工成本投入的不合理，导致劳动生产效率降低。同时要根据城市的具体情况合理安排生产、销售及管理人员的比例，是产水及售水都能达到较高的生产效率。此外，在职工人数一定的情况下，企业的管理，对劳动生产率的控制将会直接影响到指标的高低，主要是控制生产工人的出勤率、工时利用率及工时标准的完成情况等。通过劳动生产效率的分析，使人员数量和供水量保持适当的比例，人才结构趋于合理，提高人员劳动生产效率，降低企业生产成本。

9.6.1.2　经营成本指标体系

经营成本指标体系由资金使用成本、水厂建设成本、管网建设成本、供水人工成本、供水物资成本、供水管理费用、供水完全成本七个指标组成。供水企业成本水平的高低决定企业的经济效益水平，取决于企业的工艺、规模、各生产要素的节约程度，以及各成本要素之间的构成比例。供水企业成本主要分为制水成本、输配成本、期间费用三部分：制水成本主要有原水费、原材料、动力、折旧、修理费、生产运行工资及附加等；输配成本主要有输配动力费、折旧、管网抢修、小修维护费、管道保险费、输配人员工资及附加等；期间费用主要有营业费用、管理费用、财务费用。近年来，期间费用比例有逐渐上升趋势。

1. 资金使用成本

资金使用成本由借入资金利率衡量，为借入资金利息与借入资金总额的比值。该指标用于分析是否达到合理的财务成本。借入资金利息包括财务费用中的利息支出和基本建设借款的利息支出两部分，筹资方式和筹资额决定了财务成本的大小。现阶段，供水企业的筹资方式除了国家专项拨款外，一般为金融组织贷款、国内商业银行贷款、中央及地方债券。一般国债利率为2.55%，且前四年免息，第五年开始分10～15年偿还本息，银行贷款利息较高，企业债券利息居中。除筹资渠道外，还应考虑长短期筹资的组合问题。一般来讲长期筹资的费用较高，但较为稳定，短期筹资利率较低，但存在再次筹资的问题。所以企业应根据自身实际情况，分析资金需求，合理地进行长短期资金的筹集。通过对资金使用成本的分析，合理确定筹资方式和筹资额，使企业财务费用和资本化利息降到最低。

2. 水厂建设成本

由单位供水能力投资来衡量，为投资额与新建供水能力的比值。

3. 管网建设成本

由每千米管网投资来衡量，为投资额与管网长度的比值。通过对水厂建设成本、管网建设成本的分析，确定新建水厂的规模和最优方案，使水厂建设投资和以后经营成本最低，使管网投资及常年运行费用最小，间接降低供水成本。

4. 供水人工成本

单位供水人工费为人工费和供水量的比值。该指标用于同行业企业之间的对比，建立行业人工成本最高限度即平均指标，目标是使人工成本与企业经济效益的增长保持适当的比例关系。影响供水人工成本的因素：一方面是劳动生产率的高低，劳动生产率提高了，就会减少无效的人工成本消耗，从而降低单位供水量的工资含量；另一方面控制企业人均工资，主要是控制人均工资水平符合国家有关规定，符合地区的生活消费水平，按规定支付工资、奖金及津贴，避免任意增加工资、奖金及津贴。另外，应增加效益工资的含量，主要是避免生产工作中的浪费，和由于工作的疏忽导致的因出水质量不合格而产生的不必要的额外支出，从而激发员工节约成本的积极性。

5. 供水物资成本

单位供水物耗费为原水费、原材料费、动力费三项之和与供水量的比值。物耗是制水成本的主要构成之一，属可变成本，可按量、价分解。该指标用于反映一定条件和一定时期的工艺技术水平下，其实物消耗量的最佳期望，可作为水厂成本控制的依据。供水物耗由于城市所在地理位置（如距离水域远近、地形、地势）及城市水资源不同，导致供水物耗有较大差异。

6. 供水管理费用

单位供水管理费用为管理费用与供水量的比值。该指标用于分析相似规模企业之间的差距，为企业提供目标费用水平。企业规模影响企业管理费用的水平。管理费用是指企业行政管理部门为管理和组织供水生产经营活动而发生的各项费用。影响供水管理费的因素，主要是企业管理人员设置情况。供水管理人员比例较大的企业，其负担的工资及福利较大，办公场地及机具相对较多，导致折旧费用、办公费和维修费较多，导致供水管理费用增加，应精简机构，减少管理层次，减人增效，把管理费用支出从源头压下来。企业管理费用的支出总会存在一部分不能直接明确部门负担的费用，不能很好地控制这些费用的支出，就会严重影响企业全年费用计划地完成，应对管理费用实行预算控制、制度控制、审批控制相结合的办法。

7. 供水完全成本

供水完全成本包括原水成本、制水成本、输配成本和期间费用。原水成本包括原水费、水资源费。由于原水成本是供水企业无法控制的，这里把原水成本从制水成本中单列出来，让大家对供水成本构成了解更加透彻。制水成本是指城市供水企业通过一定的工程设施，将地表水、地下水进行必要的汲取、净化、消毒处理，使水质符合国家规定的生产过程所发生的合理费用，包括原材料费、动力费、制水部门生产人员工资及福利、外购成品水和制造费用。输配成本是指城市供水企业为组织和管理输送净水到用户过程中所发生的各种费用。包括输配部门人员工资及福利、动力费用、输配环节固定资产折旧、修理费、机物料消耗、低值易耗品摊销和其他输配费用。期间费用是指城市供水企业为组织和管理供水生产经营所发生的管理费用、营业费用和财务费用。

9.6.1.3 经济效益指标体系

由纯收入效益、总资产占用效益、净资产占用效益、资金消耗效益四个指标组成。传统的财务分析中有成熟的经济效益分析指标，这里结合城市供水企业的实际情况，从中选定四个指标构成供水企业经济效益子指标体系。

1. 纯收入效益

纯收入效益由销售利润率表示，为利润总额与销售收入的比值。该指标用于反映每一元销售收入带来的利润额，表示销售收入的收益水平。该指标越高，表明企业盈利能力越强。经济效益由产出与投入两大基本要素形成。从产出要素来看，它一般表现为生产成果和经营成果两方面。反映经营成果综合性最强的指标是其价值量指标，即销售收入和利润指标。强调对销售收入及利润指标的考察，更加符合市场经济和以销定产的宏观经济环境。近年来，供水企业的利润水平很不稳定，由于客观条件、管理水平等有较大差异，企业的销售利润率也有较大差异。

2. 总资产占用效益

总资产报酬率为利润总额及利息支出之和与平均资产总额的比值。该指标用于表示企业全部资产获取收益的水平，全面反映了企业的活动能力和投入产出情况。该指标越高，表明企业投入产出的水平越好，企业的全部资产总体营运效益越高。

3. 净资产占用效益

净资产收益率为净利润与平均净资产的比值。该指标充分体现了投资者投入企业的资本及其积累获取报酬的关系，是评价企业资本经济效益的核心指标。一般认为，该指标越高，企业资本获取收益的能力越强，营运效益越好，对企业投资人、债权人的利益保证程度越高。

4. 资金消耗效益

资金消耗效益由成本费用利润率表示，为利润总额与成本费用总额的比值。该指标用于表示企业为取得利润而付出的代价。它从耗费的角度补充评价企业收益状况，有利于企业加强内部管理，节约支出，提高经济效益。指标越高越好，说明企业成本控制好，获利能力强。近几年，供水企业的成本费用利润率水平总体呈上升趋势，主要是由于成本费用的不断攀升。

在以上对企业成本进行有效控制后，通过对纯收入效益指标的分析，看当前企业利润是否达到国家规定的利润水平，使水价处于合理的价位；通过对总资产占用效益、净资产占用效益指标的分析，使企业资产得到充分的利用，提高企业投入产出水平，资本获利能力；通过对资金消耗效益指标的分析，提高企业资金利用效率，使企业资金得到充分利用，降低不必要的支出，提高企业效益。建立成本效益指标体系后，可根据我国供水企业的现有情况，制定出不同规模供水企业各个指标的最佳标准，使各供水企业调整自己指标值，逐步向最佳指标接近，改变供水行业的亏损状况，使供水企业走上良性发展的道路。

9.6.2　主要经济指标计算实例分析

以郑州市自来水总公司为例，该公司担负着郑州市的生产、生活用水供应。现为集自来水生产、供应、销售、建设、管理为一体的国有大型供水企业，截至 2006 年年底，日综合供水能力达 107 万 m^3 规模，供水面积 $282km^2$，管网总长度达 1800km，在职职工 3500 多名，总资产 22 亿元，供水总量居全国供水企业第 21 位。现总公司下设四个制水厂、合资供水、原水公司、管网处、营业处、综合修理厂、物业公司、实业公司、工程公司。郑州市自来水总公司在近几年源水紧张、污染严重、工艺设备老化落后、水价倒挂、企业严重亏损的情况下，为了保证城市供水的安全性，加大了对供水主业的投入，贷款融资7.6亿元投资东周水厂、石佛水厂扩建和市区管网改造。为了改善水质，筹资2.8亿元进行邙山干渠改造。为了搞好供水服务，公司按照市政府有关部门的要求，从2005年起，贷款出资对居民用水进行“一户一表”改造。

郑州市自来水总公司2001年售水量为18531万m^3，实际销售收入23162万元，平均水价1.25元/m^3，成本费用总支出19286万元，实际年盈利1243万元；2006年虽然平均售水单价上升到1.86元/m^3，但售水量下降到16533万m^3，实际销售收入只有30823万元，成本费用总支出猛增到36600万元，实际年度亏损3458万元。2003～2006年四年合计亏损为8271万元。2001～2006年损益见表9.9。

表9.9　　2001～2006年损益表　　单位：万元

项目 \ 年份	2001	2002	2003	2004	2005	2006
售水量/km^3	185313.0	176235.00	171347.0	172669.00	166207.0	165326.0
主营业务收入	23162.00	22172.00	21966.00	22164.00	29178.00	30823.00
平均单价/(元·m^{-3})	1.25	1.26	1.28	1.28	1.76	1.86
主营业务成本	16586.00	18010.00	18231.00	20923.00	24868.00	27811.00
营业费用	879.00	889.00	921.00	961.00	1236.00	1478.00
主营业务税金及附加	139.00	105.00	56	79.00	119.00	131.00
主营业务利润	5558.00	3168.00	2757.00	201.00	2955.00	1403.00
其他业务利润	399.00	917.00	805.00	794.00	1077.00	949.00
管理费用	4444.00	4284.00	4741.00	5353.00	5325.00	6483.00
财务费用	238.00	566.00	536.00	669.00	536.00	697.00
营业利润	1274.00	−764.00	−1716.00	−5026.00	−1829.00	−4828.00
投资收益	20.00	727.00	398.00	1645.00	1857.00	1196.00
营业外收入	15.00	144.00	28.00	175.00	239.00	309.00
营业外净支出	65.00	31.00	283.00	33.00	140.00	135.00
以前年度损益调整	—	—	—	−130.00	—	—
利润总额	1243.00	76.00	−1572	−3369.00	127.00	−3458.00
净利润	1243.00	51.00	−1572	−3369.00	127.00	−3458.00

9.6.2.1 生产效率指标数据情况及分析

1. 水厂利用效率

从表9.10中数据可看出该企业当供水能力利用率接近70%时，企业略有盈余，当供水能力利用率降到65%以下时，企业明显亏损。2002年减提折旧1600万元实际利润−1550万元。2003年是在减提折旧1900万元情况下亏损1572万元。2005年是在水价上涨，外部环境影响，企业贷款压力增大，成本没有完全入账的情况下，人为盈利127万元。2006年也是在部分费用入账，尚有部分贷款利息挂账，固定资产未入账计提折旧情况下亏损3458万元。

表 9.10 供水能力利用率（=日供水量/日综合供水能力×100%）

项目 \ 年份	2001	2002	2003	2004	2005	2006
最高日供水量/万 m^3	58.97	55.82	58.30	63.37	58.93	59.18
日综合供水能力/万 m^3	87	87	97	97	107	107
供水能力利用率/%	67.78	64.16	60.10	65.33	55.07	55.31

郑州市政府在1996年供水量达到最高点，并逐年下降的情况下，开始投资建设新区水厂，投入资金4.8亿元新增20万 m^3/d 供水能力，结果从2003年开始移交自来水公司后，造成供水能力利用率下降，并使企业背上严重的债务负担。如果科学测算供水需求量变动趋势，不进行无效的新增供水能力建设，争取水厂利用效率达到80%以上，则可避免新增折旧、维护费用、人工费用和贷款利息负担，降低经营成本。

2. 原水利用效率

$$原水利用率=\frac{原水产量}{原水能力}\times 100\%$$

郑州市自来水总公司原水能力与供水能力配套建设，所以原水利用率与供水能力利用率一致。

3. 管网输水效率

由表9.11中数据可看出近年来随着供水面积增大，特别是2003年户表改造抄表数量增加，漏失率正在逐步增大，直接造成单位售水成本上升，增加企业亏损。该企业的管网输水效率不高，还有很大潜力可挖，降低管网漏损率可降低原水费支出、药剂支出和供水电耗，使企业减亏增效。

表 9.11 管网漏损率［=（供水总量－有效供水量）/供水总量×100%］ 单位：万 m^3

项目 \ 年份	2001	2002	2003	2004	2005	2006
供水总量	21525	21111	21280	21640	21508	21599
漏损率	13.91	13.50	16.78	17.46	20.40	20.99
漏损水量	2994	2850	3571	3778	4388	4534

4. 电力生产效率

郑州市自来水公司千立方米供水耗电量每年都位于全国平均水平以下，原因是该公司这几年很注重水泵变频技术的使用，注重科学调度，不同时段使用不同的水泵，既保证安全供水，又保持适当的压力，有效地降低了电耗。2005年电耗上升是由于为提高水质，邙山干渠石佛沉沙池的使用，增加了原水输送电耗，该公司的电力生产效率还是处于全国领先水平的。每千立方米供水耗电量见表9.12。

表 9.12 千立方米供水耗电量（=耗电量/供水量）

项目 \ 年份	2001	2002	2003	2004	2005	2006
自有水厂供水总量/km^3	180680	14113	142820	141070	134060	135160
耗电量/(万 kW·h)	5579	4378	4495	4247	4285	4262
千立方米供水耗电量/(kW·h)	309	310	315	301	320	315

5. 劳动生产效率

$$人均供水量=\frac{供水量}{职工人数}$$

$$人均售水量=\frac{售水量}{职工人数}$$

从表9.13中数据可看出该公司近几年劳动生产效率在不断下降，在供水量和售水量下降的趋势下，员工人数在不断上升，造成人均供水量和售水量不断下降，人均售水量下降了$14.32\times10^3m^3$，降幅达21.03%，直接加重单位售水人成本，增加企业负担，加大企业亏损。该企业劳动生产率在全国处于落后水平，低于全国平均水平。如能避免人员增长，使企业人员自然减员，提高劳动生产率，向行业先进水平靠拢，则会大大降低单位售水成本。

表9.13　劳动生产率指标　单位：$\times10^3m^3$

项目＼年份	2001	2002	2003	2004	2005	2006
供水总量	215253	211110	212797	216395	215075	215992
售水总量	185313	176235	171347	172669	166207	165326
人数	2722	2788	2856	2904	2970	3075
人均供水量	79.08	75.72	74.51	74.52	72.42	70.24
人均售水量	68.08	63.21	60.00	59.46	55.96	53.76

9.6.2.2 经营成本指标数据情况及分析

1. 资金使用成本

2004年年末银行借款3.5亿元，贷款利率5.31%，国债贷款1.85亿元，贷款利率2.55%；2005年年末银行借款3.99亿元，贷款利率5.58%，国债贷款2.38亿元，贷款利率2.55%；2006年年末银行借款3.69亿元，贷款利率6.12%，国债贷款2.38亿元，贷款利率2.55%，2～3年期金融债券0.8亿元，贷款利率6.34%。近年市区管网改造、户表改造的力度不断加大，使贷款总额不断攀升。由于该企业争取了大量的国债贷款，使平均利率低于同期银行利率，资金使用成本不高。借入资金利率见表9.14。

表9.14　借入资金利率（=借入资金利息/借入资金总额×100%）　单位：万元

项目＼年份	2004	2005	2006
借入资金利息	2436.85	2722.74	3108.85
借入资金总额	53500	63700	68700
借入资金利率	4.55	4.27	4.53

2. 水厂建设成本

$$单位供水能力投资=\frac{投资额}{新建供水能力（元/m^3）}$$

该公司新区水厂供水能力20万m^3/d，投资总额4.8亿元，单位供水能力投资为2400元/d，投资额偏高，这是由于建设单位和使用单位分开造成的。如能达到平均水平2000

元/d，可节约投资8000万元。

3. 管网建设成本

从表9.15中数据可以看出管网建设成本在明显的下降，六年间降幅达44.78%。该公司这几年加强了管网项目优化投入分析，力争在保证用户对水量和水压要求下，使投资（管径）及常年运行费用最小。在施工中进行施工优化，减少费用支出、缩短工期和降低资源投入。由于各地水司地理位置不同，地质环境的差异，管网建设成本很难相比。

表9.15　　**管网投资（=投资额/管网长度）**　　单位：万元/km

项目＼年份	2001	2002	2003	2004	2005	2006
投资额	4632.77	4459.06	6807.25	7527.23	10281.51	5720.67
管网长度	31.88	31.01	54.59	65.16	147.78	71.29
公里管网投资	145.32	143.79	124.70	115.52	69.57	80.25

4. 供水人工成本

从表9.16中数据看出该公司在供水总量6年没有增长，但单位供水人工费增长了45%，直接导致单位供水成本上升。主要原因是物价水平上涨，社会平均工资普遍增高，另一方面是员工人数增加，5年增加了353人，每年增加70余人。在同行业中该企业供水人工成本过高，有很大的压缩空间。

表9.16　　**单位供水人工费（=人工费/供水量）**

项目＼年份	2001	2002	2003	2004	2005	2006
人工费/万元	4199.61	4237.28	4393.98	4831.64	5709.53	6296.99
供水总量/万 m^3	21525	21111	21280	21640	21508	21599
单位供水人工费/(元·m^{-3})	0.20	0.20	0.21	0.22	0.27	0.29

5. 供水物资成本

该公司单位供水物耗费用6年上升了74%，主要是原水费和动力费上升。原水费上升主要是原水费单价不断上涨，动力费主要是工业用电取消峰谷电价、电价连续上调，这都是企业不可控制的因素。虽然这几年药剂价格不断上涨，但企业通过改进投加方式、投加地点，有效地减少了药剂投放量，使原材料费用趋于平稳。单位供水物耗费用见表9.17。

表9.17　　**单位供水物耗费用[（=原水费+原材料费+动力费）/供水量]**

项目＼年份	2001	2002	2003	2004	2005	2006
原水费/万元	2840	2842	2577	2765	3144	4389
原材料费/万元	305	286	571	272	346	319
动力费/万元	2470	1928	2086	2184	2116	2679
自有水厂供水总量/万 m^3	18068	14113	14282	14107	13406	13516
单位供水物耗费用/(元·m^{-3})	0.31	0.36	0.37	0.37	0.42	0.54

6. 供水管理费用

该企业近三年单位供水管理费用增加较快，增幅36%。主要是管理机构及人员增加过快，办公场所及用具大量增加，工资及福利费、折旧费、维修费和办公费增加较快；企业工资总额上升，致使社会保障费增加迅速。该公司单位供水管理费用位于供水行业上限，有很大降幅空间。单位供水管理费用见表9.18。

表9.18　　单位供水管理费用（=管理费用/供水量）

项目＼年份	2001	2002	2003	2004	2005	2006
管理费用/万元	4444	4284	4741	5353	5325	6483
供水总量/万 m^3	21525	21111	21280	21640	21508	21599
单位供水管理费用/(元·m^{-3})	0.21	0.20	0.22	0.25	0.25	0.30

7. 供水完全成本

该公司供水完全成本中四部分比重基本变动不大，原水成本增加较快，主要是原水费单价上涨，另外输配成本增加较快，主要是近年管网改造、供水面积增大，管网资产原值增加，输配成本中折旧增加。供水完全成本增加原因可从前面的有关指标中找出，改善各个分类指标，是指达到先进标准，完全成本就会降低。2004～2006年供水完全成本见表9.19。

表9.19　　供水完全成本（=原水成本+制水成本+输配成本+期间费用）

项目＼年份	2004	2005	2006
原水成本/万元	2765	3144	4389
比重/%	9.88	9.80	11.99
制水成本/万元	16154	18908	19982
比重/%	57.73	58.93	54.60
输配成本/万元	2004	2916	3440
比重/%	7.16	9.09	9.40
期间费用/万元	7061	7116	8790
比重/%	25.23	22.18	24.01
供水完全成本/万元	27984	32084	36600
比重/%	100	100	100

9.6.2.3 经济效益指标数据情况及分析

1. 纯收入效益

表9.20显示企业2001～2006年销售利润率。在2000年11月和2005年4月调整水价之后，企业暂时保本微利，但很快被新增成本所抵消。2005年预计调价后平均纯水价可达到2.12元/m^3，调价后水量结构发生变化实际纯水价只有1.86元/m^3。由于水价调整未到位，新增固定资产并未全部入账提取折旧，基建贷款利息未计入财务费用，如全部

成本入账账面亏损将更加严重。该市水价远未达到规定的供水企业 8%～10%的净资产利润率水平。

表 9.20　　销售利润率（＝利润总额/销售收入×100%）

年　份	2001	2002	2003	2004	2005	2006
销售利润率/%	5.37	−6.99	−7.16	−15.20	0.44	−11.22

2. 总资产占用效益

表 9.21　　总资产报酬率［＝（利润总额＋利息支出）/平均资产总额×100%］

项　目 \ 年　份	2004	2005	2006
利润总额/万元	−3369.00	127.00	−3458.00
利息支出/万元	721.00	618.00	829.00
平均资产总额/万元	108236.00	158149.00	207935.00
总资产报酬率/%	−2.45	0.47	−1.26

从表 9.21 知该公司近三年总资产报酬率位于全国落后水平，说明企业投入产出的水平不好，企业的全部资产总体营运效益低下，企业资产额过高。

3. 净资产占用效益

表 9.22　　净资产收益率（＝净利润/平均净资产×100%）

项　目 \ 年　份	2004	2005	2006
净利润/万元	−3369.00	127.00	−3458.00
平均净资产/万元	57474.00	58246.00	61182.00
净资产收益率/%	−5.86	0.22	−5.65

从表 9.22 知该公司净资产收益率偏低，资本营运效益差，企业投资人、债权人的利益保证度不高。

4. 资金消耗效益

表 9.23　　成本费用利润率（＝利润总额/成本费用总额×100%）

项　目 \ 年　份	2004	2005	2006
利润总额/万元	−3369.00	127.00	−3458.00
成本费用总额/万元	27984.00	32084.00	36600.00
成本费用利润率/%	−12.04	0.40	−9.45

从表 9.23 数据可以看出，企业还需加强内部管理，成本控制，节约支出，提高经济效益。

依据成本效益指标体系，从成本和效益分析的角度对供水企业效益进行分析，通过对各方面指标改进前后情况的对比，可以看出该指标体系对供水企业减亏增效具有明显的指导意义。在水务市场化进程中，供水企业在生产过程中，应该依据自身特点，通过指标值的对比，进行成本效益分析、优化投入分析，查找和改进企业在成本效益管理方面存在的问题，通过技术改进和成本控制方面的管理，提高本企业生产效率、降低经营成本和提高经济效益，走上良性发展的道路。

参 考 文 献

[1] 中华人民共和国水利部．深化水务管理体制改革指导意见．2005.

[2] 中国水资源公报［R］．2000～2010.

[3] 陈家琦，王浩，等．水资源学［M］．北京：化学工业出版社，2002.

[4] 汪恕诚．水权和水市场——谈实现水资源优化配置的经济手段［J］．中国水利，2000.

[5] 石玉波．健全体制创新机制推进水务工作改革与发展［J］．中国水利，2002，4.

[6] 石玉波．关于水权与水市场的几点认识［J］．中国水利，2001，2.

[7] 钟玉秀，等．合理的水价形成机制初探［J］．水利发展研究，2001.

[8] 水利部水资源优化配置与管理系统培训考察团报告．法国水资源优化配置与管理系统［J］．水利发展研究，2002，3.

[9] 周振民．城市水务学［M］．中国科学技术出版社，2012.

[10] 周振民，等．水务市场化与监管机制研究［R］．节水型社会建设项目研究课题，2009，5.

[11] 刘洪先．国外水权管理特点辨析［J］．水利发展研究，2002，6.

[12] 王传成．城乡水务管理理论与实证研究［D］．山东农业大学，2006，11.

[13] 孟志敏．国外水权交易市场［J］．水利规划设计，2001，1.

[14] 沈大年，等．水价理论与实践［M］．北京：科学出版社，1999.

[15] 裴红鑫．常州市水务一体化管理对策分析［D］．复旦大学，2008.

[16] 吴季松，石玉波，李砚阁．水务知识读本［M］．北京：中国水利水电出版社，2003（08）.

[17] 钱易，刘昌明．中国城市水资源可持续开发利用［M］．北京：中国水利水电出版，2002.

[18] 林洪孝．城市水务系统管理模式及运作机制研究［D］．西南交通大学，2004.

[19] 王亚华，水权解释［M］．上海：上海人民出版社，2005.

[20] 王秀艳．城市水循环途径及影响分析［J］．城市水环境与城市生态，2003，2.

[21] 王俊豪．政府管制经济学导论［M］．上海：商务印书馆，2003.

[22] 叶现锐．加强我国城市水务管理的对策［D］．重庆大学，2006，4.

[23] 林晓惠．深化水务一体化管理体制改革的研究［D］．厦门大学，2008.7.

[24] 矫勇，陈明忠，石波，孙平生．英国法国水资源管理制度的考察［J］．中国水利，2001，3.

[25] 水利部水资源司．城市水务市场化改革调研报告［R］．全国水务管理工作座谈会，苏州，2004.

[26] 丁惠英，丁民．国外城市水务管理经验分析［J］．中国水利，2003（8）.

[27] 国家环保总局．我国城市环境基础设施建设与运营市场化问题调研报告［J］．中国环境报，2007，7.

[28] David Godden. Agricultural and Resource Policy Principles and Practice［D］. Oxford University Press，1999.

[29] Steven T H，Miller J，Willis C. Effect of Price Structure on Residential Water Demand［J］. Water Resources Bulletin，1992，28，(4).

[30] Esther W Dungumaro，Ndalahwa F Madulu. Public Participation in Integrated Water Resources Management：the Ease of Tanzania［J］. Physics and Chemistry of the Earth，2003，28.

[31] Jonathal，Matondo. A Comparison between Conventional and Integrated Water Resources Planning and Management［J］. Physics and Chemistry of the Earth，2002，27.